黔蕈菌

QIAN XUNJUN

张　林◎主编

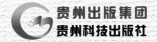

贵州出版集团
贵州科技出版社

图书在版编目(CIP)数据

黔蕈菌 / 张林主编. -- 贵阳：贵州科技出版社，
2017.12

ISBN 978 - 7 - 5532 - 0621 - 9

Ⅰ. ①黔… Ⅱ. ①张… Ⅲ. ①食用菌 - 蔬菜园艺 - 贵
州 Ⅳ. ①S646

中国版本图书馆 CIP 数据核字(2017)第 291919 号

出版发行	贵州出版集团　贵州科技出版社
地　　址	贵阳市中天会展城会展东路 A 座(邮政编码:550081)
网　　址	http://www.gzstph.com　http://www.gzkj.com.cn
出 版 人	熊兴平
经　　销	全国各地新华书店
印　　刷	深圳市新联美术印刷有限公司
版　　次	2017 年 12 月第 1 版
印　　次	2017 年 12 月第 1 次
字　　数	432 千字
印　　张	19.25
开　　本	787 mm × 1092 mm　1/16
书　　号	ISBN 978 - 7 - 5532 - 0621 - 9
定　　价	198.00 元

天猫旗舰店:http://gzkjcbs.tmall.com

鸣　谢

此书谨献给

已故的中国食用菌事业开拓者——杨新美教授
已故的贵州食用菌产业耕耘者——王英杰先生

致　谢

真诚感谢贵州省食药用菌行业协会名誉理事长秦京教授;贵州科学院姚松林博士,何绍昌研究员,李丹宁博士,张洪亮博士,胡宁拙先生,张雪岳先生,李家俊先生。

本书得到贵州高山生物科技有限公司的倾力支持,由2017年贵州省出版传媒事业发展专项资金及贵州省科学技术厅、贵州省食用菌工程技术研究中心提供资助,在此一并表示感谢。

《黔蕈菌》编委会

主　编　张　林

编　委　（按姓氏笔画排序）

邓春英　邓贵华　邓新华　朱国胜　向　准　刘　军　阳　旭
杨仁德　张　林　张超然　罗　倩　罗义银　洪　江　徐彦军

本书参与编著者与图片、资料提供者

（按姓氏笔画排序）

丁　勇　王　芳　王　波　王　聪　王米娜　毛启昌　邓代宇
邓春英　朱森林　向　准　刘慧娟　巫仁霞　杨　玲　杨　渊
杨春华　杨通静　吴　迪　吴　勇　邹　晓　张　林　张　勇
张永为　张光文　张华毅　张怡然　张祖绪　张清林　陈　旭
陈　英　欧跃云　罗　倩　胡登峰　洪　江　宦国宪　贺红早
袁梦魂　桂　阳　倪淑君　黄　筑　康　超　程志飞　潘　成
魏善元

主编简介

　　张林,男,1960年生。贵州省生物研究所高级工程师,贵州师范大学客座教授、硕士生导师,中国食用菌协会常务理事,中国菌物学会终身会员,贵州省食药用菌行业协会常务副会长,贵州省食用菌工程技术研究中心主任,贵州高山生物科技有限公司董事长。主持多项国家自然科学基金项目和国家科学技术部农业科技成果转化资金项目,以及省市级科研项目十几项,获得科研成果奖多项,发表论文30余篇,出版著作1部。

　　张林(左一)邀请导师杨新美教授(左四)偕夫人(左三)及助手朱兰宝教授(左二)于1984年来贵州省考察,与贵州农学院院长秦京教授(右三)及贵州省生物研究所王兴国研究员(右二)、张雪岳研究员(右一)于黄果树大瀑布前合影留念

菌种检查,详细记录

与省内外专家一起野外考察

大山深处，扶贫攻坚

贵州省食用菌学术报告会合影

罗 序
LUOXU

　　贵州地形地貌多样,雨量充沛,气候温暖湿润,是菇菌生长、繁衍的良好地带,蕴藏着异常丰富的菇菌种质资源和基因资源。据报道,贵州记载有近700种菇菌,其中有食药用菌243种、毒菌67种,以及外生菌根菌和林木腐朽菌等,珍稀、名贵菌类的种质资源排在全国前几位,深深吸引着菇菌爱好者和遗传育种研究者。这是贵州人民的一笔宝贵财富,我们要倍加珍惜,注重保护和收藏。

　　张林先生很久以前就与蘑菇结下了不解之缘。他热爱森林,姓名中以森林的"林"为名,而森林与蘑菇间存在着密切的生物学关系,相依成"命运共同体",因而他对蘑菇尤为酷爱。20世纪80年代初,张林先生远赴华中农学院(现华中农业大学)应用真菌研究室专修有关蘑菇与微生物学的基础知识和研究方法。自那以后,他一直潜心于贵州省食用菌资源调查、分类、鉴定、栽培和产业发展研究,长达30余年,从未间断,为贵州的菇菌资源开发利用和产业发展做出了重要贡献!听闻张林先生即将正式出版《黔蕈菌》一书,甚感欣慰,这是他和他的团队艰苦奋斗、辛勤劳动的结晶。该书介绍了贵州省内常见、常用的食药用菌及珍稀、名贵菌类100余种,内容包括各菌类的分布、分类、生物学特性、利用价值等,颇具专业参考价值。其中对珍稀、名贵菌类的自然保育和栽培技术的介绍,更具有重要的实际意义。本书也将为贵州省菇菌产业的进一步发展及"菇菌精准扶贫"战略的实施提供科学依据和重要参考。该书资料详实,图文并茂,技术联系生产实际,可操作性强,为各类院校生物学专业师生、科技人员、菇业管理干部和广大种植户提供参考。

　　受张林先生的再三邀请为该书作序,考虑再三,依然受命,乐于以上文为序,敬献给广大读者。

　　　　　　　　　　　　　　　　　　华中农业大学教授、博士生导师

　　　　　　　　　　　　　　　　　　2017年11月

韩 序
HANXU

采将奇菌,佐我羹汤。

贵州四季分明,雨量充沛、雨热同期的亚热带湿润季风气候,独特的高原、山地、丘陵、盆地和喀斯特自然地貌,以及丰富的森林资源,适宜的土壤条件,给菌类生存提供了非常适合的环境。

贵州丰富的有关蕈菌的文献资料为贵州人认识和利用蕈菌提供了便利,单鸡㙡菌就留下了许多美好的故事和诗篇。清康熙年间任贵州巡抚的田雯在《黔书》中就有记述:"秋七月,生浅草中。初奋起,则如笠,渐如盖。移晷则纷披如鸡羽,故曰鸡;以其从土而出,故曰㙡。"细致地描述了鸡㙡菌的生长时间以及识别方法等。

明清时期,云贵的鸡㙡菌深受皇帝喜爱,史书记载:明熹宗朱由校极嗜鸡㙡,驿站常快马急送鲜鸡㙡至京城。因此广东人把鸡㙡菌叫作荔枝菌,将它和杨贵妃的荔枝相提并论。到清代晚期,鸡㙡方可交易。张国华的《兴义府城竹枝词》中写道:"郊原野菜味偏浓,夏末秋初菌易逢。山下夕阳山上雨,野人入市卖鸡㙡。"同一时代,在黔西南做官的湖南人余厚墉也写了一首七律《鸡㙡菌》:"宜雨宜晴值仲秋,一肩香菌遍街游。鸡形垂羽惟高脚,蚁穴抽芽独伞头。瘴岭人来何蓑笠,蛮家客至当珍羞。牂牁飞渡尝佳味,动我莼鲈兴未休。"张之洞也曾写下了一篇《鸡㙡菌赋》,开篇即言:"淡烟漠漠雨初晴,郊外鸡㙡菌乍生。采满筠篮归去也,有人厨下倩调羹。"

贵州丰富的野生食用菌,一直是山珍的代名词,前人谱写的诗篇为今天的开发留下了无限的空间。续写菌类的篇章是当代人的职责,更是从业者的使命。张林和他的同行编著的《黔蕈菌》,初步收录了贵州已知的主要野生蕈菌,为人们提供了认识食用菌的科学角度和途径,对于人们目前还不能够人工栽培的重要的野生蕈菌提出了保育、抚育措施。我国是食用菌人工栽培的大国和强国,食用菌产业已领先于多国,在农业产业中真正实现了工厂化、机械化、智能化、现代化。食用菌的栽培自然要利用林木资源,对于常见、速生、容易栽培的菌材与菌草,作者也根据实际记录于书中,这是区别于同类书籍的一大特点。由于一些研究成果的阶段性报道等,大众对食用菌的重金属含量、农药残留,以及二氧化硫超标等敏感话题较为关心,虽然普通民众是不方便自行检测的,作者还是介绍了检测的方法,大众如果有疑惑,可以由此找到验证方法等。

　　食用菌是人类能够食用的大型菌类,是一类有机、营养、保健的食品,适合于不同年龄、不同宗教、不同性别的人。目前已被描述的真菌有 1.5 万余种,可供食用的有 2000 余种,能大面积人工栽培的只有 40～70 种。食用菌产业是一项集经济效益、生态效益和社会效益于一体的经济发展项目,发展食用菌产业符合人们消费增长和农业可持续发展的需要,是农民快速致富的有效途径。如今年产鲜菇千吨以上的工厂,以及既供观赏又供食用的种菇模式都在快速发展。

　　贵州的竹荪、冬荪、天麻栽培以及虫草的研究处于国内领先地位,但是食用菌产业与国内其他省(区、市)比较还有很大差距。中共贵州省委、贵州省人民政府也注意到食用菌产业能够在扶贫攻坚战中发挥作用,近 3 年来出台了不少政策,把食用菌产业提到了一定的高度。

　　食用菌产品在全球有很大市场,它的生产能够有效地利用资源,通过技术开发可以提高农民的生产水平,能够促进农产品产业化,维护和保持生态环境的平衡。食用菌产品的丰富能够改变居民食品结构,食用菌产业的发展能够促进新农村建设的发展。食用菌作为一大类农作物所形成的产业集聚会成为结合小城镇建设的典范,带动生产、住房、餐饮、文化、宗教、博物馆建设,并通过商品的流动推动物流产业和电商的快速发展。

中国食用菌协会专家委员会副主任
中国食用菌协会文化委员会副主任

韦南华

2017 年 12 月

前言
QIANYAN

贵州省地处中国西南腹地,与川、滇、桂等接壤,为西南交通枢纽,既是国家生态文明试验区和内陆开放型经济试验区,也是一个多民族地区。境内属亚热带湿润季风气候,气候温和、雨量充沛,地势西高东低,自中部向北、东、南倾斜,有高原、山地、丘陵和盆地4种地貌类型,山高谷深,重峦叠嶂,素有"八山一水一分田"之说,是全国唯一没有平原支撑的省份。

2016年,全国国家级贫困县共592个,贵州省就有50个。为确保贵州省贫困人口到2020年如期脱贫,根据精准扶贫攻坚行动精神和贵州省山多地少的环境特点,结合食用菌产业"短、平、快"的经济效益特点和"不与农争地、不与农争时"的栽培优势,中共贵州省委、贵州省人民政府大力提倡发展贵州省食用菌产业扶贫项目,并力争在3~5年内成为食用菌大省。

真菌界共7个类群,据当前资料估计,全球蕈菌资源约有150 000种,已辨识的为15 000种左右,已知的食药用蕈菌有2000余种;中国野生可食药用的蕈菌有1000余种,已驯化的有100余种,可商业化栽培的有60余种;贵州有野生蕈菌约57科198属684种,其中食药用蕈菌就有240余种,是我国野生蕈菌资源多样性十分丰富的地区。

全球蕈菌资源总产值为405亿~460亿美元,其中栽培食药用蕈菌产值为405亿~445亿美元,野生蕈菌约15亿美元。在供求不平衡状态下,野生蕈菌遭到大面积破坏式采摘,逐年减产。为使野生蕈菌资源能被长期利用,保证菌塘健康发展,应建立抚育区,制定并遵循抚育规章制度,坚持"不采童菇,就地掩埋老菇"的原则,对野生蕈菌进行合理采摘。虽然食药用蕈菌产业已具备相当的规模和产值,但从全球蕈菌资源来看,蕈菌产业仍有巨大的挖掘空间。

贵州省作为中国野生蕈菌的"后花园",蕈菌资源十分丰富,但关于蕈菌资源开发及栽培的书籍稀缺,仅在1986年出版过一本由贵州省蕈菌协会主编的《食用菌栽培技术手册》。为更好地推广和普及食药用菌知识和栽培技术,结合中共贵州省委、贵州省人民政府提出的"以食药用菌裂变式发展带动贵州经济,加快本省扶贫攻坚计划进程",我们组织编写了本书。本书的主要内容有蕈菌常识、抚育、栽培、制种及检测等,尤其以菌种制种和珍稀食药用菌栽培技术为核心部分,详细讲述了以黑孢块菌、鸡油菌和紫陀螺菌为例的 3 种野生食用菌抚育方法与技术,以及竹荪、灵芝、冬荪、花脸香蘑等 21 种特有珍稀食药用菌的栽培方法。结合本书内容与生产实际,读者可选择栽培适合当地环境的高质量食药用菌。

　　本书兼具实用性和技术性,图文并茂,除笔者自身工作积累,还参考了其他相关资料,并得到贵州科学院、贵州大学、贵州师范大学、贵州省农业科学院、贵州高山生物科技有限公司等多家单位、企业的实验数据与技术支持。在此致以真诚的谢意。

　　本书作为系统介绍贵州蕈菌知识的一本著作,因编写仓促,难免出现不妥或疏漏之处,恳请读者、同行及专家批评指正。

编　者
2017 年 9 月

贵州省特色菌类

牛肝菌

竹 荪

阅读指南

　　本书介绍了贵州省常见、常用的食用、药用及奇异蕈菌100余种,详细介绍了蕈菌分类、形态等,阅读如下指南有助于获取更多实用信息。

蕈菌名称

介绍蕈菌的中文学名及拉丁文学名

分类图标

 食用菌　　 药用菌　　 慎用菌

 毒　菌　　 观赏菌

二〇、鸡油菌 *Cantharellus cibarius* Fr.

1.分　类

非褶菌目　鸡油菌科　鸡油菌属

　　鸡油菌,别名杏菌、杏黄菌或黄丝菌。菌肉蛋黄色,味美。含有丰富的胡萝卜素、维生素C、蛋白质、钙、磷、铁等营养成分。味甘,性寒,具有清目、利肺、益肠胃的功效,常食此菌可预防视力下降、眼炎、皮肤干燥等。鸡油菌是世界著名的食药用菌之一。

鸡油菌

蕈菌分类

介绍蕈菌的分类学地位等相关知识

生境图片展示

提供菌类生境图等,方便读者观察,便于形象地认知整体

蕈菌简介

用生动形象的描述方式介绍蕈菌

● 蕈菌形态

描述蕈菌的形态结构，有助于识别蕈菌

2. 形　态

　　子实体肉质，杏黄色至蛋黄色，喇叭形。菌盖宽 3～9 cm，最初扁平，后下凹，边缘深裂成瓣状内卷或呈波状。菌柄长 2～6 cm，粗 0.5～1.8 cm，常偏生，向下渐细。

3. 习　性

　　夏季、秋季于阔叶林或混交林中地上单生或散生。

鸡油菌剖面与菌褶

鸡油菌

● 蕈菌习性

介绍蕈菌生境与生活方式

● 结构图片展示

提供菌类子实体展示图等，方便读者观察，便于形象地认知整体

　　提示：蕈菌鉴别方法非常复杂。传统观念认为：颜色不鲜艳的蕈菌即可食；蕈菌和大蒜一起烹饪不变色即可食；银针穿刺不黑即可食。这些判断毒性的方法并无科学依据。本书提及的鉴别方法及毒菌判断方法仅供参考，最可靠的方法就是，不采食不认识的蕈菌，以免造成中毒和其他严重后果。

目 录
MULU

第一章　蕈菌常识

第一节　蕈菌概况

　　蕈菌是指能形成肉眼可见的大型子实体或菌核组织的高等菌类,既非植物也非动物。大家口中的"蘑菇"其实就是蕈菌,它无叶、无嘴,不能利用光合作用获得养分,也不能靠咀嚼进食获得营养,只能靠分解来吸收所需营养物质。贵州省四季,尤其在大雨过后,路边的草丛里、树桩上或潮湿的落叶堆里都能看见"蘑菇"的身影。

　　贵州省地处我国西南,气候温和、雨量充沛、地形复杂,适宜多种大型蕈菌生长繁殖,蕈菌的物种呈多样性特点,是我国大型食用真菌资源最丰富的省(区、市)之一。贵州有野生蕈菌约57科198属684种,其中食药用蕈菌就有240余种,广泛分布于各个县(区、市、特区)。本书将介绍常见蕈菌中的106种。

　　蕈菌的最大特征是具有大型子实体,形状、大小、颜色各异,生长在树上或伏木上的为"蕈",生长在土中或地上腐殖层上的为"菌"。我们口中的"蘑菇"是一个广义词,它通行于全世界,欧洲人称为mushroom,即指所有的大型真菌。我国北方人将蕈菌称为"菇",南方人将其称为"菌",蕈菌还有"芝""菰""耳""舌"等称谓。菌类是地球生态系统中重要的一环,如果说植物是生产者,动物是消费者,那么菌物就是有机物的分解者,植物营养的提供者,同时还是人类健康食物的创造者。

　　蕈菌的营养价值和药用价值极高,它不仅味道鲜美,而且形态各异——竹荪似仙女下凡;冬荪如王子上阵;灵芝如华人的图腾,寓意吉祥如意。除毒菌有待开发利用外,大量食药用菌都含有十分丰富的营养物质,被誉为"山珍""长寿食品"等。蕈菌富含的蛋白质中氨基酸门类丰富,其中,多糖能显著提高人体免疫能力,具有防癌、抗癌作用。现今,蕈菌、动物和植物形成三足鼎立之势,构成合理的膳食结构,以"一荤一素一菇"的健康理念,改变着人类饮食的消费观念,由此,蕈菌必然引起食物资源领域和药物领域的高度关注。

第二节　蕈菌种类

一、腐生菌

腐生菌自身无叶绿素,不能进行光合作用,只能依靠分解木材或草本植物以吸收养分,供应自身所需。按其养分来源可分为木腐菌和草腐菌。

1.木腐菌

常见的木腐菌有木耳、香菇、侧耳、金针菇等。有些木腐菌只可在完全死亡的树木上生长,使木材腐朽分解;部分木腐菌如猴头菌等,可在活树的伤口处生长,具有极强的木质素分解能力。

2.草腐菌

主要营养来源是草本植物枯枝和落叶中的纤维素、半纤维素、木质素、动物粪便等。草腐菌菌丝体往往从中心点向四周生长,占据一个圆形面积,当产孢时,子实体在周围扩散群生,形成"仙人环"(也称"蘑菇圈")。

二、土生菌

土生菌靠吸收土壤中的有机质来获取能量和营养,常见的有口蘑、羊肚菌、紫丁香蘑、长裙竹荪、短裙竹荪等。

三、寄生菌

寄生菌依靠吸收寄主营养以生存。例如古尼虫草、蛹虫草就分别寄生于鳞翅目昆虫幼虫和鳞翅目昆虫蛹体。

四、共生菌

共生菌能与其他类型的生物体系形成共生关系,常见的著名食药用菌有松茸、松露、马蹄菌等。

1. 菌根菌

真菌与植物的根系形成共生关系,和植物的根形成根瘤,从植物根系吸收营养,为植物提供如氮素、维生素、无机盐等营养物质。常见的有松乳菇、红菇、大白菇、鸡油菌、美味牛肝菌等。

2. 非植物共生菌

即与非植物生物构成共生关系,如鸡㙡菌等。白蚁筑巢时为鸡㙡菌播下菌种,夏季高温时,白蚁窝上会首先长出"小白球菌",随后便形成鸡㙡菌子实体。白蚁可从"小白球"上获取抗病物质,从而提高种群数量,同时鸡㙡菌也获得更多的营养,生长得更多、更壮硕。两者能量上相互传递,营养上互利互惠,达到和谐的共生状态。

第三节　蕈菌形态

常见蕈菌的形态不一,但都包含有菌盖、菌褶、菌柄、菌环、菌托等,它们构成了完整的蕈菌子实体。

一、菌　盖

蕈菌菌盖形态多样,有钟形、斗笠形、半球形等,具体见下列图片。

| 钟　形 | 斗笠形 | 半球形 | 中央凸起 |

| 平 展 | 漏斗形 | 中央脐状 | 卵圆形 |

| 扇 形 | 肾 形 | 梨 形 | 棒 形 |

| 珊瑚形 | 星 形 | 杯 形 | 陀螺形 |

二、菌　褶

蕈菌菌褶有直生、延生、离生等多种类型,具体见下列图片。

直生　　延生　　离生　　弯生　　分叉

稀生　　密生　　密孔　　稀孔

三、菌柄

蕈菌菌柄有中生、偏生、侧生 3 种类型,具体见下列图片。

中生　　偏生　　侧生

四、菌　环

蕈菌菌环可生长在子实体上位和中位,具体见下列图片。

上　位　　　　　　中　位

五、菌　托

蕈菌菌托有杯状、颗粒状、托状 3 种形状,具体见下列图片。

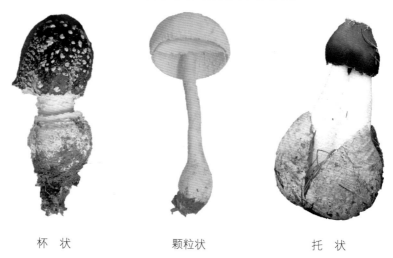

杯　状　　　　　颗粒状　　　　　托　状

六、菌管与管口

蕈菌菌管与管口具体形态见下列图片。

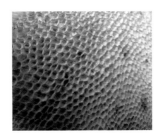

菌 管 管 口

七、菌 刺

蕈菌菌刺具体形态见下列图片。

菌 刺

第二章　贵州省常见蕈菌*

一、玉木耳 *Auricularia nigricans* Y. Li

1. 分　类

木耳目　木耳科　木耳属

玉木耳,别名玉耳、白玉木耳。玉木耳质地柔软、味道鲜美、营养丰富,且能养血驻颜、祛病延年。优质玉木耳表面呈米黄色,腹面光滑,手摸上去感觉干燥,无颗粒感,复水后颜色雪白,口尝无异味。

玉木耳

2. 形　态

玉木耳圆边、单片、小碗、无筋、肉厚,状如耳朵,是一种新兴的可人工栽培的菌类。新鲜的玉木耳呈胶质片状,晶莹剔透,耳片直径 4~8 cm,有弹性,腹面平滑下凹,边缘略上卷,背面凸起,并有纤细的茸毛,呈白色或乳白色。干燥后收缩为角质状,硬而脆性,背面乳白色。入水后膨胀,可恢复原状,柔软而半透明,表面有滑润的黏液。

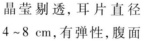

玉木耳人工栽培

玉木耳

3. 习　性

夏季、秋季于腐木上丛生。

---

* 本章介绍常见蕈菌,各品种拉丁文学名采用二名法和三名法命名。因排版需要,本章内容没有按照拉丁文学名首字母顺序排列。

二、木耳 *Auricularia auricula*

1.分 类

木耳目　木耳科　木耳属

木耳,又名木菌、树耳、木蛾、黑菜云耳。贵州省称其
为"糯木耳",比东北黑木耳大,味糯香。

2.形 态

新鲜的木耳呈胶质片状,半透明,侧生在树木上,耳片
直径 5～10 cm,有弹性,腹面平滑下凹,边缘略上卷,背面
凸起,并有极细的茸毛,呈黑褐色或茶褐色。干燥后收缩
为角质状,硬而脆性,背面暗灰色或灰白色。入水后膨胀,可恢复原状,柔软而半透明,表面
有滑润的黏液,质地柔软。

3.习 性

于阔叶林中单生或群生。

木 耳

木 耳

木耳人工栽培

三、茶树菇 *Agrocybe aegerita*

1.分 类

伞菌目 粪锈伞科 田头菇属

茶树菇,又名杨树菇、茶薪菇、柳松菇、柱状田头菇等,是一种食药用菌,菌盖细嫩,柄脆,味纯香,鲜美可口,因野生于油茶树的枯干上而得名茶树菇。

2.形 态

子实体菌盖直径5~10 cm,表面平滑,初暗红褐色,有浅皱纹,菌肉白色,中实。菌环白色,膜质,上位着生。菌柄中实,长10 cm左右,柄粗1~2 cm,黄白色。成熟期菌柄变硬,附暗淡黏状物,菌环残留在菌柄上或附于菌盖边缘自动脱落。菌孢子卵形至椭圆形,淡褐色。

茶树菇

3.习 性

春夏之交及中秋前后于被砍伐老林的再生林中单生、双生或丛生。

四、橙黄网孢盘菌 *Aleuria aurantia*

1.分 类

盘菌目 盘菌科 网孢盘菌属

橙黄网孢盘菌,又称网孢盘菌,在腐木上成片生长,形小色美。

2.形 态

子实体较小,无柄。子囊盘直径1~8 cm,盘状或近环状。子实层面橙黄色或者鲜橙黄色,背面及外表面有白色粉末。子囊无色,初期光滑,后期形成网纹,两端有一小尖,圆柱形,(15~21 μm)×(8.0~11.5 μm)。侧丝纤细,粗2.5~3.0 μm,顶端膨大处粗5~6 μm。

橙黄网孢盘菌

3.习 性

夏季、秋季于腐木上丛生。

五、双孢蘑菇 *Agaricus bisporus*

1.分　类 😄

伞菌目　蘑菇科　蘑菇属

双孢蘑菇,是世界上人工栽培种植量最大的蕈菌。它味道鲜美,蛋白质干含量高达42%,所含氨基酸的种类十分丰富,核苷酸和维生素含量也很丰富,还含有很多酪氨酸酶,对降低血压十分有效。

2.形　态

菌盖直径5~12 cm,初半球形,边缘内卷,后平展,白色,光滑,略干则渐变成黄色。菌肉白色,厚,伤后略变成淡红色,具蘑菇特有的气味。菌褶初粉红色,后变褐色至黑褐色,密,窄,离生,不等长。菌柄长3~7 cm,粗1.5~3.5 cm,白色,光滑,具丝光,近圆柱形,内部松软或中实。菌环单层,白色,膜质,生菌柄中部,易脱落。

双孢蘑菇

3.习　性

生于林地、草地、田野、公园、道旁等处。

双孢蘑菇

六、巴西蘑菇 *Agaricus blazei* Murr.

1.分 类

伞菌目　蘑菇科　蘑菇属

巴西蘑菇,又称姬松茸、巴氏蘑菇,原产于巴西、秘鲁,
是一种腐生菌,生长在高温、湿润、通风的环境中,具杏仁
香味。在抑制肿瘤、医疗痔瘘、防治心血管病等方面都有
功效。

巴西蘑菇

2.形 态

子实体粗壮。菌盖直径5～11 cm,初为半球形,逐渐
成馒头形,最后平展,顶部中央平坦,表面有淡褐色至栗色
的纤维状鳞片,盖缘有菌幕的碎片。菌盖中心肉厚达
11 mm,边缘肉薄,白色。菌褶离生,密集,宽8～10 mm,从白色转变成肉色,后变为黑褐色。
菌柄圆柱状,中实,长4～14 cm,粗1～3 cm,上下等粗或基部膨大,表面近白色,手摸后变为
近黄色。菌环以上最初有粉状至棉屑状小鳞片,脱落后平滑。菌环大,上位,膜质,初白色,
后微褐色,膜下有带褐色棉屑状的附着物。

巴西蘑菇人工栽培

3.习 性

夏季、秋季生于草地上。

七、污白鳞鹅膏 *Amanita castanopsidis* Hongo

1.分　类

伞菌目　鹅膏科　鹅膏属

污白鳞鹅膏,别名鹅蛋菌,有食用后中毒的记载,贵州省全境均有分布。

2.形　态

菌盖直径 5～12 cm,初期半球形至扁半球形,后期污白色,被灰褐色至褐色,边缘常具絮状物。菌褶离生,白色。菌柄白色,长 6～13 cm,实心。菌环易破碎。基部膨大,假根状。

3.习　性

夏季、秋季生于具有壳斗科和松科植物的林地上。

污白鳞鹅膏

八、红星头菌 *Aseroe rubra*

1.分　类

鬼笔目　鬼笔科　星头鬼笔属

红星头菌,别名红星头鬼笔,其特征是带有腐肉的臭味及像海葵的外形。

红星头菌

2.形　态

初呈白色的蛋状,直径约 3 cm,空心的白茎从中生长,其上有红色的“触手”伸出,并可以伸长达 10 cm。成熟后的红星头菌呈红星状,共有 6～10 个长约 3.5 cm 的两裂的触手。红星头菌的表面由深橄榄褐色的造孢组织覆盖,带有腐肉的气味。底部有杯状的菌托,是最初蛋状结构的残余物。

3.习　性

夏季、秋季于林中地上群生或散生。

九、柔韧小薄孔菌 *Trametes duracina* Lindblad & Ryvarden

1. 分 类

多孔菌目 多孔菌科 栓菌属

柔韧小薄孔菌,文献记载不可食用。

2. 形 态

子实体一年生,具侧生柄,新鲜时革质,干后木栓质。菌盖匙形至半圆形,直径达 4 cm;表面中部呈稻草色,具明显或不明显的同心环纹,光滑;边缘锐,淡黄色至黄褐色。孔口表面新鲜时奶油色,干后呈稻草色至淡黄灰色,具折光反应,多角形,每毫米 7~8 个;边缘薄,全缘。不育边缘明显。菌肉奶油色,厚达 1 mm。菌柄圆柱形或稍扁平,长可达 1 cm,直径可达 3 mm。

3. 习 性

夏季、秋季于阔叶林中单生或散生。

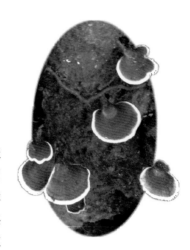

柔韧小薄孔菌

十、格纹鹅膏 *Amanita fritillaria* Sacc.

1. 分 类

伞菌目 鹅膏科 鹅膏属

格纹鹅膏,民间有采食习惯,但含有微量鹅膏肽类毒素,食用应谨慎、适量。

2. 形 态

菌盖直径 4~11 cm,初期近半球形,后扁平至平展,浅灰色、褐灰色至浅褐色,中部色较深,具辐射状花纹。菌肉白色,不变色。菌褶离生至近离生,白色,较密,不等长。菌柄 5~10 cm,直径 0.6~1.5 cm,近圆柱形或向上稍变细,白色至污白色;内部实心至松软,白色,不变色。基部膨大呈近球状、陀螺状至梭状,直径 1.0~2.5 cm。有菌环。

3. 习 性

与松科和壳斗科植物形成外生菌根。

格纹鹅膏

一一、红黄鹅膏 *Amanita hemibapha* (Berk. & Broome)

1. 分 类

伞菌目 鹅膏科 鹅膏属

红黄鹅膏,别名鸡蛋黄。民间有采食,但含有微量鹅膏肽类毒素,食用应谨慎、适量。

红黄鹅膏

2. 形 态

子实体小。菌盖直径 2～5 cm,初期半球形或近钟形,后扁平至平展,橘红色,边缘橘黄色,表面被一层粉状、疣状小鳞片,盖边缘有细条棱。菌肉浅黄色,较薄。菌褶白色至黄白色,离生,不等长,较密。菌柄细长,柱形,长 5～11 cm,粗 0.3～0.6 cm,表面与盖同色,有粉质小鳞片,基部膨大呈棒状,有明显的橘红色粉质鳞片,内部松软。菌环膜质,生于柄之上部,黄白色。菌托不明显或在柄之基部残留橘红色环状物。

3. 习 性

与松科和壳斗科植物形成外生菌根。

红黄鹅膏

一二、星孢寄生菇 *Asterophora lycoperdoides*

1. 分 类

伞菌目　白蘑科　寄生菇属

星孢寄生菇寄生于其他菇类之上，多分布于贵州省、福建省、湖南省、吉林省、江西省等地。

星孢寄生菇

2. 形 态

子实体小。菌盖直径 0.5～3 cm，幼时近球形，后呈半球形，白色，有厚的一层粉末，形成土黄色、浅茶褐色的厚垣孢子。菌肉白色至灰白色，厚。盖下褶稀疏，白色，分叉，直生。孢子无色，椭圆形，(5.0～6.5 μm)×(3.0～3.5 μm)，因厚垣孢子迅速产生往往抑制了孢子的形成。菌柄白色，柱形，长 1～4 cm，直径 0.2～0.5 cm，内实，基部有白色茸毛。

3. 习 性

夏季、秋季生于林中，寄生于稀褶黑菇、黑菇及密褶黑菇菌盖中央或褶和柄部。

一三、硬皮地星 *Astraeus hygrometricus*

1. 分 类

硬皮地星目　硬皮地星科　硬皮地星属

硬皮地星，又名地星，子实体成熟时开裂成若干瓣片，在顶部凸起处释放孢子。

2. 形 态

子实体开裂前呈球形，开裂后露出地面。外包被厚，成熟时开裂成 6～18 瓣，潮湿时外翻，干时内卷；外表面灰色至灰褐色，内侧褐色。内包被薄膜质，扁球形，直径 2.0～2.8 cm，灰色至褐色。

硬皮地星

3. 习 性

夏季、秋季生于林内砂土地上。

一四、蜜环菌 *Armillaria mellea*

蜜环菌

1.分　类

伞菌目　白蘑科　蜜环菌属

蜜环菌,别名榛蘑、臻蘑、蜜蘑、蜜环蕈、栎蕈。可食用,东北名菜"小鸡炖蘑菇"中的蘑菇即为蜜环菌。干后气味芳香,但略带苦味,食前须经处理。在针叶林中产量大。

2.形　态

子实体中等。菌盖直径 4～10 cm,淡土黄色、蜂蜜色至浅黄褐色,老后棕褐色,中部有平伏或直立的小鳞片,有时近光滑,边缘具条纹。菌肉白色。菌褶白色或稍带肉粉色,老后常出现暗褐色斑点。菌柄细长,圆柱形,稍弯曲,与菌盖同色,纤维质,内部松软至空心,基部稍膨大。菌环白色,生于柄的上部,幼时常呈双层,松软,后期带奶油色。

3.习　性

夏季、秋季在很多针叶树或阔叶树树干基部、根部或倒木上丛生。

一五、隐花青鹅膏菌 *Amanita manginiana*

1. 分 类

伞菌目　鹅膏科　鹅膏属

隐花青鹅膏菌,与剧毒的毒鹅膏菌极为相似,采食时要特别注意。此菌很可能与青冈等壳斗科树木形成菌根。

2. 形 态

菌盖直径 5 ~ 13 cm,初期卵圆形至钟形,后渐平展,中部稍凸起,褐色至灰褐色,有时近红褐色,光亮,具深色纤毛状隐花纹,边缘平滑无条纹并往往悬挂内菌幕残片。菌肉白色,较厚。菌褶白色,稍密,宽,离生,不等长,边缘锯齿状。菌柄圆柱形,长 12 ~ 17 cm,粗 1.0 ~ 4.5 cm,白色无花纹,肉质,脆,内部松软至空心,具白色纤毛状鳞片,基部稍粗。菌环白色,膜质,下垂,上面有细条纹,往往易脱落,悬挂在菌盖的边缘。菌托杯状,白色,较大,有时上缘破裂成大片附着在菌盖表面。

3. 习 性

夏季、秋季在青冈林和松林等混交林中地上单生或群生。

隐花青鹅膏菌

一六、豹斑毒鹅膏菌 *Amanita pantherina* Schrmm.

1.分　类

伞菌目　鹅膏科　鹅膏属

豹斑毒鹅膏菌，又名毒菌伞、豹斑毒伞、满天星、斑毒伞。有毒，属于神经性中毒菌。

2.形　态

菌盖有时污白色，散布白色至污白色的小斑块或颗粒状鳞片，老后部分脱落，盖缘有明显的条棱，湿润时表面黏。菌肉白色。菌褶白色，离生，不等长。菌柄圆柱形，长 5 ~ 17 cm，粗 0.8 ~ 2.5 cm，表面有小鳞片，内部松软至空心，基部膨大，有几圈环带状的菌托。菌环一般生长在中下部。

豹斑毒鹅膏菌

3.习　性

夏季、秋季在阔叶林或针叶林中地上成群生长。

一七、毛木耳 *Auricularia polytricha* Sacc.

1.分　类

木耳目　木耳科　木耳属

毛木耳，又称黄背木耳、糙皮木耳，粗纤维含量较高，这些纤维素对人体内许多营养物质的消化、吸收和代谢都有很好的促进作用。

2.形　态

子实体胶质，浅圆盘形、不规则耳形，宽 2 ~ 15 cm。有明显基部，无柄，基部稍皱，新鲜时软，干后收缩。子实层平滑或稍有皱纹，紫灰色，后变黑色；外面有较长茸毛，无色，仅基部褐色，(400 ~ 1100 μm) × (4.5 ~ 6.5 μm)。

毛木耳

3.习　性

于阔叶林树干或者腐木上丛生或束生。

一八、中华鹅膏菌 *Amanita sinensis* Zhu L. Yang

1. 分　类

伞菌目　鹅膏科　鹅膏属

中华鹅膏菌，别名油麻菌、芝麻菌、麻丝菇等，味美质脆，是贵州省传统的野生食用菌。

2. 形　态

菌盖直径7~12 cm，灰白色至浅灰色，中部深灰色，有菌幕。菌肉较厚，白色。菌褶离生至近离生，白色，较密，不等长。菌柄长10~15 cm，粗1.0~2.5 cm，污白色至浅灰色。菌环顶生至近顶生。

3. 习　性

春季、夏季、秋季于林中地上群生或散生。

中华鹅膏菌

一九、假蜜环菌 *Armillaria tabescens* Sing.

1. 分　类

伞菌目　白蘑科　蜜环菌属

假蜜环菌，又称树桩菌，可食用，味好。假蜜环菌菌丝体初期在暗处发荧光，菌索黄色至黄棕色，根状扁平，不发荧光。据国内相关研究报道，此菌的菌丝体及菌索含蜜环菌香豆素、麦角甾醇和有机酸等，对某些肿瘤的抑制率能达到70%。

2. 形　态

菌肉白色或带乳黄色。菌褶白色至污白色，或稍带暗肉粉色，稍稀，近延生，不等长。菌柄长2~13 cm，粗0.3~0.9 cm，上部污白色，中部以下灰褐色至黑褐色，有时扭曲，具平伏丝状纤毛，内部松软至空心，无菌环。孢子印近白色。孢子无色，光滑，宽椭圆形至近卵圆形，(7.5~10.0 μm) × (5.3~7.5 μm)。

3. 习　性

春季、夏季、秋季在树干基部或根部丛生。

假蜜环菌

二〇、锥鳞白鹅膏 *Amanita virgineoides* Bas

1. 分　类

伞菌目　鹅膏科　鹅膏属

锥鳞白鹅膏,常见毒蘑菇之一,含有微量鹅膏肽类毒素。

2. 形　态

菌盖直径6～15 cm,有角锥状鳞片,中部鳞片稍多,易脱落。菌肉白色。菌褶白色,后期稍带黄色,不等长,较宽,稍密。菌柄长10～20 cm,粗2.0～2.5 cm。菌环膜质,上表面似有条纹,而下表面有角锥状小鳞片;菌环往往破碎后悬挂于盖缘或残存于菌柄上。孢子印白色。孢子光滑,无色,宽椭圆形,(8～10 μm)×(6.0～7.5 μm)。

锥鳞白鹅膏

3. 习　性

夏季、秋季在青冈林和松林等混交林地上单生或群生。

锥鳞白鹅膏

二一、茶褐牛肝菌 *Boletus brunneissimus*

1. 分　类

伞菌目　牛肝菌科　牛肝菌属

茶褐牛肝菌别称黑牛肝、黑羊肝、羊肝菌、黑见手等。贵州省兴义市等地多见,是一种珍贵的食药用菌,味鲜美,入药有清热解烦、养血等功效。受法国、意大利等国家喜爱。常见于云南市场,产量较大。

茶褐牛肝菌

2. 形　态

菌盖宽3～18 cm,半球形渐成弧形,不黏,完整或有裂纹,干燥,有短茸毛,茶褐色、深咖啡色、肝褐色(比较深的黑褐色)。经采菌者手抹擦后,菌盖色泽变得更深,几呈黑色。肉厚1～2 cm,淡黄色、橄榄黄色,伤后变蓝色转污褐色,生尝微甜,闻之有菌香气。菌柄棒状,直生或微弯曲,基部或较细,或变粗。柄上部淡黄色或淡褐色,中部颜色较深,基部颜色则较浅。柄表面有不甚明显的隐生网纹或纵长条,或有不规则的麻点。

3. 习　性

夏季、秋季于混交林中地上单生或散生。

二二、双色牛肝菌 *Boletus bicolor*

1. 分 类

伞菌目 牛肝菌科 牛肝菌属

双色牛肝菌,别名花脚菇,可食用,鲜时清香,生尝微甜,属树木外生菌根菌。

双色牛肝菌

2. 形 态

子实体大。菌盖直径 5 ~ 15 cm,呈半球形,有时不甚规则,表面干燥,或有不等的凸凹,盖缘全缘,有时微具薄缘膜延出,深苹果红色、深玫瑰红色、红褐色、黄褐色,或污褐而不明亮。菌肉黄色,坚脆,伤后初不变色,渐渐变蓝后又还原。菌管长 1 cm,每毫米有 1 ~ 2 个孔,蜜黄色、柠檬黄色,成熟后多有污色斑,近污红色,近柄处下陷。菌柄长 5 ~ 10 cm,粗 1 ~ 3 cm,基部渐膨大,表面光滑,上部黄色,渐下呈苹果红色,无网纹。

3. 习 性

单生或群生于松栎混交林下,有时也见于冷杉林下。

双色牛肝菌

二三、美味牛肝菌 *Boletus edulis*

1. 分 类

伞菌目　牛肝菌科　牛肝菌属

　　美味牛肝菌又称大脚菇、白牛肝菌,是世界性的著名食用菌,菌盖、菌柄肉质肥厚,味道鲜美,可烧、炒、烩,常食能改善人体微循环,对糖尿病有很好的疗效。美味牛肝菌生长在贵州省海拔 600～1500 m 的山区,一般在 6—9 月生长于针阔叶混交林中,在晴雨相间的年份出菇多、生长量大。

美味牛肝菌

2. 形 态

　　菌盖扁半球形或稍平展,不黏,光滑,边缘钝,黄褐色、土褐色或赤褐色。菌肉白色,厚,受伤后不变色。菌管初期白色,后呈淡白色,直生或近孪生,或在柄周围凹陷,管口圆形。菌柄基部稍膨大,淡褐色或淡黄褐色,内实。

3. 习 性

　　夏季、秋季于针阔叶混交林中地上单生或散生。

  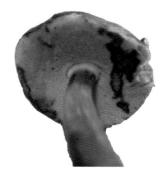

美味牛肝菌

二四、木生条孢牛肝菌 *Boletellus emodensis*

1. 分　类

伞菌目　松塔牛肝菌科　孢牛肝菌属

木生条孢牛肝菌，又称条孢小牛肝菌、木生小牛肝菌，有异味，表面干燥，有毒。

2. 形　态

子实体一般较小，生于腐木上，伤处变蓝色。菌盖直径4～9 cm，扁半球形至稍扁平，淡紫红色，被毛毡状鳞片，盖边缘常有菌幕残片悬垂。菌肉黄色，稍厚。菌管层离生，管口椭圆形至多角形，每毫米2个，米黄色。菌柄圆柱形，稍弯曲，长7～9 cm，粗0.8～1.0 cm，淡紫红色，有纤毛状条纹，内实，基部膨大，稍呈球根状。孢子印暗褐色。

木生条孢牛肝菌

孢子长椭圆形近纺锤形，有纵条棱及横纹，(19～24 μm)×(8～13 μm)。侧囊体无色或浅黄色，近梭形，(35～55 μm)×(9.0～17.5 μm)。

3. 习　性

夏季、秋季生于针阔叶混交林中腐朽树桩上。

二五、美丽牛肝菌 *Boletus formosus*

1.分　类

伞菌目　牛肝菌科　牛肝菌属

担孢子大型,菌肉有苦味。现知仅见于贵州省、云南省、西藏自治区等高山地带。

2.形　态

菌盖宽6~9 cm,圆形,有时具凸尖,表面平整而干燥,初具短而稀疏的茸毛,后期脱落,紫红色、苋菜红色、茜草根色,老后褐红色。菌肉厚0.5~1.5 cm,淡黄色,幼时伤后变蓝,成熟的菌肉变色不明显,或微成褐紫色。生尝和闻之均无异味。菌孔单孔型,菌管长0.5~1.5 cm,直径0.7~1.0 mm,管口不规则圆形,黄色,伤后变蓝。菌柄长棒形,上部细长,基部微膨大,长5~8 cm,粗0.9~1.3 cm,柄中上部色泽与菌盖相同,基部膨大处多呈白色,柄表面无明显网格,或有不清楚的网纹。

美丽牛肝菌

3.习　性

生于针叶林、高山箭竹林边缘。

二六、灰褐牛肝菌 *Boletus griseus* Forst.

1.分　类 😄

伞菌目　牛肝菌科　牛肝菌属

灰褐牛肝菌,别名荞巴菌,可食用,味道比较好。以贵州省、云南省、四川省分布比较广泛,常见于西南市场销售,采食普遍。

2.形　态

子实体中型。菌盖半球形,灰褐色,宽 7 ~ 11 cm。菌肉白色,伤后变色。菌管初期白色,后呈米黄色,近离生或近弯生,在柄周围凹陷,管口圆形,每毫米 1 ~ 2 个。菌柄长 4 ~ 12 cm,粗 1 ~ 2 cm,上下略等粗,基部略尖细,有时膨大,幼内实,老中空,被茸毛,上部色淡,向下逐渐变灰褐色或暗褐色,有黑褐色到黑色的网纹。孢子微带黄色,长椭圆形,(9 ~ 13 μm) × (3.9 ~ 5.2 μm)。管侧囊体近纺锤形或顶端细长,(26 ~ 38 μm) × (8.7 ~ 12.0 μm)。

灰褐牛肝菌

3.习　性

夏季、秋季于针叶林、栎林和栗树下地上群生或簇生,属外生菌根菌。

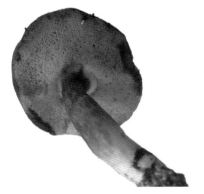

灰褐牛肝菌

二七、松塔牛肝菌 *Strobilomyces strobilaceus* Berk.

1. 分　类 Ⓡ

伞菌目　松塔牛肝菌科　松塔牛肝菌属

松塔牛肝菌,别名黑麻蛇菌,广泛分布于贵州省大多数地区的针阔叶林中,往往与树木形成菌根,营养树木。

松塔牛肝菌

2. 形　态

菌盖直径2~13 cm,初半球形,后平展,黑褐色至黑色或紫褐色,表面有粗糙的毡毛状鳞片或疣,反卷,菌幕薄,脱落残留在菌盖边缘。菌肉白色,伤后变红。菌管直生或稍延生,长1.0~1.5 cm,污白色或灰色,后渐变褐色或淡黑色,管口多角形,与菌管同色。柄长4.5~10.0 cm,粗0.6~2.0 cm,与菌盖同色,上下略等粗或基部稍膨大,顶端有网棱,下部有鳞片和茸毛。

3. 习　性

夏季、秋季于阔叶林或混交林中地上单生或散生。

松塔牛肝菌

二八、污褐牛肝菌 *Boletus variipes* Peck

1. 分　类

伞菌目　牛肝菌科　牛肝菌属

对环境要求很高,幼嫩时食用味美。在贵州省广泛分布于贵阳市、余庆县、龙里县等地,与树木形成外生菌根。

污褐牛肝菌

2. 形　态

子实体中等或较大。菌盖宽 7 ~ 13 cm,半球形至几乎平展,淡污褐色、污褐色至深土黄色,光滑,有时龟裂成小鳞片,干时稍向上反卷。菌肉白色,伤后不变色。菌管带绿黄褐色,直生至弯生或稍向下延生,管口与菌管同色,近圆形,每毫米 1 ~ 2 个。柄长 5.5 ~ 12.0 cm,粗 1.5 ~ 3.0 cm,全柄有网纹,淡土褐色。

3. 习　性

夏季、秋季于混交林中地上群生。

二九、墨汁鬼伞 *Coprinus atramentaria* Fr.

1. 分　类

伞菌目　鬼伞科　鬼伞属

墨汁鬼伞,别名鬼盖、鬼伞、鬼屋,常见于草菇生长堆上,是高温高湿蕈菌,自溶成墨汁。

2. 形　态

子实体小或中等大。菌盖初期卵形至钟形,开伞时一般开始液化,流墨汁状汁液;未开伞前顶部钝圆,有灰褐色鳞片,边缘灰白色,具有条沟棱,似花瓣状,直径 4 cm 左右。菌肉初期白色,后变灰白色。菌褶很密,相互拥挤,离生,不等长,灰白色至灰粉色,最后成汁液。菌柄污白色,长 8 ~ 15 cm,粗 6 ~ 12 mm,向下渐粗,菌环以下又渐变细,表面光滑,内部空心。

墨汁鬼伞

3. 习　性

春季至晚秋季于腐草、腐木上丛生。

三〇、鸡油菌 *Cantharellus cibarius* Fr.

1. 分　类　

非褶菌目　鸡油菌科　鸡油菌属

　　鸡油菌,别名杏菌、杏黄菌或黄丝菌。菌肉蛋黄色,味美。含有丰富的胡萝卜素、维生素 C、蛋白质、钙、磷、铁等营养成分。味甘,性寒,具有清目、利肺、益肠胃的功效,常食此菌可预防视力下降、眼炎、皮肤干燥等。鸡油菌是世界著名的食药用菌之一。

鸡油菌

2. 形　态

　　子实体肉质,杏黄色至蛋黄色,喇叭形。菌盖宽 3～9 cm,最初扁平,后下凹,边缘深裂成瓣状内卷或呈波状。菌柄长 2～6 cm,粗 0.5～1.8 cm,常偏生,向下渐细。

鸡油菌剖面与菌褶

3. 习　性

　　夏季、秋季于阔叶林或混交林中地上单生或散生。

鸡油菌

三一、棒柄杯伞 *Clitocybe clavipes* Fr.

1. 分 类

伞菌目 白蘑科 杯伞属

棒柄杯伞,有记载可以食用,但也有记载含微毒,尤其同时饮酒易中毒,采食时务必注意。试验证实此菌抗癌,对小白鼠肉瘤 180 的抑制率为 70%,对艾氏癌的抑制率为 60%。

2. 形 态

子实体中等或小。菌盖直径 3~8 cm,扁平,中部下凹,呈漏斗状,中央很少具小凸起,表面干燥,灰褐色或煤褐色,中部色暗,光滑无毛,初期边缘明显内卷。菌肉白色,质软。菌褶白黄色,明显延生,薄,稍稀或密,不等长。菌柄向上渐细,向基部膨大呈棒状,长 3~7 cm,粗 0.8~1.5 cm,基部膨大处可达 3 cm,无毛光滑,与盖同色或稍浅,内部实心。孢子印白色。孢子椭圆形,光滑,(4.5~7.5 μm)×(3.5~4.5 μm)。

棒柄杯伞

3. 习 性

夏季、秋季在林中地上散生或丛生。

三二、杯秃形马勃 *Calvatia cyatniformis* Morg.

1. 分 类

马勃目 马勃科 秃马勃属

杯秃形马勃,又名马皮包。孢子粉可药用,有消肿、止血、清喉、解毒作用。有人认为此种等同于紫色秃马勃,但戴芳澜教授所著的《中国真菌汇总》中仍分列为 2 个种,这里暂作为不同种处理。

2. 形 态

子实体大,扁球形至陀螺形,直径 4~12 cm,不孕基部发达,初期白色,后呈淡紫色,上部有细小的鳞片,成熟后表皮破裂,孢粉散出。子实体内部初期灰白色带紫色,后呈暗紫灰色,往往当孢粉散出后遗留似杯状的基部,上面呈紫色,具细微的小疣,直径 5~6 μm。孢丝浅褐色,粗 3~4 μm。

杯秃形马勃

3. 习 性

夏季、秋季生于林中地上,常生于草地上。

三三、毛头鬼伞 *Coprinus comatus* Pers.

1. 分　类

伞菌目　鬼伞科　鬼伞属

毛头鬼伞,又名鸡腿菇,春季至秋季在田野、林缘、道旁、公园内生长,雨季可在茅草屋顶上生长。此菌有时生长在栽培草菇的堆积物上,与草菇争养分,甚至抑制草菇菌丝的生长。

2. 形　态

菌盖呈圆钟状,开伞后 1 h 内边缘、菌褶、菌盖溶化成墨汁状液体,同时菌柄变得细长。菌盖直径 3 ~ 5 cm,高 6 ~ 15 cm,白色,顶部浅黄色,长大便断裂。菌肉白色。菌柄白色,圆柱形,较细长,且向下渐粗,长 10 ~ 12 cm,粗 1.0 ~ 1.6 cm,光滑。

3. 习　性

夏季、秋季雨后现于草地、树林地面及树根旁。

毛头鬼伞

三四、白小鬼伞 *Coprinellus dissenminatus*

1. 分　类

伞菌目　蘑菇科　拟鬼伞属

白小鬼伞,又名白色小鬼伞,常在园林树木基部发出,每群数量在 500 朵以上。

2. 形　态

子实体小型,不自溶。菌盖膜质,卵圆形至钟形,直径 0.5 ~ 1.5 cm,白色至污白色,顶部呈黄色,老后呈黑灰色,有明显的长条棱,表面有细而短的茸毛。菌肉白色,很薄,厚

白小鬼伞

100 ~ 300 μm。菌褶灰白色,后变黑色,较稀,直生,不等长,老后变干。菌柄白色,长 2 ~ 6 cm,直径 0.5 ~ 1.2 mm,有时稍弯曲,中空,脆。有褶缘囊体,近长棒状或似长颈瓶状,长可达 50 ~ 80 μm。孢子印黑色。孢子椭圆形,光滑,褐黑色,(7.0 ~ 10.0 μm) × (4.0 ~ 5.5 μm)。

3. 习　性

秋季、冬季于阔叶林的腐木及地上群生。

三五、古尼虫草 *Cordyceps gunnii* Berk.

1. 分 类 ℞

麦角菌目 麦角菌科 虫草属

古尼虫草,又名亚香棒虫草、霍克斯虫草,寄生于蝙蝠蛾科昆虫的幼虫上。

古尼虫草

2. 形 态

子实体长 10～90 mm,粗 5～6 mm。子座从寄主头部生出,单生、二叉分枝或成簇着生,一般比虫体长 4～14 cm,基部白色,较粗,向上渐细。头部一般灰色至灰黑色,长卵圆形至圆柱形,形成子座头。未成熟的古尼虫草体表淡黄色,子座柄内部充实,子座头部白色。成熟的古尼虫草体表褐色,子座内充实逐渐变为中空,整个子座头粗糙,呈褐色,长 1.5～2.5 cm。成熟古尼虫草子座和柄的界线分明,有很多子囊壳形成的微小颗粒,子囊壳似卵形或安瓿瓶形,(700～910 μm)×(200～300 μm),埋生,成熟时孔口外露。

3. 习 性

初夏生于阔叶林草地的昆虫幼虫上。

古尼虫草

古尼虫草人工栽培

三六、蛹虫草 *Cordyceps militaris* Link

1. 分 类 Ⓡ

麦角菌目　麦角菌科　虫草属

蛹虫草是一种子囊菌,通过异宗配合进行有性生殖。其无性型为蛹草拟青霉。其子实体成熟后可形成子囊孢子,孢子散发后随风传播,落在适宜的虫体上,便开始萌发形成菌丝体。菌丝体一面不断地发育,一面开始向虫体内蔓延,蛹虫就会被真菌感染,蛹体内组织会被分解,成为菌丝体生长发育的物质和能量来源。

2. 形 态

子座单生或数个一起从寄生蛹体的头部或节部长出,颜色为橘黄色或橘红色,棒状,顶部略膨大,全长 2 ~ 7 cm。蛹体颜色为紫色,长 1.5 ~ 2.0 cm。一般当蛹虫草的菌丝把蛹体内的各种组织和器官分解完毕后,菌丝体发育也就进入子实体形成阶段。

蛹虫草

3. 习 性

夏季、秋季生于林地或腐殖质落叶层下鳞翅目昆虫的蛹上。

蛹虫草

三七、红笼头菌 *Clathrus ruber*

1. 分 类

鬼笔目 鬼笔科 笼头菌属

笼头菌被称为红笼子,为腐生真菌,以腐烂的木质植物为营养来源。

2. 形 态

子实体外形像由格子一样的分枝围成的红色中空球体,产孢组织有恶臭味,能吸引苍蝇和其他昆虫来帮助传播孢子。

3. 习 性

单生或群生在花园土壤的落叶里、草地上或覆盖园地的木片上。

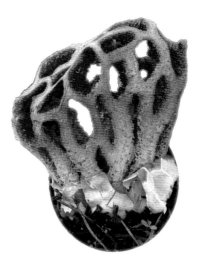

红笼头菌

三八、环带柄丝膜菌 *Cortinarius trivialis* Lange

1. 分 类

伞菌目 丝膜菌科 丝膜菌属

环带柄丝膜菌,据记载除去黏液后可食用。属外生菌根菌,主要分布在贵州省、四川省等地。

2. 形 态

菌盖直径 5～11 cm,幼时扁半球形,后呈扁平至近平展,中部稍凸起,污黄色、土褐色、赭黄褐色至近褐色,表面平滑而有一层黏液,初期边缘内卷且无条纹,干燥或老后可开裂。菌柄细长,圆柱形,向下变细或稍膨大,长 8～16 cm,粗 0.6～2.5 cm,幼时污白色且有浅色鳞片,实心,色暗,肉质至纤维质。菌褶灰乌色,不等长。具有环带。丝膜生于柄上部,蛛网状,易消失。

3. 习 性

秋季在阔叶林中地上群生。

环带柄丝膜菌

三九、一色齿毛菌 *Coriolus unicolor* Pat.

一色齿毛菌

1.分 类

多孔菌目　多孔菌科　云芝属

一色齿毛菌,贵州省多地区有人煎服,据传可提高免疫力。

2.形 态

担子果一年生,无柄或具狭窄的基部,新鲜时柔韧,干后近革质。菌盖半圆形、贝壳形、扇形或平伏至反卷,常常覆瓦状排列和左右相连,长 2 ~ 14 cm,宽 3 ~ 10 cm,厚 2 ~ 5 mm,表面被粗毛或茸毛,有明显的同心环纹,初淡白色,后变浅黄色、灰褐色、棕黄色,因藻的存在常呈浅绿色或浅绿褐色,最后基部几乎变成光滑,黑色。边缘锐或钝,有时波浪状或浅裂,通常比菌盖颜色淡。菌肉白色,与毛层之间有 1 条黑线,使二者有明显分界。菌管与菌肉颜色相同,长 1.0 ~ 4.5 mm。孔面初淡白黄色至淡黄色,后变淡灰色至淡污褐色。管口略圆形,很快变成迷宫状并齿裂,每毫米 3 ~ 4 个。

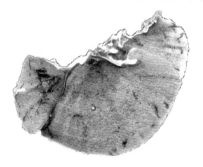

一色齿毛菌

3.习 性

生于各种阔叶树上,尤其喜生于桦树上。

四〇、红托竹荪 *Dictyophora rubrovolvata*

1. 分 类

鬼笔目 鬼笔科 竹荪属

红托竹荪，又名竹参、面纱菌、网纱菌、竹姑娘、僧笠蕈、雪裙仙子。红托竹荪是贵州省多年来开发的特色品种，又称"清香型竹荪"，是竹荪品种中的上品。

2. 形 态

竹荪幼担子果菌蕾呈圆球形，具3层包被，外包被薄，光滑，淡紫色至淡褐红色；中层胶质；内包被坚韧肉质。成熟时包被裂开，菌柄将菌盖顶出，柄中空，高10～20 cm，白色，外表由海绵状小孔组成。包被遗留于柄下部形成菌托。菌盖生于柄顶端呈钟形，盖表面凹凸不平呈网格状，凹部分密布担孢子；盖下有白色网状菌幕，网粗，呈镂花状，多角形或菱形。

3. 习 性

夏季、秋季于阔叶林或混交林中地上单生或群生。

红托竹荪

红托竹荪蛋剖面

四一、长裙竹荪 *Dictyophora indusiata* Fisch.

1. 分　类

鬼笔目　鬼笔科　竹荪属

长裙竹荪,又名竹荪、竹笙、竹参,为鬼笔目鬼笔科竹荪属中著名的食用菌。

2. 形　态

子实体中等至较大,幼时卵球形,后伸长,高 12 ~ 23 cm。菌托白色或淡紫色,直径 3.0 ~ 5.5 cm。菌盖钟形,宽 3 ~ 5 cm,有显著网纹,具微臭、暗绿色的孢子液,顶端平,有穿孔。菌幕白色,从菌盖下垂 10 cm 以上,宽达25 cm,网眼多角形,宽 5 ~ 10 mm。菌柄白色,中空,海绵状,基部粗 2 ~ 3 cm,向上渐细。

3. 习　性

夏季、秋季于阔叶林或混交林中地上单生或散生。

长裙竹荪

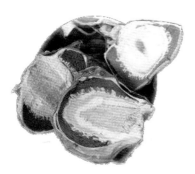

长裙竹荪蛋剖面

长裙竹荪

竹荪蛋

四二、黄裙竹荪 *Dictyophora multicolor* Bork. et Br.

1. 分 类

鬼笔目 鬼笔科 竹荪属

黄裙竹荪，别名仙人伞，多有毒，不宜采食，可供药用。将其子实体浸泡于浓度为70%的酒精中，作为外涂药，可治疗脚癣。

2. 形 态

子实体中等至较大，高8～18 cm。菌盖钟形，其上有暗青褐色或青褐色黏性孢体，顶平，有一孔口。菌幕柠檬黄色至橘黄色，似裙子，具网格，从菌盖边沿下垂，长6.5～11.0 cm，下缘直径8～13 cm，网眼多角形，眼孔直径2～5 mm。菌柄白色或浅黄色，海绵状，中空，长7～15 cm，粗1.6～3.0 cm，具菌托，苞状。

黄裙竹荪

3. 习 性

夏季在竹林、阔叶林地上散生。

四三、红贝俄氏孔菌 *Earliella scabrosa* Gilb. & Ryvarden

1. 分 类

多孔菌目 多孔菌科 革菌属

见于贵州省瓮安县、黄平县境内的朱家山国家森林公园，被称为小地莲花，多生长在路旁的石子上，成片。

2. 形 态

子实体一年生，平伏反卷至盖形，覆瓦状叠生，木栓质。菌盖半圆形，2～6 cm，颜色漆红色，边缘奶白色。基部很短，近无柄。

红贝俄氏孔菌

3. 习 性

夏季、秋季生于阔叶树倒木或满积枯枝落叶的沟边与路上。

四四、金针菇 *Flammulina velutiper* Sing.

1. 分 类

伞菌目 白蘑科 金线菌属

因菌柄细长,似金针菜,故称金针菇,又名毛柄小火菇、构菌、朴菇、朴菰、金菇、智力菇等,木腐菌,具有很高的药用、食疗价值。

2. 形 态

菌盖表面有胶质薄层,湿时有黏性,黄白色到黄褐色。菌肉白色,中央厚,边缘薄。菌褶白色或象牙色,较稀疏,长短不一,与菌柄离生或弯生。菌柄中央生,中空圆柱状,稍弯曲,长3.5~15.0 cm,直径0.3~1.5 cm,菌柄基部相连,上部呈肉质,表面密生黑褐色短茸毛。担孢子生于菌褶子实层上。

3. 习 性

易生长在朴树、柳树、榆树、白杨树等阔叶林的枯树干及树桩上。

金针菇

四五、树舌 *Ganoderma applanatum* Pat.

1. 分 类

树 舌

多孔菌目 灵芝科 灵芝属

树舌,别名平盖灵芝、扁灵芝、老木菌,可药用。民间作为抗癌药物,有止痛、清热、化积、止血功效。

2. 形 态

子实体多年侧生,中等至较大,木质,无柄。菌盖半圆形,剖面扁半球形或扁平,长 5～30 cm,表面灰色、褐色,有光泽。具有明显的环带,边缘圆、钝,奶白色至白色。

3. 习 性

春季、夏季、秋季多生于阔叶树木上。

四六、灰树花 *Grifola frondosa* S. F. Gray

1. 分 类

多孔菌目 多孔菌科 树花菌属

灰树花,又名贝叶多孔菌、栗子蘑、莲花菌、叶状奇果菌、千佛菌、云蕈、舞茸。其外观婀娜多姿、层叠似菊,气味清香四溢、沁人心脾,肉质脆嫩爽口、百吃不厌。具有很好的保健作用和很高的药用价值。

灰树花

2. 形 态

子实体肉质,短柄,呈珊瑚状分枝,末端生扇形至匙形菌盖,重叠成丛,大的丛宽 40～60 cm,重达 3～4 kg。菌盖直径 2～7 cm,灰色至浅褐色,表面有细毛,老后光滑,有反射性条纹,边缘薄,内卷。菌肉白色,厚 2～7 mm。灰树花若在不良环境中形成菌核,菌核则外形不规则,长块状,表面凹凸不平,棕褐色,坚硬;断面外表长、宽为 3～5 mm,呈棕褐色,半木质化,内为白色。子实体从菌核的顶端长出。

3. 习 性

夏季、秋季间常生于栗树上。

四七、赤芝 *Ganoderma lucidum* Karst

1. 分 类

多孔菌目　灵芝科　灵芝属

赤芝,别称丹芝、红芝、血灵芝、灵芝草、万年蕈等,是著名的药用菌。

2. 形 态

菌盖木栓质,半圆形或肾形,宽 12～20 cm,厚约 2 cm。皮壳坚硬,初黄色,渐变成红褐色,有光泽,具环状棱纹和辐射状皱纹,边缘薄,常稍内卷。菌盖下表面菌肉白色至浅棕色,由无数菌管构成,菌管内有大量孢子。菌柄侧生,长达 19 cm,粗约 4 cm,红褐色,有漆样光泽。可进行人工栽培。药用部位为子实体和孢子。

赤 芝

3. 习 性

秋季于阔叶林腐木上和地上单生或连体生长。

赤芝人工栽培

四八、东方陀螺菌 *Gomphus orientalis* Petersen et Zang

1. 分　类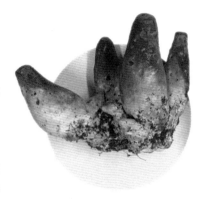

非褶菌目　陀螺菌科　陀螺菌属

东方陀螺菌,别名马蹄菌,多生于贵州省、云南省等地,属外生菌根菌,味美。

2. 形　态

子实体大,扁球形至陀螺形,直径4~12 cm,不孕基部发达,初期白色,后呈淡紫色。子实体内部初期灰白色带紫色,后呈暗紫灰色。边缘呈波状,紫色。菌肉淡紫色,延生到菌柄部,有分叉的条纹,相互连接或交织。盖与菌柄无明显界限。

东方陀螺菌

3. 习　性

夏季、秋季于林中地上群生。

四九、紫陀螺菌 *Gomphus purpuraceus* Yokoyama

1. 分　类

非褶菌目　陀螺菌科　陀螺菌属

紫陀螺菌,别名猪嘴巴菌、猪鼻子菌,蛋白质含量较高,脂肪含量较低,并含有多种矿物质元素及多种维生素。紫陀螺菌中的谷氨酸、蛋氨酸、维生素 B_1、维生素 B_2、铁、锌、硒含量特别高,具有较高的营养价值。它还具有润肠、明目、降血压等功效。

紫陀螺菌

2. 形　态

子实体近喇叭状或扇形,有的近半圆形,丛生,边缘呈波状或花纹状,紫色。菌肉淡紫色,延生到菌柄部,有分叉的条纹,相互连接或交织。盖与菌柄无明显界限。孢子平滑,长椭圆形,$(9.2 \sim 12.5~\mu m) \times (4.3 \sim 6.5~\mu m)$。

3. 习　性

夏季、秋季于林中地上群生或丛生。

五〇、大杯伞 *Clitocybe maxima* P. Kumm.

1. 分 类

伞菌目　白蘑科　杯伞属

大杯伞,又名猪肚菇、大漏斗菌、猪肚菌、笋菇、红银盘。因其风味独特,有似竹笋般的清脆和猪肚般的滑腻,故又被称为"笋菇"和"猪肚菇"。

2. 形 态

菌盖直径 10～20 cm 或更大,中部下凹呈漏斗状,灰黄色至淡土黄色,表面平滑,干燥,边缘内卷至伸展且老后有不明显条纹。菌肉白色,较薄,中部较厚。菌褶白色变至污黄色,延生,较密,狭窄,不等长。菌柄长 7～10 cm,粗 1.5～2.5 cm,近柱形,近白色,靠近基部渐膨大呈棒状且有茸毛,内部松软。孢子印白色。孢子无色,平滑或微粗糙,近球形或渐宽椭圆形,(6.6～8.0 μm)×(5.3～6.3 μm)。

大杯伞

3. 习 性

夏季、秋季于林中地上或腐枝落叶层群生或丛生。

大杯伞

五一、猴头菌 *Hericium erinaceus* Pers.

1. 分　类

伞菌目　猴头菌科　猴头菌属

猴头菌,又名猴蘑、猴菇、刺猬菌,因外形酷似猴头而得名。是中国传统的名贵菜肴,肉嫩、味香、鲜美可口。同时,猴头菌也是药材,具有养胃和中的功效。其多糖的药用功效可概括为提高免疫力、抗肿瘤、抗衰老、降血脂等。

猴头菌

2. 形　态

子实体呈块状,扁半球形或头形,肉质,直径 5 ~ 15 cm,不分枝(与假猴头菌的区别)。新鲜时呈白色,干燥时变成褐色或淡棕色。子实体基部狭窄或略有短柄。菌刺密集下垂,覆盖整个子实体,肉刺圆筒形,刺长 1 ~ 5 cm,粗 1 ~ 2 mm,每一根细刺的表面都布满子实层;子实层上密集生长着担子及囊状体,担子上着生 4 个担孢子。

3. 习　性

多生长在柞树等树干的枯死部位。

五二、香乳菇 *Lactarius camphoratum* Fr.

1. 分　类

伞菌目　红菇科　乳菇属

香乳菇是一种腐生真菌,不能利用太阳光能进行光合作用,完全依靠培养料中的营养物质进行生长发育。营养物质中以含碳物质最为重要,其次是含氮物质和无机盐。

香乳菇

2. 形　态

子实体小。菌盖直径 2 ~ 5 cm,初期扁球形,后渐下凹,中部往往有小凸起,不黏,深肉桂色至棠梨色。菌肉颜色浅于菌盖。乳汁白色不变。菌褶白色至淡黄色,老后颜色与菌盖相似,密,直生至稍下延。柄长 2 ~ 5 cm,粗 0.4 ~ 0.8 cm,近柱形,色与菌盖相似,内部松软,后中空。孢子印乳白色。孢子无色,近球形,有疣和网纹,(7.3 ~ 9.0 μm) × (6.4 ~ 8.0 μm)。菌褶侧囊体梭形,具尖,(60 ~ 90 μm) × (7.3 ~ 10.9 μm)。

3. 习　性

夏季、秋季于林中地上散生或群生。

五三、松乳菇 *Lactarius deliciosus*

1. 分 类

伞菌目 红菇科 乳菇属

松乳菇,又名美味松乳菇、松树蘑、松菌等,是一种深受欢迎的美味食用菌。

2. 形 态

菌盖直径 4 ~ 10 cm,扁半球形,中央有黏状物,伸后下凹,边缘最初内卷,后平展,湿时黏,无毛,虾仁色、胡萝卜黄色或深橙色,喜生于松树林中,有或没有颜色较明显的环带,花纹酷似松树的年轮;后色变淡,伤后变绿色,特别是菌盖边缘部分变绿显著。菌肉初带白色,后变胡萝卜黄色。乳汁量少,橘红色,最后变绿色。菌褶与菌盖同色,稍密,近柄处分叉,褶间具横脉,直生或稍延生,伤后或老后变绿色。菌柄长 2 ~ 5 cm,粗 0.7 ~ 2.0 cm,近圆柱形并向基部渐细,有时具暗橙色凹窝,颜色同菌褶或更浅,伤后变绿色,内部松软后变中空。

3. 习 性

夏季、秋季在阔叶林中地上单生或群生。

松乳菇

松乳菇剖面与菌褶

松乳菇

五四、香菇 *Lentinus edodes* Sing.

1. 分 类

伞菌目 光茸菌科 香菇属

香菇,别名花蕈、香信、冬菰、厚菇、马桑菌,素有"山珍之王"的称谓。香菇含有六大酶类的 40 多种酶,可以纠正人体酶缺乏症;其所含脂肪酸对降低人体血脂有益。香菇被称为"华菇""中华之菇",是人工栽培产量最多的蕈菌之一。

香菇栽培

2. 形 态

子实体中等大至稍大。菌盖直径 5～12 cm,有时可达 20 cm,幼时半球形,后呈扁平至稍扁平,表面浅褐色、深褐色至深肉桂色,中部往往有深色鳞片,而边缘常有污白色毛状或絮状鳞片。菌肉白色,稍厚或厚,细密,具香味。幼时边缘内卷,有黄白色茸毛,随着生长而消失,老熟后盖缘

香 菇

反卷,开裂。菌盖下面有菌幕,后破裂,形成不完整的菌环。菌褶白色,密,弯生,不等长。菌柄常偏生,白色,弯曲,长 3～8 cm,粗 0.5～1.5 cm,菌环下有纤毛状鳞片,纤维质,内部实心。菌环易消失,白色。

3. 习 性

秋季、冬季、春季于林中立木或倒木上群生或散生。

香 菇

五五、黑褐乳菇 *Lactarius gerardii*

1.分　类

伞菌目　红菇科　乳菇属

黑褐乳菇,又称黑桃菌。有人认为有毒,不宜食用,但也有记载其为食用菌,故必须慎食。此种的菌盖、菌柄皆为黑褐色,菌褶为白色,便于识别。

2.形　态

子实体一般较小或中等。菌盖褐色至黑褐色,中部稍下凹,表面干,具黑褐色网纹,直径4～10 cm,初期扁半球形似有短茸毛,后渐平展。菌肉白色,较厚,受伤处略变红色。菌褶白色,宽,稀,延生,不等长。菌柄长3～10 cm,粗0.4～1.5 cm,近柱形,与盖同色。顶端菌褶延伸形成黑褐色条纹,基部有时具茸毛,内实。孢子球形至近球形,具刺网棱,(9～13 μm)×(9～11 μm)。褶侧囊体梭形,(51～80 μm)×(6.3～8.0 μm)。

黑褐乳菇

3.习　性

为夏季、秋季生于树木的外生菌根菌。

黑褐乳菇

五六、红汁乳菇 *Lactarius hatsudake* Tanaka

1. 分 类

伞菌目 红菇科 乳菇属

红汁乳菇,别名紫花菌、红紫花。可食用,味道鲜美。贵州省贵阳市夏季在自发路边市场有大量销售。

红汁乳菇

2. 形 态

子实体中等。菌盖直径4~8 cm,幼时扁半球形,中部下凹呈脐状,伸展后似漏斗状,表面平滑,有环带。菌肉粉白色,在伤处渐变褐色。菌褶白色或带黄色,伤处变褐黄色,稍密,直生至延生,不等长,分叉。菌柄长2~5 cm,近圆柱形,表面近光滑,与盖同色,中空。

3. 习 性

夏季、秋季多于混交林地上群生或散生。

红汁乳菇剖面与菌褶

红汁乳菇

五七、红蜡蘑 *Laccaria laccata* Cooke

1.分　类

伞菌目　白蘑科　蜡蘑属

子实体小,可食用,味不佳。据试验,对小白鼠肉瘤180 和艾氏癌的抑制率分别为 60% 和 70%。另外,此菌可与松、栎等形成外生菌根。

2.形　态

红蜡蘑

菌盖直径 1~5 cm,薄,近扁半球形,后渐平展,中央下凹成脐状,红色至淡红褐色,湿润时呈水浸状,干燥时呈蛋壳色,边缘波状或瓣状,并有粗条纹。菌肉粉褐色,薄。菌褶与菌盖同色,直生或近延生,稀疏,宽,不等长,附有白色粉末。菌柄长 3~8 cm,粗 0.2~0.8 cm,与菌盖同色,圆柱形或稍扁圆,下部常弯曲,纤维质,韧,内部松软。

3.习　性

夏季、秋季在林中地上或腐质层上散生、群生或近丛生。

红蜡蘑

五八、大秃马勃 *Calvatia gigantea* Lloyd

1. 分　类

大秃马勃

马勃目　马勃科　秃马勃属

大秃马勃,别名巨马勃、马粪包、热砂芒。它与灰包菌不同,灰包菌中间有个洞要裂开,孢子从里面出来,而大秃马勃属于闭裹型,孢子在子实体内部。

2. 形　态

近圆形或球形,直径 15 ~ 25 cm,无不孕基部或很小,由粗的菌索与地面相连。包被白色,由膜状外包被和较厚的内包被组成,初期具茸毛,渐变光滑,成熟后开裂成块脱落,露出浅青褐色孢体。

3. 习　性

夏季、秋季于林中地上单生或散生。

五九、梨形马勃 *Lycoperdon pyriforme* Schaeff.

1. 分　类

梨形马勃

马勃目　马勃科　马勃属

梨形马勃,幼时可食,老后内部充满孢丝和孢粉,可药用,用于止血。

2. 形　态

子实体小,高 2 ~ 35 cm,梨形至近球形,不孕基部发达,由白色菌丝束固定于基物上。初期包被色淡,后呈茶褐色至浅烟色,外包被形成微细颗粒状小疣,内部橄榄色,后变为褐色。

梨形马勃

3. 习　性

夏季、秋季于林中地上或腐木上丛生、散生或群生。

六〇、皱盖疣柄牛肝菌 *Leccinum rugosiceps* Sing.

1. 分 类

皱盖疣柄牛肝菌

伞菌目　牛肝菌科　疣柄牛肝菌属

可食用,在阔叶林中往往与栗、松、栎形成外生菌根,营养树木。

2. 形 态

子实体中等至较大。菌盖直径 6～13 cm,初期半球形至扁半球形,呈浅红褐色或褐色带暗土黄色,表面凹凸不平,或似有刻纹状突起,后期变至平滑。菌肉白色,带粉红色。菌柄顶部呈酒红灰褐色。菌管白色至带浅黄色,管孔小,白色带褐色。

3. 习 性

夏季至秋季于杨树等混交林中地上单生或散生。

六一、花脸香蘑 *Lepista sordida* Sing.

1. 分 类

花脸香蘑

伞菌目　白蘑科　香蘑属

花脸香蘑,又名花脸蘑、紫花脸,因菌盖边缘具水浸状花纹,故称花脸蘑。花脸香蘑作为质味优良的食用菌,可进行人工驯化栽培。

2. 形 态

子实体小。菌盖直径3.0～7.5 cm,扁半球形至平展,有时中部稍下凹,薄,湿润时呈半透明状或水浸状,紫色,边缘内卷,具不明显的条纹,常呈波状或瓣状。菌肉带淡紫色,薄。菌褶淡蓝紫色,稍稀,直生或弯生,有时稍延生,不等长。菌柄长 3.0～6.5 cm,粗 0.2～1.0 cm,与菌盖同色,靠近基部常弯曲,内实。孢子印带粉红色。

花脸香蘑

3. 习 性

春、夏、秋、冬四季于山坡、草地、菜园、路旁、火烧地等处群生或近丛生。

六二、多汁乳菇 *Lactarius volemus* Fr.

1. 分　类

伞菌目　红菇科　乳菇属

多汁乳菇,别名红奶浆菌、牛奶菇、奶汁菇,可食用。经试验得出,对小白鼠肉瘤180和艾氏癌的抑制率分别为80%和90%。含七元醇$[C_7H_9 \cdot (OH)_7]$,可合成橡胶。

多汁乳菇

2. 形　态

菌盖直径4~12 cm,幼时扁半球形,中部下凹呈脐状,伸展后似漏斗状,表面平滑,无环带,琥珀褐色至深棠梨色或暗土红色,边缘内卷。菌肉白色,伤处渐变褐色。乳汁白色,不变色。菌褶白色或带黄色,伤处变褐黄色,稍密,直生至延生,不等长,分叉。菌柄长3~8 cm,粗1.2~3.0 cm,近圆柱形,表面近光滑,与盖同色,内部实心。

3. 习　性

夏季、秋季在针阔叶林中地上散生、群生至稀单生。

六三、近缘小孔菌 *Microporus affinis* Kuntze

1. 分　类

多孔菌目　多孔菌科　小孔菌属

主要分布在贵州省、云南省等地。

近缘小孔菌

2. 形　态

子实体一年生,木栓质。菌盖半圆形至扇形,直径3~6 cm,表面黄褐色,具有明显的环纹和环沟。孔口表面新鲜时白色至奶油色,边缘薄。菌柄长1~2 cm,白色或灰白色,光滑。

3. 习　性

春季、秋季生于阔叶树倒木或落枝上,群生。

六四、蛇头菌 *Mutinus caninus* Fr.

1. 分　类

鬼笔目　鬼笔科　蛇头菌属

蛇头菌,又称红鬼笔、狗蛇头菌,菌盖顶端长有具恶臭气味的黑色黏稠状孢子,能引诱大量昆虫为其传播孢子。它是生长于林地的一种像蛇头的真菌,下雨之后迅速生长,几天后就会枯萎腐烂。

2. 形　态

子实体小型,高6～8 cm。菌托白色,卵圆形或近椭圆形,高2～3 cm,粗1.0～1.5 cm。菌柄圆柱形,似海绵状,中空,粗0.8～1.0 cm,上部粉红色,向下渐呈白色。菌盖鲜红色,与柄无明显界限,圆锥状,顶端具小孔,长1～2 cm,表面近平滑或有疣状突起,其上有暗绿色黏稠且具恶臭气味的孢体。孢子无色,长椭圆形,(3.5～4.5 μm)×(1.5～2.0 μm)。

蛇头菌

3. 习　性

夏季、秋季于林中地上、路边、屋旁单生、散生或群生。

六五、多口地星 *Myristoma coliformis* Corda

1. 分　类

马勃目　地星科　多口地星属

多口地星,又名鸟壮多马勃,能清肺热、止血,有治疗支气管炎、肺炎、咽痛音哑、鼻衄的功能,外用可治外伤出血。

2. 形　态

子实体小,在未裂开前近球形,一般直径2～6 cm或稍大,基部由菌索固定于地上。外包被开裂后成6～12枚裂片,纤维质,外侧浅褐色或污白黄色;内包被呈球形或扁圆球形,浅褐色,表面稍粗糙,其下有数小柄,其上有许多近似圆形的口,口缘稍凸出,内部孢体组织赭褐色。孢子褐色,近球形,有疣,直径4.0～5.5 μm。

多口地星

3. 习　性

夏季、秋季于林中或林缘草地上单生或群生。

六六、狭缩小皮伞 *Marasmius coarctatus*

1. 分 类

伞菌目 白蘑科 小皮伞属

狭缩小皮伞,别名鬼小针。据记载,对葡萄球菌感染有控制作用。分布范围极广。

2. 形 态

菌盖直径 1~4 cm,凸镜形至平展,黄褐色至橙褐色,光滑。菌褶直生,近白色至浅黄色。菌柄长 3~6 cm,圆柱形。基部有黄色粗糙菌丝体。

3. 习 性

夏季、秋季于混交林中地上群生或散生。

狭缩小皮伞

狭缩小皮伞

六七、羊肚菌 *Morchella deliciosa* Fr.

1. 分　类

盘菌目　羊肚菌科　羊肚菌属

羊肚菌，又名羊肚菜、羊蘑、羊肚蘑、羊鹊菌，是一种珍稀的世界性食药用菌，因生长的季节在喜鹊开鸣时而得"羊鹊菌"的美名，又因其菌盖表面凹凸不平、状如羊肚而得名"羊肚菌"。

2. 形　态

子实体较小或中等，直径 6.0 ~ 14.5 cm。羊肚菌由羊肚状的可孕头状体菌盖和 1 个不孕的菌柄组成。菌盖不规则圆形、长圆形，长 4 ~ 6 cm，宽 4 ~ 6 cm，表面形成许多凹坑，似羊肚状，淡黄褐色。菌盖表面呈网状棱，边缘与菌柄相连。菌柄圆筒状，白色，中空，表面平滑或有凹槽，长 5 ~ 7 cm，粗 2.0 ~ 2.5 cm，有浅纵沟，基部稍膨大。

3. 习　性

春季生于针阔叶混交林。

羊肚菌

羊肚菌人工栽培

羊肚菌

六八、大盖小皮伞 *Marasmius maximus* Hongo

1. 分 类

伞菌目 白蘑科 小皮伞属

大盖小皮伞,在贵州全省均有分布,可生长在阔叶林中。

大盖小皮伞

2. 形 态

子实体一般中等。菌盖直径 3～10 cm,初期近钟形、扁半球形至近平展,中部凸起或平,浅粉褐色、淡土黄色,中央色深,干时表面发白,有明显的放射状沟纹。菌肉白色,薄,似革质。菌褶弯生至近离生,宽,稀,不等长,与盖同色。菌柄细,柱形,长 5～10 cm,粗 0.2～0.4 cm,质韧,表面有纵条纹,上部似有粉末,内部实心。孢子椭圆形,无色,光滑,(7.5～9.0 μm)×(3～4 μm)。褶缘囊体近纺锤状或棒状或不规则形。

3. 习 性

春季、夏季、秋季在林中腐枝落叶层上散生、群生或近丛生。

大盖小皮伞

六九、高大环柄菇 *Macrolepiota procera*

1.分　类

伞菌目　蘑菇科　大环柄菇属

高大环柄菇,又名高脚环柄菇、高环柄菇、高脚菇、雨
伞菌、棉花菇等。该菌会散发出坚果般的气味,当白色的
菌肉被切割后可能会转成淡粉红色。

2.形　态

子实体中大型。菌盖直径 7～20 cm,锈褐色。菌柄长
12～28 cm,有可移动菌环。成熟子实体的高度与菌盖直
径都可达到40 cm,菌柄相对较细,并在菌伞完全张开前就
长至最高高度;菌柄的质地非常纤维化而使其较少被食
用。菌伞的表面覆盖了许多蛇鳞状突起物。未成熟的菌
盖呈结实的卵型,其边缘包围着菌柄,使菌盖内部密封出
一个腔室,当其成熟时,菌盖的边缘脱离菌柄,留下一圈肉

高大环柄菇

质可移动的菌环。子实体完全成熟后,菌盖在中央产生棕色的壳顶,触感如皮革般强韧,菌
盖的上表面仍存留许多深色可移动的小鳞片。菌褶拥挤而未与菌柄相连,呈白色,有时带点
浅粉红色。孢子印为白色。

3.习　性

于草原、林地单生或群生,有时会形成蘑菇圈。

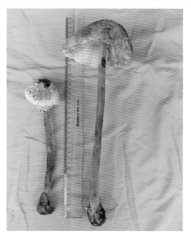

高大环柄菇

七〇、褐褶缘小奥德蘑 *Oudemansiella brunneomarginata*

1. 分 类

伞菌目 白蘑科 小奥德蘑属

褐褶缘小奥德蘑,又名褐褶边小奥德蘑,可食用。

2. 形 态

菌盖直径 3~12 cm,初期扁半球形,后渐平展,中部稍凸,暗褐色带青色、深褐色至浅褐色或朽叶色,表面湿润而黏或胶粘,往往呈现放射条纹或皱纹,表皮可剥离。菌肉白色至污白色,较薄,无明显气味。菌褶白色至乳白色,较稀,宽,直生至近弯生,不等长,褶缘有黑褐色颗粒。菌柄

褐褶缘小奥德蘑

柱形,稍弯曲,长 5~11 cm,粗 0.5~1.0 cm,表面有明显的黑褐色颗粒及花纹,顶部白色,颗粒少,向下渐粗,色深,内部空心。

3. 习 性

秋季于阔叶树腐木上单生、散生或群生。

褐褶缘小奥德蘑

七一、费赖斯鬼伞 *Coprinus friesii* P. Karst.

费赖斯鬼伞

1. 分　类

伞菌目　鬼伞科　鬼伞属

费赖斯鬼伞,据试验,对小白鼠肉瘤 180 的抑制率为 90% ,对艾氏癌的抑制率为 100% 。

2. 形　态

子实体小。菌盖卵状椭圆形,直径 0.5 ~ 1.0 cm 或稍大,表面白色,有粉状物,后呈灰色,条棱长而明显。菌肉白色,极薄。菌褶离生,密,窄,白色变褐色至带紫褐色。菌柄长 1 ~ 3 cm,粗 0.1 cm 左右,白色,表面有粉状物,基部膨大,呈球状,且有放射状毛。孢子印暗栗褐色。孢子卵圆形或近球形,光滑,淡褐色带蓝紫色,(7.5 ~ 9.5 μm) × (6.5 ~ 8.0 μm),发芽孔明显。菌褶侧囊体棍棒形,顶端钝圆,无色,薄壁,(37 ~ 80 μm) × (12 ~ 14 μm)。褶缘囊体棍棒状或近瓶状,无色,薄壁,(22 ~ 60 μm) × (14 ~ 16 μm)。

3. 习　性

夏季、秋季在地上的腐草木上生长。

七二、长根菇 *Oudemansiella radicata* Singer

长根菇

1. 分　类

伞菌目　白蘑科　小奥德蘑属

长根菇,又名长根小奥德蘑、大毛草菌、长根金钱菌、露水鸡等。现已实现人工栽培,商品名为黑皮鸡枞。

2. 形　态

子实体菌盖直径 2.5 ~ 15.0 cm,半球形至平展,中部微凸起,呈脐状,并有辐射状皱纹,光滑,湿时微黏,淡褐色、茶褐色、暗褐色。菌肉白色,薄。菌褶白色,离生或贴生,较厚,稀疏排列,不等长。菌柄近柱状,长 5 ~ 18 cm,粗 0.3 ~ 1.1 cm,浅褐色,近光滑,有纵条纹,常见扭转,表皮脆骨质,肉部纤维质且松软,基部稍膨大且延生成假根。

3. 习　性

常于山林中、草地上单生或群生。

七三、黄伞 *Pholiota adiposa* P. Kumm.

1. 分 类

伞菌目 球盖菇科 环锈伞属

黄伞,别名黄柳菇、多脂鳞伞,色泽鲜艳,呈金黄色,富含蛋白质、碳水化合物、维生素及多种矿物质元素,食之黏滑爽口,味道鲜美,风味独特。菌盖上有一种特殊的黏液,据生化分析表明,这种物质是一种核酸,对人体精力、脑力的恢复有良好效果。同时,黄伞也是一种中低温型食用菌,生产工艺简单,产量较高,市场售价较好,是大有发展前途的食用菌新品种之一。

2. 形 态

菌盖直径 4～14 cm,淡土黄色、蜂蜜色至浅黄褐色,老后棕褐色,中部有平伏或直立的小鳞片,有时近光滑,边缘具条纹。菌肉白色。菌褶白色或稍带肉粉色,老后常出现暗褐色斑点。菌柄细长,圆柱形,稍弯曲,与菌盖同色,纤维质,内部松软至空心,基部稍膨大。菌环白色,生于柄的上部,幼时常呈双层,松软,后期带奶油色。

黄 伞

3. 习 性

常见于林区的柳树枯木上。

七四、覆瓦网褶菌 *Paxillus curtisii* Berk.

1. 分 类

伞菌目 网褶菌科 网褶菌属

覆瓦网褶菌,别名波纹网褶菌、波纹卷伞菌、波纹桩菇。此菌不论新鲜或干燥时均有强烈的腥臭气味,一般无人采食,群众反映及文献记载认为有毒。

覆瓦网褶菌

2. 形 态

子实体中等。菌盖直径 3～15 cm,扁平,半圆形或扁形,黄色,老后呈茶褐灰色,表面具细茸毛或光滑,边缘内卷,无菌柄,具强烈腥臭味。菌褶初期橘黄色,老后青色至深烟色,波状,分叉交织成网状,长短不一。

3. 习 性

夏季、秋季在阔叶林等树木桩上呈覆瓦状生长。

七五、冬小包脚菇 *Volvariella brumalis*

1. 分 类

伞菌目 光柄菇科 小包脚菇属

冬小包脚菇,又名谷桩菌,低温型菌类,其子实体生长温度为 2～10 ℃,营养丰富,味道鲜美,如人工驯化增大其产量,是春节上市的最好菌类商品之一。

2. 形 态

菌柄中生,顶部和菌盖相接,基部与菌托相连,圆柱形,直径 0.8～1.5 cm,长 3～8 cm。菌盖着生在菌柄之上,张开前钟形,张开后伞形,最后呈碟状,直径 5～12 cm,大者可达 21 cm,鼠灰色,中央颜色较深,四周渐浅,具有放射状暗色纤毛,有时具有凸起三角形鳞片。菌褶位于菌盖腹面,辐射状排列,离生,子实体未充分成熟时菌褶白色,成熟过程中渐渐变为粉红色,最后呈深褐色。

3. 习 性

冬季生长在贵州省中部地区的油菜田或小麦田中。

冬小包脚菇

冬小包脚菇

七六、榆黄蘑 *Pleurotus citrinopileatus* Sing.

1.分　类

伞菌目　侧耳科　侧耳属

榆黄蘑,又名金顶蘑、玉皇蘑、黄金菇。其既具有味道鲜美、营养丰富的食用价值,又具有滋补强身的药用价值。

榆黄蘑

2.形　态

子实体多丛生或簇生,呈金黄色。菌盖喇叭状,草黄色至鲜黄色,光滑,宽 2 ~ 10 cm,肉质,边缘内卷。菌肉白色。菌褶白色,延生,稍密,不等长。菌柄白色至淡黄色,偏生,长 2 ~ 12 cm,粗 0.5 ~ 1.5 cm,有细毛。多数子实体合生在一起,色泽金黄,艳丽美观,外观恰似一朵美丽的鲜花。

3.习　性

夏季、秋季于阔叶林或混交林中地上单生或丛生。

七七、香笔菌 *Phallus fragrans* Zang

1.分　类

鬼笔目　鬼笔科　鬼笔属

香笔菌,别名无裙荪等,用于脾胃气滞所致脘腹胀满、嗳气、恶心呕吐等,以及寒邪郁内、气血不行所致胸闷、胁痛、脘腹胀痛等。民间多以本品为食物保鲜防腐。

香笔菌

2.形　态

子实体球形或蛋状,原基为一个个白色小球,后逐步膨大,直径为 4 ~ 12 cm。菌柄顶出一钟状菌盖,菌盖宽 2 ~ 3 cm,灰褐色,有凹凸不平的网格,其上有大量胶质的孢子。菌柄中空,高 5 ~ 11 cm,直径 2 ~ 3 cm。菌托有大量的胶质物体,碗状,有菌索连接在腐殖土中。

3.习　性

秋季、冬季生于林中地上,常见于草地上。

七八、白鬼笔 *Phallus impudicus* L.

1.分 类

鬼笔目 鬼笔科 鬼笔属

白鬼笔,商品名为冬荪,又称竹下菌、竹菌等,是近年来贵州省毕节市率先栽培成功并进行商业化推广的新品种。该菌与红托竹荪有许多共同之处,营养丰富,形态华美,口感香脆,味美肉厚。但竹荪有裙,白鬼笔无裙。

2.形 态

白鬼笔菌蕾大,球形至卵圆形,地上生或半埋土生,直径为5~7 cm,粉白色,有时呈粉红色,基部有白色或浅黄色菌索。包被成熟时从顶部开裂形成菌托。担子果呈粗毛笔状,孢体高5~17 cm,直径2~5 cm,由菌柄及柄顶部的菌盖组成。菌柄白色,海绵状,中空,近圆筒形。菌盖钟

白鬼笔

状,高2~4 cm,直径2.0~3.5 cm,贴生于菌柄的顶部并在菌柄顶部膨大部分相连;外表面有大而深的网格,成熟后顶平,有穿孔。孢子体覆盖在菌盖网格表面,青褐色,黏稠,有草药样浓郁香气。

3.习 性

秋季、冬季生于林中地上的腐殖质层中。

白鬼笔

七九、桑黄 *Phellinus igniarius* Quel.

1.分 类

多孔菌目 多孔菌科 木层孔菌属

桑黄,别名桑臣、树鸡、胡孙眼,生长在桑树上,药用价值极高、具有活血、止血、化饮、止泻的功效,常用于治疗血崩、血淋、脱肛泻血、带下、经闭、癖饮、脾虚泄泻。

2.形 态

子实体多年生,中等至较大,木质,无柄,侧生,长 5～20 cm,厚 1～10 cm,浅褐色、深灰色、黄色,初期表面有细微茸毛,后期光滑,老熟后出现龟裂。菌肉呈咖啡色或锈褐色,木质坚硬。

3.习 性

夏季、秋季生于多种树木上。

桑 黄

八○、狮黄光柄菇 *Pluteus leoninus* Kumm.

1.分 类

伞菌目 光柄菇科 光柄菇属

狮黄光柄菇,为夏季、秋季常见的蕈菌,数量多,在贵州省全境都有分布。

2.形 态

子实体较小。菌盖直径 3～7 cm,初期近钟形或扁半球形,后期扁平,中部稍凸起,表面湿润,鲜黄色或橙黄色,顶部色深或有皱凸起,边缘有细条纹及光泽。菌肉薄、脆,白色带黄色。菌褶密,稍宽,离生,不等长,初期白色,后粉红色或肉色。菌柄长 3～8 cm,粗 0.4～1.0 cm,向下渐粗,基部稍膨大,黄白色,有纵条纹或深色纤毛状鳞片,内部松软至空心。孢子印肉色。孢子光滑,带浅黄色,近球形,(5.5～7.0 μm)×(4.5～6.0 μm)。菌褶侧囊体近纺锤状,(45～70 μm)×(12～20 μm)。

3.习 性

夏季、秋季于阔叶树倒腐木或锯末上群生或丛生。

狮黄光柄菇

八一、平菇 *Pleurotus ostreatus*

1. 分　类

伞菌目　侧耳科　侧耳属

平菇,又名冻菌、半边菌、侧耳,为世界上主要人工栽培食用菌之一,含有人体必需的 8 种氨基酸,可作为中药用于治疗腰酸腿疼、手足麻木、筋络不适等。

2. 形　态

子实体中等至大型。菌盖直径 5 ~ 13 cm,白色至灰色或为青色,有纤毛,水浸状,扁半球形,后平展。菌肉白色,厚。菌褶白色,稍密至稍稀,延生,在柄上交织。菌柄侧生,短或无,内实,白色,长 1 ~ 3 cm,粗 1 ~ 2 cm,基部常有茸毛。

3. 习　性

冬季、春季在阔叶树腐木上呈覆瓦状丛生。

平　菇

八二、肺形侧耳 *Pleurotus pulmonarius* Quél.

1. 分　类

伞菌目　侧耳科　侧耳属

肺形侧耳,别名雪蕈,味极香,但口感不佳,可人工栽培。

2. 形　态

子实体中等大。菌盖直径 4 ~ 10 cm,扁半球形至平展,倒卵形至肾形或近扇形,表面光滑,白色至灰白色,边缘平滑或稍呈波状。菌肉白色,靠近基部稍厚。菌褶白色,稍密,延生,不等长。菌柄很短或几无,白色,有茸毛,后期近光滑,内部实心至松软。

3. 习　性

夏季、秋季于阔叶树倒木、枯树干或木桩上丛生。

肺形侧耳

八三、泡质盘菌 *Peziza vesiculosa* Bull.

泡质盘菌

1. 分 类

盘菌目 盘菌科 盘菌属

泡质盘菌,又称粪碗,常生长于垃圾、粪堆上,是有机物的清道夫。

2. 形 态

子实体中等大小,有时可达 14 cm,初期近球形,逐渐伸展呈杯状,无菌柄。子实层表面近白色,逐渐变成淡棕色,外部白色,有粉状物。菌肉白色,质非常脆,厚 3~5 mm。边缘紧紧地卷收而弯曲,形状独特。外表面为淡黄色,带有颗粒;内部的产孢表面则为淡黄色至褐色,孢子溢出的开口小。菌肉易碎为该菌最大的特点。

3. 习 性

夏季、秋季于空旷处的肥土及粪堆上群生。

八四、青蓝多孔菌 *Polyporus yasudai* Lloyd

青蓝多孔菌

1. 分 类

多孔菌目 多孔菌科 多孔菌属

味苦,幼嫩时可食用,主要分布在贵州省、云南省等地。

2. 形 态

子实体较小,肉质。菌盖初期扁半球形,后期近平展,边缘向内卷,直径 2~5 cm,暗青蓝色,有细茸毛并有光泽,干时色深,湿时有黏性。菌肉白色至污白色。菌柄长 2~4 cm,近柱形或基部稍细,弯曲,白色或灰白色,实心。

3. 习 性

秋季于混交林中地上群生。

八五、大白菇 *Russula delica* Fr.

1. 分　类

伞菌目　红菇科　红菇属

大白菇,味辛辣,食用前要用沸水焯一下。同云杉、冷杉、松、铁杉、黄杉、山毛榉、高山栎、山杨等形成菌根。

2. 形　态

子实体中等至较大。菌盖直径 3~14 cm,初扁半球形,中央脐状,伸展后下凹至漏斗形,污白色,后变为米黄色或蛋壳色,或有时具锈褐色斑点,无毛或具细茸毛,不黏,边缘初内卷后伸展,无条纹。菌肉白色或近白色,伤后不变色。味道柔和至微麻或稍辛辣,有水果气味。菌褶白色或近白色,中等密,不等长,近延生,褶缘常带淡绿色。菌柄长 1~4 cm,粗 1.0~2.5 cm,内实,圆柱形或向下渐细,伤后不变色,光滑或上部具微细茸毛。

3. 习　性

夏季、秋季于针叶林或混交林中地上单生、散生或群生。

大白菇

大白菇菌褶

大白菇

八六、密褶黑菇 *Russula densifolia* Gill.

1. 分 类

伞菌目 红菇科 红菇属

密褶黑菇,别名火炭菇、火炭菌、小叶火炭菇。可药用,民间常用来治疗痢疾,也可治疗腰腿疼痛、手足麻木。

2. 形 态

子实体中等。菌盖直径 5 ~ 10 cm,扁半球形,中部脐状,伸展后呈漏斗状,初期污白色,后呈褐色至炭色。菌褶污白色至浅黑色,直生,长短不一。菌柄较短粗,内部实心,基部较细。

密褶黑菇

3. 习 性

夏季、秋季在混交林地上群生。

八七、深褐枝瑚菌 *Ramaria fuscobrunnea* Corner

1. 分 类

非褶菌目 枝瑚菌科 枝瑚菌属

深褐枝瑚菌又名刷把菌,味苦,用水焯后可食用。

2. 形 态

子实体多枝,丛生,高 4 ~ 7 cm,淡锈色或污褐色,受伤处变为绿色。菌柄长 1.5 ~ 2.5 cm,粗 0.3 ~ 0.8 cm,基部有白色茸毛状菌丝。不规则地多次分枝,小枝密集,直立,最后顶端分为两叉状,尖锐。菌肉质韧,颜色与外表相同。担子(30 ~ 50 μm)×(6.0 ~ 7.5 μm),狭棍棒状,具 4 个担子小柄。孢子淡锈色,杏仁形,有小疣或仅粗糙,(6 ~ 9 μm)×(3 ~ 5 μm)。

深褐枝瑚菌

3. 习 性

生于枯木或树木下落叶层的地上。

八八、紫薇红菇 *Russula puellaris* Fr.

1. 分　类

伞菌目　红菇科　红菇属

紫薇红菇,别名美红菇,可食用,为树木的外生菌根菌。

2. 形　态

子实体小。菌盖直径 3 ~ 5 cm,扁半球形,渐开展后中部

紫薇红菇

下凹,淡紫褐色至深紫薇色,中央色深,边缘有条棱,表面平滑无毛,黏。菌肉白色,中部稍厚。菌褶白色,后变为淡黄色,凹生,不等长,稍密,褶间有横脉。菌柄近圆柱形,长 3 ~ 6 cm,粗 0.5 ~ 1.4 cm,白色,内部松软至空心。褶侧囊体棒状至近梭形,(55 ~ 66 μm) × (8 ~ 12 μm)。

3. 习　性

夏季、秋季于林中地上单生或散生。

八九、玫瑰红菇 *Russula rosacea* Gray

1. 分　类

伞菌目　红菇科　红菇属

玫瑰红菇,味辣、苦,晒干,用水漂煮后可食用,为树木的外生菌根菌。

2. 形　态

子实体小或中等。菌盖直径 4 ~ 7 cm,初期半球形至扁半球形,后渐平展,中部下凹,玫瑰红色或近血红色或带

玫瑰红菇

朱红色,湿润时稍黏,边缘平滑无条棱。菌肉白色,稍厚。菌褶近白色,稍密,等长或不等长,近直生至稍延生,有分叉。菌柄圆柱形,白色带粉红色,稍有皱,长4 ~ 7 cm,粗 1.0 ~ 1.5 cm,内部松软至空心。孢子印白色。孢子无色,近球形,有小刺,(8 ~ 9 μm) × (7 ~ 8 μm)。褶侧囊体多,梭形,(64 ~ 120 μm) × (8 ~ 16 μm)。

3. 习　性

夏季、秋季在针阔叶混交林地上散生或群生。

九〇、密枝瑚菌 *Ramaria stricta* Quél.

1. 分 类

非褶菌目 枝瑚菌科 枝瑚菌属

密枝瑚菌,别名扫帚菌,可食用,味微苦,具芳香气味。广泛分布于贵州省贵阳市、铜仁市等地。

2. 形 态

子实体高 4 ~ 8 cm,淡黄色或皮革色至土黄色,有时带肉色,变为褐黄色,顶端浅黄色,老后同色。菌柄长 1 ~ 6 cm,粗 0.5 ~ 1.0 cm,色浅,基部有白色菌丝团或根状菌索,双叉分枝数次,形成直立、细而密的小枝,最终尖端有 2 ~ 3 齿。菌肉白色或淡黄色,内实。担子较短,棒状,具 4 个小梗,(25 ~ 39 μm) × (8 ~ 9 μm)。

密枝瑚菌

3. 习 性

在阔叶树的腐木或枝条上群生。

九一、红菇 *Russula vinosa* Lindblad

1. 分 类

伞菌目 红菇科 红菇属

红菇,别名正红菇、高山红(顶级红菇)、红椎菌,味甘,性温,有补虚养血、滋阴、清凉解毒、抗肿瘤的功效,产后服用有收腹的作用。

2. 形 态

菌盖直径 5 ~ 12 cm,初扁半球形,后平展,幼时黏,无光泽,中部深红色至暗(黑)红色,边缘呈深红色,盖缘常见

红 菇

细横纹。菌肉白色,厚,味道及气味好,常被虫吃。菌褶白色,老后变为乳黄色,近盖缘处可带红色,稍密至稍稀,常有分叉,褶间具横脉。菌柄长 3.5 ~ 5.0 cm,粗 0.5 ~ 2.0 cm,白色,一侧或基部带浅珊瑚红色,圆柱形或向下渐细,中实或松软。

3. 习 性

夏季、秋季于林中地上群生或单生,是一种树木菌根菌。

九二、硬皮马勃 *Scleroderma bovista* Fr.

1. 分 类

硬皮地星目　硬皮马勃科　硬皮马勃属

硬皮马勃,别名土豆菌,幼时可食用,味微苦,可药用。广泛分布于贵州省等大多数地区的针阔叶林中。

2. 形 态

子实体直径为 3 ~ 10 cm,不规则球形至扁球形,白色至浅黄色,初平滑,后期有不规则裂纹,基部有根状物与基质固定,成熟时体内全是孢子粉,易从地面脱落。

3. 习 性

夏季、秋季多于阔叶林或混交林中地上、草丛单生或散生。

硬皮马勃

九三、裂褶菌 *Schizophyllum commune* Fr.

1. 分 类

伞菌目　裂褶菌科　裂褶菌属

裂褶菌,别名白参、鸡毛菌,属木腐菌,是食药兼用的珍稀蕈菌,有清肝明目、滋补强身的功效。其中人体必需的 8 种氨基酸总含量达 17.04%,并富含锌、铁、钾、钙、磷、硒、锗,有较高的药用价值。

2. 形 态

裂褶菌由菌丝体和子实体两部分组成,成熟后产生孢子。菌盖直径 0.6 ~ 5.0 cm,白色至灰白色,上有茸毛或粗毛,扇形或肾形,具多数裂瓣。菌肉薄,白色。菌褶窄,从基部辐射而出,白色或灰白色,有时淡紫色,沿边缘纵裂而反卷,柄短或无。

3. 习 性

春季、秋季于阔叶林或混交林中腐木上单生或丛生。

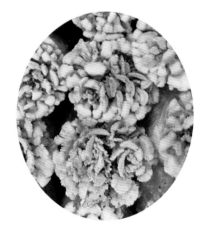

裂褶菌

九四、红白毛杯菌 *Sarcoscypha coccinea* Lamb.

1. 分　类

盘菌目　肉杯菌科　肉杯菌属

红白毛杯菌,别名红肉盘菌,属低温型菌类,多分布于贵州省、广西壮族自治区等地。

红白毛杯菌

2. 形　态

子囊盘小,直径 1.5~5.0 cm,呈杯状。子实层面朱红色近土红色,背面有细微茸毛。菌柄有或无。孢子无色光滑。

3. 习　性

秋季、冬季生于林中、沟边、路旁、草地上。

红白毛杯菌

九五、爪哇盖尔盘菌 *Galiella javanica* Nannf. & Korf

1.分　类

盘菌目　肉盘菌科　肉盘菌属

爪哇盖尔盘菌,又名爪哇肉盘菌、黑胶菌、胶鼓菌,对木材有一定的腐朽作用,常见于贵州省山林中,云南人认为可食用。

2.形　态

子实体小,呈圆锥形或陀螺形,直径 3.0 ~ 5.5 cm,高 4.0 ~ 6.5 cm,胶质,有弹性,子实层面平展下陷,灰褐色至黑色,边缘有细长毛。外侧密被一层烟黑色茸毛。毛暗褐色,有横隔,长可在 1.5 mm 以上,表面粗糙,向上渐细。

爪哇盖尔盘菌

3.习　性

于壳斗科等阔叶树腐木上群生。

九六、大球盖菇 *Stropharia rugosoannulata* Farlow

1.分　类

伞菌目　球盖菇科　球盖菇属

大球盖菇,又名皱环球盖菇、皱球盖菇、斐氏球盖菇等,是联合国教科文组织推荐种植的食药用菌,种植技术简单,产量高。

2.形　态

子实体中等至较大。菌盖近半球形,后扁平,直径 5 ~ 45 cm。菌盖肉质,湿润时表面稍有黏性。幼嫩子实体初为白色,后菌盖渐变成红褐色至葡萄酒红褐色。菌盖上有纤维状鳞

大球盖菇

片,成熟后逐渐消失;边缘内卷,常附有菌幕残片。菌肉肥厚,色白。菌褶直生,排列密集,初白色,随菌盖平展,逐渐变成褐色或紫黑色。菌柄近圆柱形,基部稍膨大,柄长 5 ~ 20 cm,柄粗 0.5 ~ 4.0 cm,早期中实有髓,成熟后逐渐中空。菌环以上污白色,近光滑,菌环以下带黄色细条纹,膜质,较厚或双层。菌环位于柄的中上部,白色,上面有粗糙条纹,深裂成若干片段,裂片先端略向上卷,易脱落。

3.习　性

夏季、秋季常野生于栗树周围,单生、丛生或群生。

九七、绿菇 *Russula virescens* Fr.

1.分　类

伞菌目　红菇科　红菇属

绿菇,别名变绿红菇、青盖子、青头菌等。无毒,味鲜美,具清肝明目、舒筋活血、泻肝经之火、散热舒气的功效,对急躁、忧虑、抑郁等有很好的抑制作用,但不可多食。

2.形　态

菌盖直径 2 ~ 13 cm,初半球形,中部下凹,后平展,绿色至灰绿色,表面带斑状龟裂,老时边缘有条纹。菌肉白色。菌褶近直立或离生。柄近柱形,长 2.0 ~ 9.5 cm,粗0.8 ~ 3.5 cm,中实或内部松软。孢子印白色。

3.习　性

夏季、秋季于混交林中地上单生或散生。

绿　菇

绿　菇

九八、鹿花菌 *Gyromitra esculenta*

1.分 类

盘菌目　平盘菌科　鹿花菌属

鹿花菌,又名脑花菌、鹿花蕈或河豚菌。食用未处理的鹿花菌可导致谵妄及昏迷,严重的可致命。但在东欧及北美洲的五大湖地区,鹿花菌是一种著名的美食。

鹿花菌

2.形 态

子实体不规则。菌盖像脑部,高 10 cm,宽 15 cm。初生长时菌盖是光滑的,逐渐会长出皱褶,可以是红色、紫色、枣色或金褐色;加利福尼亚州的鹿花菌菌盖呈红褐色。菌柄实。鹿花菌的外观像羊肚菌,但羊肚菌较为对称,呈灰色、黄褐色或褐色。

3.习 性

夏季、秋季于阔叶林或混交林中地上单生或散生。

鹿花菌

九九、银耳 *Tremella fuciformis* Berk.

1. 分　类

银耳目　银耳科　银耳属

银耳，又称白木耳、雪耳等，是著名的食用补品，有"菌中之冠"的美称。

2. 形　态

子实体纯白色至乳白色，由十几片薄而多皱褶的扁平瓣片组成，一般呈菊花状或鸡冠状，直径5~10 cm，有的呈牡丹形或绣球形，直径3~15 cm，柔软洁白，半透明，富有弹性，干后收缩，角质，硬而脆，白色或米黄色。子实层生瓣片表面。担子近球形或近卵圆形，纵分隔。

银　耳

3. 习　性

夏季、秋季生于阔叶树腐木上。

银　耳

干银耳

一〇〇、鸡㙟菌 *Termitornyces albuminosus* Heim

1. 分　类

伞菌目　白蘑科　鸡㙟菌属

鸡㙟菌,别名鸡肉菇、三八菇、三坛菇,是和白蚁共生的菌类,白蚁构筑蚁巢的同时培养了鸡㙟菌菌丝体。常见于贵州省、云南省等地的森林中,是云贵著名的食用菌。

2. 形　态

子实体中等至大型。菌盖宽 3.0～23.5 cm,幼时脐突半球形至钟形,逐渐伸展,表面光滑,顶部显著凸起,呈斗笠形,灰褐色或褐色、浅土黄色、灰白色至奶油色,老后辐射状开裂,有时边缘翻起,少数菌有放射状。子实体充分成熟并即将腐烂时有剧烈的特殊香气,嗅觉灵敏的人可以在十几米外闻到。菌肉白色,较厚。

鸡㙟菌

3. 习　性

夏季、秋季生于林中地上,常见于田间、地头。

鸡㙟菌

一〇一、柱状鸡㙡菌 *Termitomyces cylindricus* He.

1. 分 类

伞菌目 白蘑科 鸡㙡菌属

柱状鸡㙡菌,可食用,味美。主要分布在贵州省兴义市及其周边地区,常生长于松林中直颚大白蚁和黄翅大白蚁等的蚁巢处。

2. 形 态

菌盖宽6~12 cm,初圆锥形,后平展具小乳突,淡棕色或灰白色,光滑,边缘不整齐,老后撕裂。菌褶弯生近离生,不等长,象牙白色,窄而密,褶缘圆齿状。菌柄圆柱形,长3~11 cm,下部稍膨大,白色,纤维质,实心。

3. 习 性

夏季、秋季于针叶林带单生或群生。

柱状鸡㙡菌

一〇二、红栓菌 *Trametes cinnabarina* Fr.

1. 分 类

多孔菌目 多孔菌科 栓菌属

红栓菌,别名朱红栓菌,属木腐菌,被染木材初期呈橘红色,后期呈白色腐朽。可药用,有生肌、行气血、止湿痰、除风湿、止痒、顺气、止血的功效,还有抑制癌细胞作用。民间用于消炎,用火烧研粉敷于疮伤处即可。

红栓菌

2. 形 态

菌盖扁半球形至扁平,半圆形或扇形,木栓质,无柄,基部狭小,橙色至红色,后期褪色,无环带,有微细茸毛至无毛,稍有皱纹,(2~7 cm)×(3~11 cm),厚5~20 mm。菌肉橙色,有明显的环纹,遇氢氧化钾时变为黑色,厚3~6 mm。菌管长2~4 mm,管口红色,每毫米2~4个。孢子圆柱形,无色或微黄色,光滑,(5~7 μm)×(2~3 μm)。

3. 习 性

多生于栎、槭、杨、柳、枫香树、桂花树等阔叶树枯立木、倒木、伐木桩上,有时也生于松、云杉、冷杉木上。

一〇三、黑松露 *Tuber melanosporum* Vitt.

1. 分 类

块菌目　块菌科　块菌属

黑松露

黑松露,又称黑孢块菌、无娘果,对生长环境非常挑剔,只要阳光、水分或者土壤的酸碱值稍有变化就无法生长,是一种生长于地下的珍贵野生食用菌,其香气独特,味美难以形容,是世界性食用菌。目前正在探索人工栽培途径,贵州省已有种植。

2. 形 态

外表层不平,色泽介于深棕色与黑色之间,直径 2~5 cm,为不规则球形,内部组织纹理由白黄色和黑色或灰色构成。

3. 习 性

秋季、冬季于混交林树木根茎的土壤中单生或散生。

黑松露

一〇四、松口蘑 *Tricholoma matsutake* Singer

1. 分 类

伞菌目 口蘑科 口蘑属

松口蘑,别名松茸,是一种纯天然的珍稀名贵食用菌类,被誉为"菌中之王"。相传1945年8月日本广岛被原子弹袭击后,唯一存活下来的植物只有松茸。至今仍不能人工培植。在贵州省仅威宁彝族回族苗族自治县有分布。

2. 形 态

子实体散生或群生。菌盖直径5~20 cm,扁半球形至近平展,污白色,具黄褐色至栗褐色纤毛状鳞片,表面干燥。菌肉白色,肥厚。菌褶白色或稍带乳黄色,较密,弯生,不等长。菌柄较粗壮,长6~14 cm,粗2.0~2.6 cm;菌环以下具栗褐色纤毛状鳞片,内实,基部稍膨大。菌环生于菌柄上部,丝膜状,

松口蘑

上面白色,下面与菌柄同色。

松口蘑

3. 习 性

夏季、秋季于松林或针阔叶混交林地上群生或散生,有时形成蘑菇圈。

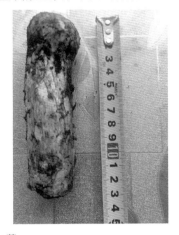

松口蘑

一〇五、草菇 *Volvariella volvacea* Sing.

1. 分 类

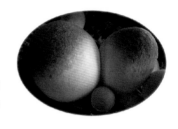

草 菇

伞菌目 光柄菇科 小包脚菇属

草菇又名兰花菇,人工栽培起源于广东省韶关市的南华寺。其营养丰富,味道鲜美。每 100 g 鲜菇含 207.7 mg 维生素 C,2.6 g 糖分,2.68 g 粗蛋白,2.24 g 脂肪,0.91 g 灰分(指干品经高温灼烧后所残留的无机成分,主要是无机盐和氧化物)。草菇蛋白质含 18 种氨基酸,其中人体必需氨基酸含量为 40.47% ~ 44.47%。此外,还含有磷、钾、钙等多种矿物质元素。

2. 形 态

菌盖直径 5 ~ 19 cm,初半球形,后平展,黑褐色至黑色或紫褐色,表面有粗糙的毡毛状鳞片或疣,反卷或角锥幕盖着,菌幕脱落残留在菌盖边缘,污白色或灰色。菌柄长 5 ~ 18 cm,粗 0.5 ~ 2.0 cm,白色或带黄色,上下略等粗或基部稍膨大,具菌托。

3. 习 性

夏季于草地上单生或散生。

一〇六、茯苓 *Poria cocos* Wolf

1. 分 类

多孔菌目 多孔菌科 茯苓属

茯苓,别名松茯苓、茯灵等,是传统的中药材,性平,味甘、淡,食用与外用均有极好的美容效果。

茯 苓

2. 形 态

菌丝体呈白色茸毛状,具有独特的多同心环纹菌落。菌核是由大量菌丝及营养物质紧密集聚而成的休眠体,球形、椭球形、扁球形或不规则块状,干后坚硬不易破开。菌核外层皮壳状,表面粗糙,有瘤状皱缩,新鲜时淡褐色或棕褐色,干后变为黑褐色;皮内为白色及淡棕。子实体通常产生在菌核表面,偶见于较老化的菌丝体上,蜂窝状,大小不一,无柄平卧,厚 0.3 ~ 1.0 cm,初时白色,老后木质化变为淡黄色。子实层着生在孔管内壁表面,由数量众多的担子组成。

3. 习 性

腐生于松树根。

第三章　野生菌物的抚育

第一节　贵州省野生蕈菌资源抚育

　　蕈菌是自然界非常重要的有机物分解者,它将动植物遗体和动物排遗物等中所含的有机物质进行转换,归还于生态系统,继而促发新一轮物质循环。因此,蕈菌在维持生态系统平衡稳定发展过程中具有极为重要的作用,其遗传多样性和物种多样性也十分丰富。据不完全数据统计,全球蕈菌资源约有 150 000 种,迄今为止已辨识的约有 15 000 种,已知的食药用蕈菌有 2000 余种,中国已知有 1000 余种,已栽培的有 100 余种,可商业栽培的有 60 种,大规模生产的有 30 种。具体情况见下图。全球蕈菌资源总产值为 405 亿 ~ 460 亿美元。

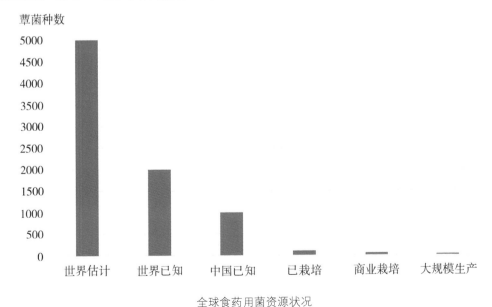

全球食药用菌资源状况

　　贵州省地处中亚热带的云贵高原东部,地形地貌复杂,又处于气候交汇区,气候交替变化,加之地貌与气候组合后衍生出众多具有独特性的局地小生境,为众多落地贵州省的蕈菌提供了适宜的生存环境。据已有资料统计,贵州野生蕈菌约有 57 科 198 属 684 种,其中食药用蕈菌就有 240 余种,是我国野生蕈菌资源十分丰富的地区。近些年,野生食用菌因营养价值高、纯天然无污染、味道鲜美等特点,价格一路走高,采集者受高额利益所诱,以掠夺的方式拣拾野生食用菌,造成野生食用菌资源的严重破坏,产量逐年急剧下降,多数珍稀野生食用菌种类减少甚至消失。同时,在过度采收的过程中,人类活动还直接或间接导致林木、地表植被等破坏严重。野生食用菌资源与传统农业不同,它对生态环境的敏感度更高,多种野生蕈菌都具有"与树共生,与林共存"的特点,是生态环境优良与否的指示标志,森林植被一旦遭到破坏,将直接导致野生蕈菌资源的减产甚至物种消失。

建立天然的珍稀野生蕈菌抚育区,发展以野生蕈菌为主体特色的森林产业,是贵州省山地林区,特别是边远山区农民脱贫致富的途径之一。贵州省作为一个山多地少、森林覆盖率达 50%、森林面积 1.321 亿亩(约 8 806 667 hm²)的山地林业大省,建立珍稀野生蕈菌资源抚育区,针对珍稀野生食药用菌资源进行科学保护和开发,使林区植被及其生态环境得到合理利用,对于探索生态与经济协调发展道路,突破传统农林业局限难题,助推"三位一体"森林农业,将生态、社会、经济的功能充分聚集和发挥出来,并带动周边经济发展,增加农户收入,有着积极而重要的作用。

野生蕈菌抚育的主要种类有松乳菇、紫陀螺菌、鸡油菌、红菇、珊瑚菌、牛肝菌等,其抚育区分为核心区[20 亩(约 1.33 hm²)]、中心区[500 亩(约 33.33 hm²)]和辐射区[5000 ~ 10 000 亩(333.33 ~ 666.67 hm²)]。其中,核心区采用封闭式的科学管理模式,严格把控进出人员,以防珍稀蕈菌资源遭到破坏;设立保护设施和保护标志,并定期组织专业机构进行野生蕈菌资源调查,建立野生蕈菌资源档案,摸清家底,为开发利用提供科学的第一手资料。在核心区与中心区禁止引进或栽培任何外来蕈菌物种,确保区内生境不受任何外来物种的干扰,维护蕈菌抚育区的物种纯度和生态稳定。在辐射区允许培育当地蕈菌物种,以提高其物种数量,获得更高的经济价值。

贵州省野生蕈菌的开发和保护工作开展较早,但因资金短缺、技术落后、人才断层、受重视程度低等因素限制,上述工作发展缓慢,大众认知度低。如今,中共贵州省委、贵州省人民政府高度重视此事,利用食用菌产业力推脱贫致富事业,在很大程度上促进了贵州省野生蕈菌的开发和保护,助推了珍稀野生蕈菌抚育区的建设。

目前,贵州省珍稀野生蕈菌抚育区建设除了"家底不清、力度不足、深度不够"等问题外,仍面临诸多制约因素:①贵州省野生蕈菌资源没有科学、完备的考察记录和标本收藏,省内野生蕈菌种类和数量没有近期的、较为准确的资料记载;②野生蕈菌驯化程度低,致使贵州省自主知识产权的蕈菌品种急缺;③采收方法不规范,采收者掠夺性的采摘方式极大地破坏了野生蕈菌的品质、数量、生态环境,严重影响野生蕈菌的可持续发育与发展;④野生蕈菌的大众文化发展进度缓慢,缺乏大众化蕈菌科学知识及有效的传播方式等;⑤野生蕈菌资源的保护工作不受重视,缺乏合理的法律法规、管理条例;⑥野生蕈菌资源商品化意识淡薄;等等。

为加快贵州省珍稀野生蕈菌抚育工作的健康推进,以及保证本地野生蕈菌种类的永续生存和合理利用,亟须针对当前面临的主要制约因素提出合理科学的简单规定,制订系统的野生蕈菌保护方式和采摘规范:①从事蕈菌研究的专业机构对抚育区蕈菌资源做定期调查,补充完善贵州蕈菌资源的具体现状资料,及时解决抚育区蕈菌资源的适时问题;②针对抚育地区周围农户建立常年野生蕈菌知识培训点,对普通农户和采集人员开展野生蕈菌保护宣传教育,普及规范采集知识,培训采集技能;③根据不同野生食用菌的自然生长时节,制订科学合理的野生蕈菌采收时间表,规范采集时间;④野生蕈菌采集者绝不采摘童菇,经营者和餐饮业不收购童菇,消费者不食用童菇,如紫陀螺菌的最适采摘高度为 8~10 cm,松乳菇的最适采摘时间为菌盖内卷期;⑤采集野生菌时,保育童菇,采集适菇,留点老菇,将已生长成熟且散开的子实体就地掩埋,以保证孢子传播和后代繁育;⑥采集野生伞菌类、珊瑚菌、牛肝菌等菌类时,只采集地上食用部分,禁止连泥带土的采集方式,以避免伤及地下菌丝,不利于野生菌地下部分的再次分化发育与子实体生长,提高其自然产量;⑦积极推广成熟实用的野生食用菌保护、促繁和生态栽培技术,运用创新科学技术提高劳动者、消费者素质,以确保贵州野生蕈菌的可持续发展利用。

除了制定合理的野生蕈菌采摘规范并执行外,加强野生蕈菌大众文化的宣传也势在必行:①提供贵州省野生蕈菌抚育区建设相关工作的技术支撑和专业咨询等服务,普及关于林业和野生蕈菌保护、林业和林下资源管理的相关知识;②提供野生蕈菌国内外发展现状、动态、前景、技术支撑和交易平台等信息;③提供野生蕈菌知识普及讲解服务等,以便于大众识别蕈菌有毒与否、珍稀等级和商品价值等;④发掘和搜集贵州野生蕈菌的史实资料和趣味故事,利用主流社交软件等平台对收集到的史料、故事等进行传播和普及。

贵州省凭借气候、地形、区位和环境等优势,已对块菌、鸡油菌等珍贵野生食用菌进行了多年的研究和探索,积累了大量实验数据和处理问题的经验。其中,块菌和鸡油菌均已进入野生抚育和示范推广的关键阶段。

第二节　黑孢块菌

一、简　介

黑孢块菌,又名黑松露、猪拱菌,属子囊菌纲块菌目块菌科块菌属,子囊果生于地下或近地表层,是一种含有雄性酮及其前体的菌根性食用菌。国际市场上其平均价格为 1000 美元/kg 左右,在欧美国家被称作"黑色的金刚石"。原产于法国、意大利、西班牙等国,目前,新西兰、美国等纷纷引种栽培。我国于2001年1—2月赴法国引进该种,并用本地植物(如华山松、高山栲、锥连栎、板栗、麻栎、滇榛、马桑等)接种繁殖菌根苗成功。贵州省也在积极地探索中,目前正在逐步扩大繁殖规模。引进的菌根苗在湖南省张家界市境内种植已有3年,经法国专家等检验,其块菌发育良好、生长正常。

黑孢块菌

　　黑孢块菌与壳斗科和榛科一些树种共生,栽培黑孢块菌的同时必须栽培这些树种。一般栽培5~7年后才会发生菌核,但产菌时间可以延续40~50年。适宜在我国亚热带石灰岩地区栽培,但选择土壤为碱性、石砾含量较高(30%~50%)、有良好灌溉条件的坡地或台地较为理想,尤其是退耕还林的石灰岩山地比较好。由于贵州省在土地成本、劳动力成本等方面与法国等国家相比具有明显的优势,发展该菌的前景广阔。

二、黑孢块菌的生长史

　　黑孢块菌的整个生命周期为200~290 d。在此期间,黑孢块菌首先发生形态变化,每年4月,真菌与宿主树根形成共生关系的菌根,进而生长能产生子实体的菌丝体;菌丝不断繁殖,产生原基;原基再向子囊果演变,呈子囊盘状,不久即脱离菌丝体而独立生长;此时黑孢块菌开始成形,呈半圆形盘状,两侧分开。然后菌体自身又重新闭合,但中间空隙保持与外界相通;盘的上部变厚,形成子囊盘深色菌丝外层;从类子囊盘生成阶段起,细胞组织(子囊盘的深色菌丝外层)向中心卷曲,然后边端缝合生长成球状子囊果。此时子囊果重已在0.2~1.0 g之间。8—10月,黑孢块菌重量猛增的同时,子囊果也在生长发育,使得将要成熟的黑孢块菌变化成真正的孢子袋。一旦重量停止增加,菌体逐渐变成黑色,黑孢块菌即到成熟期。每年1月,菌根休眠,到4月,菌根复苏或孢子萌发产生菌丝并与宿主根系共生成新菌根。5—6月是黑孢块菌的第一生长期,此时菌根活跃,菌丝生长加快。7月菌根大量产生,子囊开始生成,但7月末的重量不超过2 g。到9月中旬,黑孢块菌重量已超出55 g,生长迅速。10月黑孢块菌成熟,菌根开始萎缩。

三、气候和地形对黑孢块菌分布的影响

黑孢块菌和其宿主植物需要的光、热、水等是由其分布区的气候条件决定的。有关研究表明,黑孢块菌生长不同阶段对温度均有一定要求。例如:菌丝在10~15 ℃生长缓慢,25 ℃以上生长迅速,生长适宜温度为15~28 ℃,最适宜温度为23~25 ℃。又如:4—5月黑孢块菌生长初期,土壤温度在10~12 ℃为宜;夏季为黑孢块菌生长旺盛期,土壤温度宜在25~30 ℃;秋季要保障黑孢块菌成熟,需要凉爽天气;冬季土壤温度不能低于0 ℃,若保持在5 ℃,有利于黑孢块菌完全成熟。黑孢块菌在不同生长阶段对水分也有一定要求。春季降水量对当年黑孢块菌子囊果的形成和产量有显著影响。如果春季干旱少雨,子囊果就不能形成或发育迟缓,当年子囊果的形成量便会减少,干旱后菌丝体的正常生长至少需要1年时间才能恢复。夏季降水量少或雨季推迟,会使当年子囊果长势差,产量减少,质量也差。此外,春雨及6月雨使菌根开始活动,并促使菌丝生长;7月雷雨驱使黑孢块菌子实体形成。黑孢块菌的天然生长,除气候条件影响外,还与地形有一定关系,方位性的选择可以防止干燥南风和寒冷北风的影响。另据黑孢块菌采集者多年观察经验,在雨水多的年份,阳坡发现黑孢块菌多,而在干旱年份,阴坡发现黑孢块菌多。法国选择黑孢块菌种植园的坡度一般小于5°,且产量高的种植园也在平缓地;意大利则多种植于20°以上坡地。

四、黑孢块菌生长的土壤要求

土壤是黑孢块菌及其宿主植物生长的基质。黑孢块菌的生长与土壤的类型、肥力、钙质、pH等都密切相关。黑孢块菌一般喜欢生长在腐殖质层和枯枝落叶层较厚、土壤肥力相对较好的地方。不同土壤类型中的黑孢块菌产量差异和品质差异与土壤含水量差异密切相关。另外,黑孢块菌对土壤的通气状况有很高的要求,主要表现为其喜欢生长在土质疏松、砂石较多的土壤中。

五、黑孢块菌苗的接种技术

黑孢块菌苗在欧洲是授权生产的,世界上真正掌握高品质黑孢块菌苗生产技术的仅有法国和意大利。虽然西班牙、英国、新西兰都生产自己的黑孢块菌苗,但是生产能力有限,黑孢块菌苗品质不好。黑孢块菌接种宿主植物后,需要12个月的生长才能真正定殖在宿主植

物的根部,形成共生的菌根关系。因此,栽培需要特殊的基质,才能保证黑孢块菌苗不被其他的外生菌根替代或者污染。这个特殊的培养基质属于高度的商业机密,法国就此形成了相关的知识产权。澳大利亚在引进法国技术生产黑孢块菌苗时,每株黑孢块菌苗需要支付 5 美元的固定费用。

目前,使用于获得块菌栽培植物的接种技术主要有以下 3 种。

1.通过菌根苗的根与幼苗根接触接种

将确认感染了菌根苗的母体植物植入在纯净的花钵内培养出的幼苗中,让母体植物的菌根和幼苗的根接触感染菌根。另一个方法是将所有的母体植物栽培在一个容器内,然后在母体周围栽培生根的幼苗,2～3 个月的培养时间即可产生菌根。这个方法可以用于多种块菌的菌根苗培育。

2.采用纯培养的块菌菌丝体接种

这种方法首先需要在人工基质上获得纯培养的块菌菌丝体。有几个种块菌的纯培养已经被获得,并采用了来自块菌子实体、菌根和萌发的子囊孢子。但较慢的生长速度会减少产出的数量。相比于子实体和子囊孢子的分离,菌根分离的优点为菌丝体可以在全年的任何时间获得。由于纯培养接种的菌根苗有一个狭窄的遗传多样性,因此,菌根苗将只适合在良好的生态条件下定殖。不过,通过组装形成的基因型可能会阻碍定殖的速度。

3.采用子囊孢子接种

采用子囊孢子接种的技术是基于菌丝起源于孢子的前提。接种通常在半灭菌的条件下进行,并且基质一般是有利于块菌生长的土壤。孢子悬浮液首先采用新鲜、冷冻的或者干燥的子实体制备,然后添加到长了根的幼苗或者萌发了的种子上。这个方法需要 8～10 个月的时间才能获得比较好的定殖菌根苗。但是,这个方法不能运用于所有的块菌种类。由于孢子是相对丰富和不昂贵的接种源,这个技术成为块菌苗生产的商业技术方法。

六、黑孢块菌园的建立和黑孢块菌的栽植

1.适生区域的选择

在法国、意大利、西班牙、英国等黑孢块菌原产地,黑孢块菌园的建立基本上没有气候条件的问题,所以通常采用将黑孢块菌分布产地的土壤理化特性因子与全国普查的土壤因子匹配,划分黑孢块菌栽培的不同适生区域,或者在传统黑孢块菌的产地重新恢复黑孢块菌园的方法。在南半球以及北美洲、欧洲以外的非黑孢块菌原产地,基本的原则是尽量选取与原产地气候和土壤条件较一致的地方。通常用欧洲黑孢块菌分布适生地点的气候因子与本国气候因子叠加,采用"Climex"软件分析后划分不同引种区域。在大的栽培区选定后,具体调查黑孢块菌园建设地点的土壤理化特性。选黑孢块菌园地点时,离森林最好有 75 m 以上的

距离,如果达不到这样的条件,还需要在黑孢块菌园周边挖掘 0.5 m 深的壕沟,保证黑孢块菌不被外来的菌根侵入取代。不要在风口建立黑孢块菌园,尽量选灌溉方便的地点,选择东南或者正南的坡面。

2. 整　地

一旦场地选定,应该除尽土地表面的杂草。尽量避免使用除草剂,且土壤的翻整耕作不要超过 20 cm 深。如果条件允许,应该在黑孢块菌园地周围设立栅栏。如果土壤条件不够理想,应添加石灰,将其 pH 提升到 7～9,但石灰不能添加过量,否则一些痕量元素将难以被吸收,这会导致宿主植物失绿的生理病害,同时严重影响宿主植物的生长。合理的方式是少量多次,逐渐添加石灰。

3. 菌苗接种

(1)菌种的配制。选取上一年风干保存的高等级黑孢块菌菌种,将黑孢块菌菌种浸泡 24 h。根据欧洲接种技术要求,先称取一定量的黑孢块菌,用粉碎机打成粉末,粒径小于 1 mm,颗粒越细越好。然后把粉碎好的黑孢块菌与灭菌基质 1∶1 配制待用,若配制好的黑孢块菌菌剂未用完,可暂时存放于 3～5 ℃的冰箱中。

(2)培养基质的配制。将黑孢块菌产地过筛的土壤、河沙、蛭石按 1∶1∶1 的比例混合,126 ℃下灭菌 2 h,放置 1 周备用。

(3)无菌苗的培育。采用常规的育苗方式,在用 40% 的甲醛溶液做消毒处理的蛭石和珍珠岩混合基质上,培育宿主植物苗至少 3 个月。

(4)接种。在接种室内安放洁净的不锈钢工作台,先用 75% 的酒精将桌面擦干净,再将灭菌接种基质倒在桌上;选择长势好、根系发达的宿主植物苗,用剪刀剪去部分根系,放在已灭菌处理过的容器中备用;选择黑色的育苗杯,先在杯中装入占杯体积 1/3 的灭菌土,再将植株放入杯中央,用小勺将配制好的黑孢块菌菌剂撒在根上,最后加入灭菌接种基质至距育苗杯边缘 0.5 cm 处。所述育苗杯的宽度为 10～15 cm,所述块菌菌剂的接种量为 2 g/株。

(5)接种苗的培育。将已接种的黑孢块菌植株放置于温度在 15～25 ℃之间、基质湿度保持在 50%～80% 的炼苗室内培育 15 d;苗木适应黑孢块菌后,移出到玻璃大棚的育苗架上培育,培育时间为 6 个月。在菌根苗培育期间,保持大棚周边的卫生,根据温度和湿度的变化及时给苗木补充水分。

(6)检测。接种 6 个月后,随机抽取培育接种的宿主植物、苗各 50 株进行检测。通过黑孢块菌菌根苗的显微特征,评估感染率和感染指数。

4. 栽　植

苗木下地后需要马上浇水,最好是自然的雨水。如果苗木不能马上下地,应该避免与其他的苗木放在一起,防止意外的污染。黑孢块菌苗应该在 2 周内下地。在挖的窝底最好洒少量直径为 5 mm 的石灰石,每株植物需要用一些网罩加以保护。适宜的植物密度是:黑孢块菌园 400 株/hm²；夏块菌园 1000 株/hm²。营造林地时最好混交不同的宿主植物。

第三节　鸡油菌

一、简　介

　　鸡油菌是世界著名的食药用菌之一，又名鸡蛋黄、杏菌、黄丝菌，属担子菌门伞菌纲非褶菌目鸡油菌科鸡油菌属。子实体肉质，喇叭形，杏黄色至蛋黄色。菌肉蛋黄色，香气浓郁，具有杏仁味，质嫩而细腻，味道鲜美。菌盖直径 3～9 cm，最初扁平，后下凹，边缘波状，常裂开内卷。菌柄内实，光滑，长 2～6 cm，粗 0.5～1.8 cm。鸡油菌含有丰富的胡萝卜素、维生素C、蛋白质、钙、磷、铁等营养成分。味甘，性寒，具有清目、利肺、益肠胃的功效。常食此菌可预防视力下降、眼炎、皮肤干燥等。另外，据国外临床验证，鸡油菌还具有一定的抗癌活性，对癌细胞的增长和扩散有一定的抑制作用。鸡油菌通过菌根菌与林木形成共生关系，可以促进林木的生长与发育。目前，人们对其在大自然中的促生作用，如维持生态平衡、环境监测等方面较为重视。

鸡油菌

二、鸡油菌菌株培养

1. 菌种采集

鸡油菌分布在贵州省海拔 250~1750 m 的地区。子实体生长期为每年的 5—8 月,生长基物的 pH 为 5.8,生长温度为 15.2~30.6 ℃,光照度为 650~1650 lx。

2. 培养基制备

将松针 150~250 g 切成小截、土豆 150~250 g 切成小块,加 1000 mL 水煮沸 20~40 min,滤去松针和土豆残渣,滤液中加入氯化钙 0.05~0.15 g、氯化铵 0.45~0.55 g、硫酸镁 0.25~0.35 g、磷酸二氢钾 0.8~1.2 g、氯化铁 0.008~0.012 g、葡萄糖 0.45~0.55 g、维生素 B$_1$ 0.045~0.055 mg、蛋白胨 4~6 g、牛肉膏 8~12 g 和尿素 15~25 g,定容至 1000 mL,在 0.10~0.15 Pa、118~125 ℃下用高压蒸汽灭菌 25~35 min,置于 25~35 ℃培养箱培养。无菌生长的培养基留存备用。

3. 接　种

取鸡油菌菌盖与菌柄相接处的鸡油菌组织接种入按上述方法所制备的培养基中。

4. 菌种培养

接种后的培养基在 26~30 ℃、100~120 r/min 的条件下摇床培养 7~10 d,即得鸡油菌液体菌种。

三、培养料的配制

将阔叶树木屑、棉籽壳或粉碎了的杂木枝丫、农作物秸秆、废纸等 4 份加上麸皮、米糠各 1 份,以及石膏粉 1%、糖 1% 和适量的水(65% 左右),配成培养料装入玻璃瓶或塑料袋后,进行蒸汽灭菌(高压下 1 h 或常压下 8~10 h),冷却后接种培养。

四、鸡油菌对马尾松幼苗浸染技术

1. 整　地

采用带状整地,带宽为 70~100 cm。栽植穴底径不小于 30 cm,深不小于 25 cm。整地要求表土翻向下面,挖穴要求土壤回填,表土归心,然后每穴用 0.1% 多菌灵或高锰酸钾消毒。每亩(即为 667 m^2)植 240~450 株,株行距为 (1.0×1.5)~(1.7×1.7) m。

2. 浸　染

取鸡油菌菌种 20~30 g 均匀施于穴底,pH 控制在 5.5~6.5,将马尾松幼苗种植其上,取土压实。

3. 浇　水

前期2 d浇水1次,新叶萌发后7 d浇水1次。

4. 施　肥

30 d后每亩施复合肥3 kg,方法为将3 kg复合肥溶于100 kg水中,浇在插穗基部。60 d后将遮光网揭开,每亩施肥6 kg,方法为将6 kg复合肥溶于100 kg水中,浇在插穗基部。

5. 除　草

除草的原则为"除早、除小、除净"。

五、出　菌

当马尾松生长4~5年后,树高平均值为1.56 m,地径平均值将达2.9 cm,冠幅平均值为88.2 cm。接种鸡油菌的马尾松在新造林地的环境里能够与鸡油菌维持良好的共生关系。5—8月的雨后,马尾松林地即可生长出大量的鸡油菌。

鸡油菌

六、采收与加工

1. 采　收

鸡油菌的适时采收既可保证质量,也可保证产量。在菌盖展开,菇体色浅,盖缘变薄,即将散放孢子之前采收为宜。对鸡油菌的采收,应视实际情况而定。一次性形成菇潮的菌板,应在子实体成熟时一次性全部采收。此时大菇体与小菇体的成熟度是一样的,如果认为小菇体还能长而不采摘,反而会使小菇体枯萎。参差不齐形成菇蕾的菌板,则应用"拣大留小"的办法进行采收,一潮菇可分 2~3 次采净。采收时要整丛收,轻拿轻放,防止损伤菇体,不要把基质带起。

鸡油菌除鲜销外,在交通不便的乡村和旺产季节可以进行加工,以调节淡季和旺季的供求。

2. 加　工

盐水加工的腌鸡油菌能存放 1 年左右,其风味不变,这是目前我国出口鸡油菌的主要加工方式,具体方法如下。

(1)浸泡。将鲜菇放进 6% 的淡盐水中浸泡 3~4 h。

(2)杀青。将淡盐水浸泡的鸡油菌捞起,用清水冲洗,然后放入盛有沸水的铝锅(或不锈钢锅)中,边煮边用木勺搅动,煮 10 min 捞出,此时菇为黄色。

(3)冷却。将杀青后的菇倒入清水中充分冷却,捞起沥水 20~30 min。

(4)腌制。在缸中先放盐,再加入开水溶解并冷却,使盐水浓度为 15%~16%。用纱布滤去杂质后,把菇放入盐水中腌制 3 d,之后再换成 23%~25% 的饱和盐水,腌 5~7 d(不能让菇露出水面)。

(5)倒缸。每隔 12 h 倒缸换盐水 1 次,每次换水时盐水浓度必须保持在 23%~25%。

(6)封存。5~7 d 后菇出缸,放在竹筛上沥水 8~10 min 即可装桶。装后灌满浓度为 20% 的盐水,封盖即可运销。

3. 短期储藏

食堂、餐馆或家庭可用盐水浸渍短期保存。先配制好 16%~18% 的盐水溶液,切除菇脚杂质,用清水洗净后浸入盐水中。10 min 后菇体脱水发软,韧性加强,这时菇体由于脱水重量减轻 20% 左右,以后保持不变。食用时捞起,用清水漂洗后即可烹调食用,其风味、色泽基本不变。

七、病虫害的防治

鸡油菌菌丝生活力很强,生长速度快,而且具有抗杂菌能力,所以在制种与栽培过程中,菌丝发育阶段管理得好,后期就不容易感染杂菌,甚至染了杂菌也照样还能长菇。但是,林下栽培过程中本身就隐藏着各种杂菌孢子,若在环境因子不适合鸡油菌菌丝旺盛生长的情况下,其优势则不再存在,杂菌容易泛滥成灾。引起杂菌感染的重要环境因子是温度和湿度。鸡油菌菌丝生长的温度范围对所有霉菌也都适合,只是霉菌最合适的温度和湿度略高些,因此,在菌丝培养阶段,只要稍微疏忽,温度上升至 28 ~ 30 ℃甚或 30 ℃以上,若湿度也大,杂菌就猖獗起来,而且虫卵也纷纷孵化,螨类也随之而来,病虫害一旦蔓延之后就难以驱除。另外,鸡油菌对敌敌畏极为敏感,低浓度的敌敌畏都会使小菇蕾枯死。由于不能轻易用药,只能以防为主,避免病虫害发生。一旦发生,则采用生态防治、生物防治和化学防治三者结合的综合措施来控制蔓延。

鸡油菌

1. 控制主要的环境因子

针对温度、湿度是引起病虫害的主要原因,在栽培过程中要采取相应预防措施。

(1)温度。根据各气候条件,掌握各地区各品种的安全播种季节。如果人工控温下栽培,室温不宜超过 22 ℃,料温不超过 25 ℃。

(2)湿度。培养料含水量控制在 60% ~ 65% 之间。菌丝生长阶段的空气相对湿度控制在 70% 左右。

2. 杂菌的预防

(1)培养料要新鲜,无霉烂变质,配料前先暴晒 1 ~ 2 d。

(2)每次栽培前,培养室及用具都要清洗、熏蒸。

(3)生料栽培时,培养料尽量少加或不加有机氮源和糖类物质。

(4)菌种量要大,加速菌丝生长速度,优先占领养料,抑制其他杂菌繁殖。

(5)注意防鼠,堵塞鼠洞。

3. 常见杂菌及其防治

栽培鸡油菌时常见的杂菌有木霉、青霉、曲霉、脉孢霉、根霉及酵母等。在开放式栽培中,发现杂菌可用石灰粉遮盖污染部位;在封闭式栽培中,可用注射器或滴管将杀菌药液按比例稀释后,注射或滴到污染部位。常见的杀菌剂有高锰酸钾 1000 倍液、甲基托布津 1000 倍液、多菌灵(含量 50%)1000 倍液等。

4. 虫害防治

鸡油菌栽培时常见的害虫有线虫、螨类、蚋、鼠、蚁、蛞蝓、蜗牛、马陆、果蝇等。药剂防治可用 2.5% 溴氰菊酯乳剂 2500 倍液喷雾;用灯光和糖醋液诱杀蝇类;动物骨头烤香诱杀螨类、蚁类;用盐杀蜗牛、蛞蝓等。

第四节　紫陀螺菌

一、简　介

紫陀螺菌属于担子菌亚门非褶菌目陀螺菌科陀螺菌属。它是一种夏季、秋季生长在阔叶混交林地的大型外生菌根菌类野生真菌,因其在柱形期外形酷似马蹄,因而在贵州省的部分地区被称为"马蹄菌"。在云杉、冷杉等针叶林地上丛生、群生或单生。马蹄菌主要分布在云贵高原地区,盛产于贵州省安龙县境内,盛产的时间大抵为每年农历四月至八月。目前国内对紫陀螺菌的研究较少。通过对野生紫陀螺菌进行引种、提纯、驯化及仿生种植实验,取得了成功,也取得了较好的经济

紫陀螺菌

效益,使当地农牧民从传统采挖野生资源逐步转变成仿生种植紫陀螺菌,野生资源得到了保护的同时,也增加了农牧民的经济收入,进一步推动了当地林下产业的发展。基于该菌的食用价值和药用价值,市场开发前景广阔。

二、营养成分及价值

紫陀螺菌鲜品中含蛋白质 29.6%、脂肪 5.71%、膳食纤维 10.9%、钙 304 mg/kg、铁 2366 mg/kg、镁 1577 mg/kg、锌 9.9 mg/kg、硒 0.56 mg/kg、氨基酸 201.22 g/kg。其中,人体必需但易缺乏的铁、锌、硒 3 种微量元素及维生素 B_1、维生素 B_2 含量特别高。食用味道好,菌肉厚,具有润肠、明目、降血压、降胆固醇等功效,是较好的食药两用菌,具有较高的营养价值。

三、生物学特性

1. 菌　丝

紫陀螺菌菌丝浓白,生长较慢,子实体形成过程较长,生长温度范围为 8 ~ 25 ℃,适宜温度为 22 ~ 24 ℃。

2. 子实体

子实体单生、丛生或群生,裸果型。其整个形成过程可明显地划分为 3 个时期:锥形期、柱形期、漏斗期(成熟期)。

(1)锥形期。为无任何组织分化的圆锥体,直径 0.5 ~ 2.5 cm,高 1 ~ 4 cm。初期为白色,后来自上而下逐渐变为紫丁香色。肉质硬而脆。丛生或有分枝。

(2)柱形期。为一紫色的圆柱体,基部略膨大,稍弯曲,直径 1 ~ 3 cm,高 3 ~ 12 cm。菌盖、菌柄明显分化,不见菌褶或稍见皱褶。

(3)漏斗期(成熟期)。子实体中到大型,宽 5 ~ 14 cm,高 6 ~ 25 cm,单个鲜重可达 183 g。菌盖圆形至椭圆形,后因边缘高举形成中间下凹,呈浅漏斗形至漏斗形,有时为扇形,直径 5 ~ 14 cm,灰紫色、紫丁香色至紫褐色,伤后不变色。边缘初稍内卷至延伸,后略上翘,呈波浪状且常呈瓣裂。表面略有湿润感,似被有白色茸毛,偶有小鳞片。菌肉乳白色(白中带紫)或淡紫色,伤后不变色。子实层面灰紫色、紫褐色至紫黑色,狭窄,稍稀,分叉或相互交错,不等长(2 ~ 10 cm),与菌柄延生。菌柄偏生或侧生,棒形,有时基部延长呈假根状,长 3 ~ 16 cm,直径 2 ~ 4 cm(基部略膨大),淡紫色(近基部为灰白色),偶有粉粒状的紫色鳞片,肉质,中实。孢子印乳黄色。孢子无色,平滑,长椭圆形。

紫陀螺菌

四、生长发育条件

1.温　度
紫陀螺菌菌丝生长适宜温度为 22~24 ℃,子实体生长适宜温度为 23~28 ℃。

2.湿　度
空气相对湿度为 80% 左右较好。

3.空　气
要求通风良好,保证空气清洁。

4.光　照
光照度为 1000~6000 lx 较好。

5.pH
偏酸性,pH 为 6.0 左右较好。

五、场地选择

播种地点要在土壤湿润、腐殖质丰富、半阴半凉的云杉或冷杉林下。一般选择有野生紫陀螺菌生长的地区进行仿生种植,这样可以获得较高的产量,品质也较为优良,可取得较好的经济效益。

六、时间安排

根据当地的气候条件,播种时间选择在 4 月上旬。紫陀螺菌菌丝生长较慢,子实体形成过程较长,菌核形成的完整性会影响产量。

七、设施建设

仿野生栽培需采用地膜遮阴保湿,其他栽培模式保持自然即可。

八、栽培方法

采用林下仿野生栽培。播种采用条播的方式。播种前先将地面的枯枝、石块清除,在播种区域进行开沟,深度 25 cm 较为适宜。将菌种掰成蚕豆大小块状,均匀撒播在条形沟中(播种量一般为每米撒播 2 袋),然后表面覆盖腐殖土,覆盖要疏松,条形沟间距以 50 cm 为宜。播种完成后视天气情况做相应处理,播种初期如遇干旱少雨天气,采用地膜遮阴保湿,正常天气保持自然即可。

紫陀螺菌

九、栽培管理

一般播种 30 d 后菌丝长满土壤,45 d 后土壤表面形成白色块状锥形原基,此时为了促进原基形成,在种植地表面均匀喷洒 0.1% 维生素 B_1 溶液,一般 24 h 喷洒 1 次,喷洒 2~3 次后表面加盖土壤,土壤厚度一般以 2~3 cm 为宜。由于紫陀螺菌遇到干旱天气极易发生自溶现象,在此阶段要加强水分管理,必要时喷洒水分增加湿度直至采收。

十、采 收

当子实体棱状菌褶颜色由紫色转化成淡赤色时要及时采收,采收要完全。采收完成后继续喷洒维生素 B_1 溶液,进行第二潮出菇前管理,依此类推,直至天气变冷不出菇为止。一般播种一次可采收 2~3 年,以后逐年的管理基本相同。

十一、分级与包装

　　烘干后将紫陀螺菌分拣,除去小朵、烤焦的菇,将合格菇装入聚乙烯塑料袋。装满袋子后封口,放进纸箱,填好标签,储存在洁净干爽的独立储藏室内。

第四章　菌材林草的栽培

第一节　桤木的栽培

桤木 *Alnus cremastogyne* Burk. ,别名水青风和桤蒿,桦木科植物,具有生长速度快、适应性强的特点。桤木根系发达,可保持水土,改良土壤,是中国特有树种之一。其叶片、嫩芽可治疗腹泻及止血。桤木是我国林业部及中国林学会推荐贵州省种植的速生树种。

一、外形特征

桤木属于落叶乔木,高 25 m 左右,胸径 0.5 m 左右;树皮呈灰褐色,芽短枝小。叶倒卵形,长 3 ~ 12 cm,顶端骤尖,边缘有稀疏锯齿。

二、生长习性

喜光,喜气候温暖,适合生长在年平均气温为 15 ~ 18 ℃、降水量丰沛的平坦地域。贵州省气候温润,平均海拔较高,有利于桤木的生长培育。桤木对土壤适应性强,喜湿,要求土壤湿润和空气相对湿度大;根系发达,固氮能力强,生长速度快,种子在温度适宜条件下发芽快,成林快,一般 3 年成林,能固沙保土,涵养水源。

桤　木

三、种子选育和种苗培育

1. 良种选育

选择优质生长 20 年左右且健壮、无病虫害的母株作为种源采集种子,在苞开时采收,此时种子质量和发芽率都较高。采收后干藏或密封储藏。

2. 苗床育种

就近水源种植,选择土层肥沃疏松地为苗床,深翻土杀菌并施底肥,将表层土壤与无机肥混匀耙平,等待播种。贵州省四季如春,以春播为主,播种前温水浸种 1 d,将种子与筛好的腐殖土以 1∶3 的比例混合拌匀后撒在苗床上,撒 1 层细腐殖土,盖 1 层厚茅草并浇水,覆地膜。10 d 后观察种子出土情况,视情况决定是否揭塑料膜,条件允许下使幼苗适当时间露天生长,再视气温决定是否揭去覆盖的茅草。在此期间,安排时间多视察,保持苗床土壤湿润,注意幼苗长势,做好病虫害防治工作,待幼苗长出 3~4 片叶时可追肥 1 次,待幼苗长到 10 cm 高时进行袋苗移植培育。

四、造林地的选择

桤木可生长于山的中下部,能适应干旱瘠薄土壤,但在这样的土壤上长势缓慢。营造桤木林地,一定要选择土层厚度在 80 cm 以上且土壤水分条件比较好的土地,而土层瘠薄、缺水干燥的土地不宜营造桤木丰产林。桤木林种植季节应选择 2—3 月,提倡穴垦,尽可能保留原有植被。在立地条件较差的地方,宜采用大穴整地,在立地条件好的地方,宜采用中穴整地;考虑在株底部施基肥,后期追肥情况要视林木生长情况和土壤肥力情况而定。

五、抚育管理

幼林抚育:造林后4个月进行培土,锄草与否视情况而定,清除萌芽,挖除林地内茅草,冬季可适当整枝。要适时开展幼林抚育,在密集林间进行割枝修剪,改善林区透光、通风性能。桤木的害虫主要有桤木叶甲和桤木灯蛾,可采用适当方法防治。

间伐:立地条件较好,林木明显分化,整枝强烈时可进行间伐。

桤 木

六、应用范围

桤木生长迅速且长寿,适于作为风景林、防护林、绿化或木材林,可固土护岸,改良土壤。木材可用于制作红酒盒、杯、碗等小型木器;富含食用菌生长所需的纤维素、半纤维素、多糖类物质、有机氮、维生素和无机盐等;是花菇种植的理想木材,其枝叶可粉碎用于木生菌培养。种植3年即可间伐。每亩木材按目前市值每年可收入800~1000元,是解决食用菌生产可持续发展的最佳木材,并可达到扶贫的目的;可号召返乡过年的青年将其作为"孝敬树",在冬季种植效果最佳。

第二节　构树的栽培

构树为落叶乔木,在贵州省分布广泛,具有生长速度快、适应性强、轮伐期短、抗逆性强等特点,近年来在各地应用甚多,被广泛用作道路风景树。构树叶可作猪饲料;其皮材洁白、纤维长,是制备木浆的高级原料;其种子可入药治皮肤病;枝干易燃烧,无臭;构树可吸附有毒气体;根系发达,可以用于营造水土保持林。构树是贵州省发展食用菌制备培养料的常用木材,也是国家林业局及中国林学会推荐贵州省种植的速生树种。

一、外形特征

构树属落叶乔木,高达 20 m,树冠张开;叶呈卵形至广卵形,边缘具粗锯齿;树皮平滑,浅灰色或灰褐色,含乳汁;适应性特强,抗逆性强。

二、生长习性

构树喜光,适应性强,耐干旱瘠薄,可生长于水边、石灰岩山地、酸性土壤及中性土壤上。它耐烟尘,抗大气污染力强,萌芽力强;树龄 2 年的构树地下走根可萌生新植株 30 株,可用作石灰岩山地的绿化树种,改善土壤结构。

三、育苗技术

构树可通过分根压条和种子育苗方法繁殖,其中种子育苗较好。选取长势健壮、优质的植株作为采种母株。

育苗最好随采随插,圃地宜选择在背风向阳的空旷地,要求土壤疏松肥沃,排水良好。构树种子细小,故整地要细致,将种子均匀地撒在播种沟内,撒 1 层细腐殖土,覆盖 1

构　树

层草,保持土壤湿润,视情况揭草通风,当苗出齐后 1 周内用细土培根护苗。此间注意保湿排水。进入速生期可依据实际情况选择追肥,同时注意松土除草、间苗等常规管理,苗高达80 cm 时,春季可移栽。

四、栽培技术

构树生长能力顽强,可适应不同环境,可在石山或半石山上栽植,考虑到成林速率,尽可能地选择土层深厚肥沃的地方挖穴种植,种植时清除穴内的石块和杂质,施足底肥、回填土。然后将苗根系舒展,填土至一半时压实。

对于中小规格苗木,采取裸根种植方式。种植前对幼苗进行修剪,有利于苗木成活;栽植穴应大小适宜,确保根系舒展;基肥应与栽植土充分拌匀,先回填表层土并踩实,然后浇透水,后期浇水视情况而定。

构树栽植前 3 年应注意施肥。除栽植时应施好底肥外,每年早春应结合浇解冻水施用一些农家肥,充足的肥料可使植株尽快恢复树势,加速生长。

在种植头 2 年应加强浇水,每月浇 1 次透水,结合天气降水情况,若有足够降水,可不浇水或少浇水。

五、应用范围

构树根系浅,侧根分布很广,生长快,萌芽力和分蘖力强,耐修剪。具有速生、适应性强、分布广、易繁殖、轮伐期短的特点。树叶含丰富氨基酸、维生素、碳水化合物,其蛋白质含量为 20%～30%,经加工可做畜禽饲料。木材木质软、疏松,富含纤维素、半纤维素、多糖类物质、有机氮、维生素和无机盐,极适合用于食用菌栽培,也可作为盒、杯、碗等小型木器木材,或薪炭等。此外,构树遍布贵州省全省,种植技术简单方便,可作为速生树种种植。

贵州高山生物科技有限公司截至目前已推广种植上述树种十几年,为确保贵州省食用菌行业绿色、生态、可持续发展,现请求贵州省农业委员会、贵州省科学技术厅、贵州省林业厅联合出台有关文件,督促上述树种等的种植,确保维护贵州省生态环境平衡;同时,在申请项目时必须注明每年栽培多少食用菌,用材多少等,且必须在当地林业局备案取得同意后才能申报。

第三节　巨菌草的栽培

巨菌草 *Pennisetum giganteum* Z. X. Lin(暂定名),隶属被子植物门单子叶植物纲禾本科狼尾草属。多年生禾本科直立丛生植物,具有较强的分蘖能力。是一种适宜在热带、亚热带、温带生长和可人工栽培的高产优质菌草。植株高大,抗逆性强,产量高,粗蛋白和糖分含量较高,直立、丛生,根系发达。茎粗可达3.5 cm,节间长9~15 cm,15个有效的分蘖,每节着生1个腋芽,并由叶片包裹。叶片互生,长60~132 cm,宽3.5~6.0 cm,8个月共生长35片叶。株高最高可达7.08 m,50个节,株重达3.25 kg,每亩产鲜草35 t。

巨菌草

巨菌草粗蛋白的含量比杂木屑高,生长1个月、高50 cm时粗蛋白的含量(10.8%)约是杂木屑(1.16%)的9.3倍。不同的生育阶段粗蛋白含量差别大。具体见下表。

巨菌草不同阶段营养成分含量

生长时间/周	干物质/g	占干物质的比例/%				
		粗蛋白	粗纤维	粗脂肪	无氮浸出物	灰 分
4	15.8	10.8	28.5	3.8	43.0	13.9
6	17.1	8.8	32.2	3.5	42.6	12.9
8	18.3	8.7	32.8	3.3	44.3	10.9
10	18.5	6.5	33.0	2.7	46.4	11.4
12	20.4	5.9	31.9	2.9	49.0	10.3

巨菌草可用于栽培香菇、毛木耳、金针菇、平菇、灵芝、灰树花、鸡腿菇、姬松茸、双孢蘑菇等51种食用菌,栽培后菌渣可用于制作饲料和肥料。它既是高产优质的菌草,也是高产优质的牧草,可作为猪、牛、羊、鹿、鹅、鱼等的饲料。

一、栽培方法

1. 土壤选择

选择土层深厚、水源较充足的土壤。整畦,在坡度25°以上山地种植,采取等高线菌草活篱笆的种植方法,畦宽 80 cm、深 20 cm,沟宽 50 cm。若在平整的河滩、沙地或坡度小于 25°的坡地种植,将地整平即可。

2. 栽培季节

在平均气温大于 12 ℃的季节种植,或雨季开始时种植。

3. 栽培方法

(1)短秆扦插法。由于巨菌草在亚热带地区抽穗结实较少,宜采用腋芽进行无性繁殖。方法是用修剪刀剪下带有 1 个或 2 个节的茎;每畦 2 行,大小为 60 cm × 60 cm,茎节腋芽朝上,每 2 节 1 株地斜插于畦上,1 节在畦中,1 节在地表,秆周围用土压实。雨季可用单节种植,1 个节扦插后覆土 2 ~ 3 cm,压实。栽植后浇水至土壤湿透。每亩宜种 2000 株。

(2)全株条栽法。把整株巨菌草埋入土中,覆土 2 ~ 3 cm,行距 1 m。

(3)育苗移栽法。在适宜种植季节前 1 ~ 2 个月,先用温棚育苗后再移栽。

二、施 肥

当苗高 20 cm 时,施 1 次氮肥以促壮苗和促分蘖,采割后施有机肥和氮肥,促其再生。

三、收 割

栽培平菇、草菇、双孢蘑菇等食用菌,1 年收割 3 ~ 4 次;栽培香菇、毛木耳、灵芝等,1 年收割 2 次。

第五章 食用菌制种技术

第一节 机械设备

机械生产是食用菌行业现代化发展的必经之路,主要指生产组织专业化、管理方法科学化。其以树干、修剪枝、锯末、玉米芯、玉米秆、稻草、棉籽壳等为原料,经机械加工碎屑,添加一定的辅料(如麦麸、米糠、油枯、蔗糖、石膏、碳酸钙、硫酸镁等),再经机械配料制种、制袋、灭菌、接种、栽培、采收、加工,形成一整套的机械化生产栽培技术。现代化食用菌行业要结合机械技术和生物技术,建立现代化的食用菌行业科技体系,可有效节约劳动时间,提高劳动效率和产品质量,实现食用菌行业生产管理的现代化。

一、食用菌原料处理机械

1.粉碎机

粉碎机主要用于枝杈及枝干、茅草、玉米秆、高粱秆等纤维质秆状物料的粉碎,还可将下脚料、树枝、树皮等原料一次性加工成末,具有投资少、耗能低、产率高、经济效益好等优点。粉碎机工作时,拨料齿将物料均匀地拨到转子上,通过高速旋转刀片的切削和撕扯实现物料的初步破碎,符合要求的破碎物料会通过筛网排出,而不符合要求的物料会被再次破碎加工,直至符合要求。整套设备结构简单、能耗少,木屑成品质量好,成本低。

2.配料机

配料是食用菌生产的重要环节。人工配料费时费力,均匀程度差,劳动成本高,配料机的使用有效地解放了生

粉碎机

产力,提高了配料效率。配料机将各种预处理完毕的原料及水均匀混合,使得食用菌培养料的配制轻松快捷。

配料机

3. 料槽式拌料机

料槽式拌料机将料送入喂料轮,通过离心轮转动,经多次反复搅拌混合,使原料搅拌均匀。

料槽式拌料机

4. 培养料装袋机

培养料装袋机操作简单、效率高、省力省时、适用性强。人工装袋往往消耗人力较大,而且装袋松散,无法满足种植生产需求,培养料装袋机可以快速高效地完成装袋,减少人工成本。它结合了传统装袋机和冲压式自动装袋机的优势,松紧度可自由调整,自动打孔,适合栽培原料的装袋。

培养料装袋机 1

培养料装袋机 2

二、食用菌灭菌设备

培养料中含有丰富的营养物质,易滋生杂菌,影响目标产物的培养。因此,培养料灭菌为后续培养创造无菌条件极其重要,是生产食用菌最为关键的技术环节。常见高压蒸汽灭菌设备如图:

大型高压蒸汽灭菌器

手提式灭菌器

立式压力灭菌器

大型灭菌器

高压蒸汽灭菌器

高压蒸汽锅炉

1.高压灭菌

高压蒸汽灭菌器利用高温高压的水蒸气,将培养料中的所有杂菌及各种微生物杀灭,灭菌效能高。热源可采用煤炭、电等,形式灵活,但单价高,维护使用的成本高、难度大。一般高压蒸汽灭菌器要求内温度达到121 ℃,大气压为0.15 Pa,保持1.5 h以上,才能彻底灭菌。

使用方法及注意事项:①装入待灭菌物品时,切忌拥挤,以免水蒸气流通不畅而影响灭菌效果。②加盖时,旋紧螺栓,切勿漏气。③加热达到一定温度时应打开排气阀,使水沸腾,排尽锅内空气,后关上排气阀,让锅内温度逐渐上升。④将灭菌培养基置放在特定房间内24 h,若无杂菌生长,待用。

2.常压灭菌

没有条件购买高压蒸汽灭菌器的种植菇户可自制灭菌灶,采用常压蒸汽灭菌法,同样可以达到灭菌目的。常压蒸汽灭菌法采用常压蒸汽进行培养基灭菌,设备多为自制,利用钢板、混凝土、砖等砌成结构简单、成本低、容量大的蒸汽灭菌灶。灭菌灶形状不一,常见有方形、圆形、蒙古包形等。这种方法的灭菌时间较长,需要16 h以上,才能杀死耐热性杂菌。灭菌灶内菌种之间要留有空隙,促进水蒸气对流,从而保证灭菌效果。

还有一种常见的常压蒙古包式灭菌器,又名"船式常压灭菌器",具有结构简单、安装难度小、操作方便的优点。

常压灭菌器多采用煤炭或木材等作为燃料。

常压蒙古包式灭菌器

灭菌时蒙古包状态

三、食用菌菌种培养设备

菌种培养常用设备包括恒温培养箱、摇床、灭菌罐、超净工作台等。菌种主要分为固体菌种和液体菌种,相对于固体菌种而言,液体菌种的制作具有培养周期短、接种方便的特点,适合大规模工厂化生产。

1.恒温振荡器

一级种通常采用摇瓶培养。摇瓶培养是将制备好的营养液置于三角瓶内,灭菌冷却后,加入若干小块斜面菌种,静置培养3 d,当菌丝长到营养液表面时,将三角瓶转移到恒温振荡器,振荡3~4 d。

恒温振荡器(左为内部,右为外部)

2.单人净化工作台

单人净化工作台适用于单人单面。根据实际情况,定期将初效过滤器拆下清洗,一般3~6个月清洗1次(若长期不清洗,将导致风量不足而降低洁净效果)。若调换初效空气过滤器仍未达到理想截面风速,可适当调节风机电压。初效空气经过高效空气过滤器,形成洁净度较高的直空气流,除去工作区域内空气,采用风机双速调节风量大小,保证风速状态理想。

单人净化工作台

3.接种箱

接种箱体积较小,密闭性好,与外源杂菌接触少,在食用菌菌种生产的过程中比较常见。依据体积大小,可将接种箱分为单人接种箱和双人接种箱。接种箱一般长1.4~1.8 m,高

0.6～0.9 m,下部宽0.75 m,上部为梯形,两侧安装有玻璃窗,并向外斜伸展,可打开;下半部分为长方形结构,且设计有手可伸入的圆孔。在实践中由于栽培种或菌棒生产量大,可将接种箱箱体做成宽体形,中间放转动的圆盘(如餐桌转盘),可方便接种。

接种箱

4.生化培养箱

生化培养箱具备制冷和照明效果,可调节食用菌培养温度,最优化满足菌种的生长繁殖。

生化培养箱

5. 电冰箱

电冰箱主要用于菌种的保存和储藏,常用储藏温度为 4 ℃。

电冰箱

四、食用菌制种器具

1. 接种器具

常用接种器具:接种针、手术刀、接种钩、接种铲、镊子等。

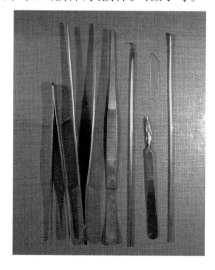

接种器具

2.玻璃器皿

常用玻璃器皿:试管、三角瓶、培养皿、漏斗、烧杯等。

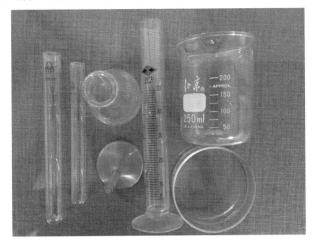

玻璃器皿

3.观察仪器

显微镜是重要的菌种观察仪器。

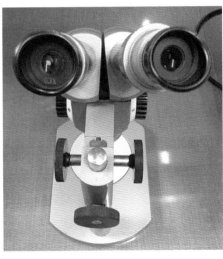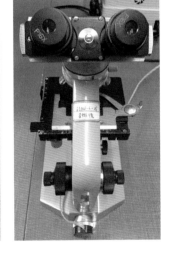

显微镜

4. 称量仪器

常用称量仪器有天平等。

 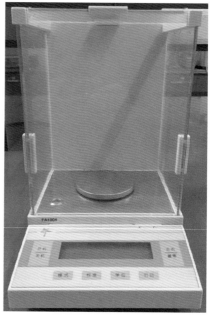

常用天平

5. 其他用具

干湿计、温度计、pH 试纸、棉花、牛皮纸、线绳、脱脂棉、纱布、打孔棒、灭菌框、水桶、火柴、标签、记号笔等。

第二节　食用菌菌种制备工艺

目前的制种方式主要使用已经繁育好的试管种(一级种),也采用合适阶段的孢子分离、子实体组织分离、菇耳木(含有菌丝的木棒)分离等方式。菌种制作工艺流程具体见下图。

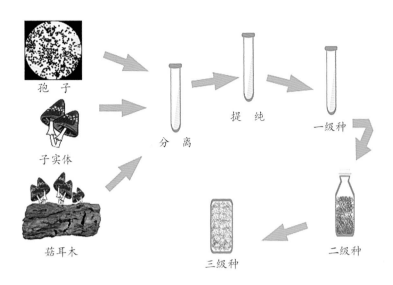

孢子

子实体

菇耳木

分离

提纯

一级种

二级种

三级种

菌种制作工艺流程

　　采用质量上乘的蕈菌孢子、子实体或菇耳木,经过特定步骤处理,分离至斜面试管或培养皿上,待菌丝萌发后,挑取尖端菌丝,转管扩大,即为一级种。将一级种接种至装有培养料并灭菌完成的原种瓶中,菌丝满瓶后即为二级种。之后再接种至装填好培养料并灭菌完成的栽培袋中,待菌丝满袋后即为三级种,可直接用于栽培或制作菌棒。

一级种

菌种选育

一、一级种

　　一级种又称"母种",是采用蕈菌孢子、子实体或菇耳木制得,培养原料采用马铃薯培养基,具有不易污染、保存时间较长和原料方便获得等优点。

(一)培养基配方和配制方法

1.常用培养基配方

配方一:马铃薯 200 g、葡萄糖 20 g、琼脂 20 g、磷酸二氢钾 3 g、硫酸镁 1.5 g、维生素 B_1 10 mg、水 1000 mL。

配方二:玉米粉 30 g、葡萄糖 20 g、磷酸二氢钾 1 g、硫酸镁 0.5 g、蛋白胨 1 g、琼脂 20 g、水 1000 mL。

配方三:马铃薯 200 g、鲜松针 160 g、葡萄糖 20 g、磷酸二氢钾 3 g、硫酸镁 6 g、维生素 B_1 10 mg、琼脂 20 g、水 1000 mL。

2.不同培养基的配制方法

配方一:将马铃薯去皮除芽,切片洗净,放入锅内加水煮沸 30 min,用纱布过滤,将滤液盛入锅内,加水调至 1000 mL,再加入其他药品(如琼脂、磷酸二氢钾、硫酸镁、维生素 B_1 等),加热搅拌使其溶解均匀,装入三角瓶或试管中,灭菌、斜面、冷却,3 d 以后无污染备用。

配方二:方法同配方一,玉米粉用多层纱布过滤即可。

配方三:将马铃薯去皮除芽,切片洗净,放入锅内加水煮沸 30 min,用纱布过滤后加鲜松针 160 g(驯化菌种,使菌丝适应本地用材状态),将滤液盛入锅内,加水调至 1000 mL,加入其他药品(如琼脂、磷酸二氢钾、硫酸镁、维生素 B_1 等),加热搅拌使其溶解均匀,装入三角瓶或试管中,灭菌、斜面、冷却,3 d 以后无污染备用。

(二)孢子分离法

孢子一级菌种制作工艺流程具体见下图。

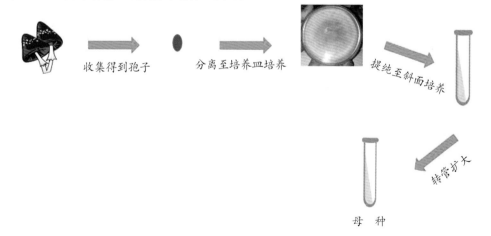

收集得到孢子　　　分离至培养皿培养　　　提纯至斜面培养

转管扩大

母　种

孢子一级菌种制作工艺流程

1. 弹射法

选择个体健壮、朵形圆正、无病虫害、出菇均匀、高产稳产、适应性强的蕈菌作为种菇,用无菌水冲洗数遍,再用无菌纱布或脱脂棉、滤纸吸干表面水分。在接种箱或超净台上把种菇菌褶朝下插在培养皿的铁丝插架上,并盖上玻璃钟罩,静置 12~20 h,菌褶上的孢子就会散落在培养皿内,形成 1 层粉末状孢子印。用接种针取少量孢子在新的培养皿上点接,待孢子萌发,生成菌落时,选孢子萌发早、长势好的菌落进行试管培养。

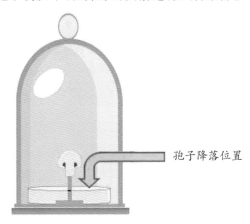

孢子降落位置

弹射法

2. 组织悬勾法

取成熟菌盖的几片菌褶或一小块耳片(香菇、平菇、玉木耳等),用无菌不锈钢丝悬挂于三角瓶内培养基的上方,不能接触培养基或四周瓶壁,置适宜温度下培养、转接即可。

孢子降落位置

组织悬勾法

孢子分离得到的母种必须加以提纯,当母种培养 1 周左右,菌丝布满斜面时,选择菌丝健壮、生长旺盛、无感染杂菌的母种试管,进而转管扩大。

3.稀释法

将孢子粉弹射于无菌水中,采取连续稀释的办法获得多孢。用此法获得的母种结实能力强。将经稀释的液体滴入培养皿中进行多点培养,如果出现拮抗,说明不是同一纯菌株,不能使用;反之,则挑取尖端菌丝进行提纯培养,再转管扩大获得母种。

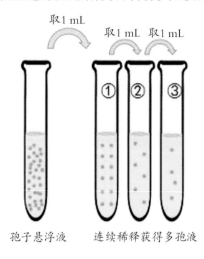

孢子悬浮液　　　连续稀释获得多孢液

稀释法

(三)子实体组织分离法

1.伞菌类:常规分离法

种菇要选朵大盖厚、柄短、八分成熟的优良品种。切除菇基部,在无菌箱内以0.1%的升汞水浸30 s至1 min,再用无菌水冲洗并擦干;也可用75%酒精棉球擦拭菌盖与菌柄2次,进行表面消毒。接种时,将种菇撕开,不用刀切,在菌盖和菌柄交界处或菌褶处挑取一小块组织,移接到马铃薯培养基上。置25 ℃左右温度下培养5~7 d,就可以看到组织上产生白色茸毛状菌丝,后即可提纯转管扩大得到母种。香菇、平菇等可以用此方法培养。

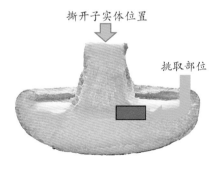

伞菌类:常规分离法

2.伞菌类：子实体孢囊化分离法

子实体孢囊化：如红菇、乳菇等，它们的菇体细胞已孢囊化，再生力极弱。分离时可选取菌柄未破损、无虫蛀、无霉变的子实体，在无菌条件下，菌柄经75％酒精消毒，掰断菌柄，用手术刀伸入菌柄内部，刮切着生内壁的球状茸毛移接在斜面上，适温下培养即可。

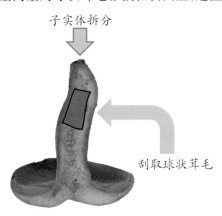

伞菌类：子实体孢囊化分离法

3.伞菌类：小型子实体分离法

小型子实体：对于类似金针菇这样个体小、菌盖薄的蕈菌，分离时难以掌握，可选取未开伞的子实体，在无菌条件下用75％酒精擦拭表面，然后剥开菌盖，用手术刀挑取菌褶少许，移至马铃薯斜面培养基上，23 ℃左右条件下培养。也可将菌柄做表面消毒后，在靠近菌盖处用刀片切断，左手食指和拇指挤压切口下面的菌柄，用接种针挑取挤压出的菌肉移接到斜面上，经培养即为母种。

子实体分离素材
（未开伞的金针菇子实体）

伞菌类：小型子实体分离法

4.胶质菌耳片分离法

方法一：将耳片用无菌水冲洗后，用无菌纱布吸干，在耳基顶端纵切1个切口，将耳基撕开，用锋利的手术刀尖端挑取一小块组织移接至马铃薯培养基斜面上，置25～28 ℃条件下培养。

子实体耳片分离素材（玉木耳）

撕　开

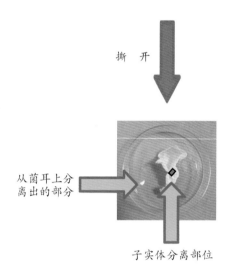

从菌耳上分
离出的部分

子实体分离部位

胶质菌耳片分离法

方法二：可用利刀将耳片轻轻刮去 1 层薄皮（每刮 1 次均需灼烧冷却），再用手术刀刮挑少许组织移接至斜面上。

方法三：选择大而厚的耳片，以无菌水冲洗和吸干后将其撕开，用手术刀挑取少许组织移接至马铃薯培养基斜面上；也可撕开耳片基部，挑取菌肉组织进行分离。

获得分离的组织后，放入灭好菌的斜面，在 25 ℃条件下培养，菌丝满管后还需进行出菇试验，合格后方能用作母种。

（四）菇耳木分离法

选择菇耳木：在菇耳木盛产的季节，选择菇耳旺盛、子实体健壮、无病虫害的菇耳木 1～2根，充分晾干。

菇耳木块消毒与接种：菇耳木晾干后削去树皮，用刀在菇耳基部切取菇耳木一块，用棉花蘸 75% 酒精擦洗菇耳木块 2～3 次后放入接种箱内，开启紫外线灯杀菌 0.5 h；用左手夹住菇耳木块，右手将菇耳木块掰开，取其内部火柴头大小菇耳木移接入马铃薯培养基斜面试管进行培养。在培养箱内 25 ℃左右培养 2～3 d 后，可见菌丝出现，1 周后就可以选择菌丝生长健壮、爬壁力强、无杂菌者进行转管扩大培养。

(五)出菇试验

无论是孢子、组织还是菇耳木分离所获的菌株,都必须做出菇试验,根据不同营养条件,选择不同的配方,在培养基上观察生长出的子实体品质,方能确定该批次母种是否符合生产需求。

二、二级种

(一)培养基配方和配制方法

1.培养基配方

配方一:麦粒 60%、玉米芯 17%、麸皮 10%、棉籽壳 10%、石膏 1%、过磷酸钙 1%、糖 1%。

配方二:木屑 55%、棉籽壳 32%、玉米芯 10%、石膏 1%、糖 1%、过磷酸钙 1%。

配方三:小米 60%、麸皮 28%、玉米芯 10%、石膏 1%、糖 1%。

配方四:高粱 50%、棉籽壳 27%、玉米芯 20%、石膏 1%、糖 1%、过磷酸钙 1%。

2.配制方法

木屑、棉籽壳培养基配制方法相似,配制前要对木屑、棉籽壳进行预湿处理,料水比为 1∶1.2 左右,预湿后再按照配方与辅料混合,搅拌均匀。

麦粒谷粒类培养基的配制需要考虑浸透因素。制种前 1 d,用 1% 的石灰水将小麦或谷粒浸泡 24 h,检查麦粒等是否浸透,若有白芯,则延长浸泡时间。然后将麦粒捞出并用清水冲洗干净,再按照配方将主料和辅料利用机械混合并加水拌匀,料水比为 1∶1.2 左右,要求培养料干湿均匀,手握料时手指尖出现水印为宜。配好的培养料要及时装瓶灭菌,防止培养料中的杂菌大量繁殖。

(二)二级种接种流程

二级种又称"原种",是采用母种接种至装有培养料的原种瓶中制得,应在接种箱内或超净工作台上完成。原种制作的意义在于扩大菌种数量和增加菌种适应性,母种的培养料是马铃薯琼脂培养料,而原种培养料则是更接近实际生产栽培的成分。二级种接种流程具体见下图。

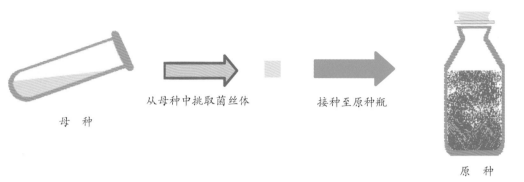

母 种   从母种中挑取菌丝体   接种至原种瓶   原 种

二级种接种流程

二级种实物图

三、三级种

三级种又称"栽培种",是采用原种接种至装有培养料的栽培袋或瓶中制得。栽培种制作的意义在于进一步扩大菌种数量和增加菌种适应性。以母种来衡量扩繁结果的话,1 支18 mm×180 mm 规格的母种可扩繁 8 瓶原种,扩繁 160 袋左右的栽培种,扩繁 3200～4800袋菌棒。三级种接种流程具体见下图。

原　种　　　　　选取的培养基　接种至栽培瓶　　　　栽培种

三级种接种流程

三级种接种现场

四、液体菌种

液体菌种是用液体为培养料所培养的菌种。液体菌种具有生长周期短及接种至其他类型的培养料后菌丝生长迅速等特点,非常适合大规模生产应用。

(一)液体菌培养基配方和配制方法

1. 培养基配方

配方一:马铃薯 200 g、麸皮 50 g、葡萄糖 20 g、磷酸二氢钾 3 g、硫酸镁 1.5 g、维生素 B_1 10 mg、水 1000 mL。

配方二:马铃薯 100 g、玉米粉 40 g、葡萄糖 20 g、磷酸二氢钾 3 g、硫酸镁 1.5 g、维生素 B_1 10 mg、水 1000 mL。

2.配制方法

将马铃薯去皮、除芽、切片,洗净放入锅内,加水煮沸 30 min,用纱布过滤,将滤液盛入锅内,加水调至 1000 mL,再加入其他药品(如磷酸二氢钾、硫酸镁、维生素 B_1 等),加热搅拌使其溶解均匀,装入三角瓶中封口、灭菌、冷却,接种静置,振荡培养。

(二)液体菌种的培育

液体菌种可用于接种二级种、三级种或直接接种至出菇袋,使用十分方便。但由于液体菌种保存期限较短,生产工艺较为复杂,加之贵州省潮湿等特殊因素,易引起污染,因而没有得到广泛应用。液体菌种培育流程具体见下图。

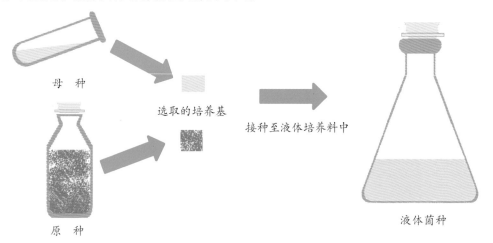

母 种

选取的培养基

接种至液体培养料中

原 种

液体菌种

液体菌种培育流程

液体菌种实物图

液体发酵罐

五、食用菌菌种的保藏

优良菌种的保藏在食用菌产业发展的过程中非常重要,其作用是保持菌种的不衰退、不死亡、不被杂菌污染,保证菌种在生产上的长期应用。

低温保藏是比较简单、普遍适用的保藏手段。方法是:将菌种在适宜的斜面培养基上培养成熟后,在 4 ℃的低温下保藏,每隔 3 ~ 6 个月转管 1 次。保藏期间切勿使棉塞受潮,定期检查有无杂菌污染;保藏菌种在使用前要置于适宜温度下活化,才能转管扩大。也可以用麦粒和木材颗粒接种保藏,保藏时间可达 1 年左右。

六、食用菌母种制种技术实操流程

食用菌母种制种技术实际操作流程具体见下图。

1. 配置培养基   2. 培养基称重   3. 预 煮

4. 灌装试管   5. 试管捆把   6. 灭 菌

7. 摆放斜面   8. 恒温培养   9. 紫外杀菌
                                    (注意灭菌是否彻底)

10. 酒精擦拭   11. 接种前准备   12. 接　种

13. 培　养   14. 选　用   15. 保　藏

七、食用菌原种、栽培种、菌棒制种技术实操流程

食用菌原种、栽培种、菌棒制种技术实际操作流程具体见下图。

1. 预　湿   2. 配　料   3. 拌　料

4. 装　袋

5. 扎　口

6. 上　架

7. 进入灭菌器

8. 灭　菌

9. 出　锅

10. 冷　却

11. 接种前准备

12. 接　种

13. 扎　口

14. 培　养

15. 选　种

第六章 珍稀食药用菌栽培技术各论

　　贵州省凭借气候和地形等优势,以珍贵野生食用菌资源的本土化和市场化开发为食用菌产业发展的主要方向,目前已成功实现了红托竹荪、灵芝、羊肚菌、冬荪、花脸香蘑、姬松茸、黄伞、大球盖菇、蛹虫草、桑黄等多种品种的栽培示范和市场推广。并帮助菇农实现脱贫致富,同时也更好地利用了土地与农林作物资源,进一步推动了本省特色生态农业发展,加快实现贵州省各地扶贫战略目标,以珍稀食药用菌为依托,开发推广高附加值的蕈菌栽培技术,配合食用菌裂变式发展的需求,从而推动贵州省脱贫攻坚战略的实施。

　　本章主要通过历史、现状及前景,营养成分及价值等内容,系统地对蕈菌的栽培、管理与加工进行较为详细的介绍,为贵州省发展珍稀食药用菌贡献绵薄之力。

　　本章注重栽培的资料性、技术性和实用性,内容详实,方法可行,深入浅出,适合广大食用菌栽培者及相关专业师生参考使用。

第一节　　红托竹荪

一、历史、现状及前景

　　红托竹荪,别名"织金竹荪",又名竹笙、竹参等,在分类学上属于伞菌纲鬼笔目鬼笔科竹荪属。原产于织金县,是世界上最珍贵的食用菌之一。其菌蕾绽放后,迅速挺立起一根海绵状的玉柱,顶端长有斗笠状的菌盖,并垂绕着一圈婆娑的白纱裙,优美的形态在整个蕈菌界中极为独特,加上气息清香,味道鲜美,质地脆嫩,爽口不腻,具有极佳口感,被人们称为"真菌之花""真菌皇后"等。随着人们对现代高品位菜肴及红托竹荪预防各种疾病和防癌抗癌功效的逐步认识,它更被赋予"天然保健食品的顶峰"之美誉。

红托竹荪

　　古时候,红托竹荪便是南方官吏向朝廷进贡的贡品之一。据史料记载,清朝乾隆皇帝南巡曲阜时,孔府所奉宴席中就有"奶汤竹荪"一菜。1972 年,美国国务卿基辛格来华访问,周恩来总理用"竹荪芙蓉汤"款待了客人。2000 年 8 月,"中国贵州首届竹荪节"在织金县举行。2001 年,亚洲太平洋经济合作组织(APEC)会议在上海市举行时,有关方面指令选送的红托竹荪成为 10 月 20 日盛大晚宴的第一道热菜,品尝者为包括时任国家主席江泽民、时任美国总统布什、俄罗斯总统普京、时任日本首相小泉纯一郎在内的 1002 位贵宾。红托竹荪一直是国内外市场上价格最高的食用菌品种,干品统货价格在 600～700 元/kg 之间,深圳市、昆明市鲜品(含菌托)价格在 100～120 元/kg 之间。红托竹荪目前年产量约 400 t,年产值近 3亿元,产量与市场需求之间有很大差距,预计市场需要红托竹荪为 1 万 t 以上。红托竹荪已成为贵州省最具开发价值的农业扶贫项目之一。织金县已被中国食用菌协会命名为"中国竹荪之乡",红托竹荪还获得了国家地理标志保护认证,为贵州珍稀食用菌的品牌建设提供了有利条件。

二、营养成分及价值

　　红托竹荪是极佳的营养食品。据分析,其所含的 19 种氨基酸占总重量的 40%,其中 8种人体必需氨基酸又占氨基酸总重量的 35%。它还含有丰富的维生素 C、B_1、B_2 及多种微量元素,具有滋补强身、益气补脑、宁神健体及提高机体免疫力的功效。同时,它还能抑制肿瘤,保护肝脏;可减少脂肪积累,从而降低血压、血脂。红托竹荪中的主要成分具体见下列表格。

红托竹荪中的主要成分

营养成分	含 量	营养成分	含 量
水 分	16.63%	锰	165.0×10^{-6}
粗脂肪	0.45%	锌	129.6×10^{-6}
总 糖	25.23%	钠	510.0×10^{-6}
还原糖	24.60%	铁	330.0×10^{-6}
淀 粉	10.31%	维生素 C	831.79 mg/100 g 干重
钾	2.85%	维生素 B_1	47.70 mg/100 g 干重
钙	0.10%	维生素 B_2	9.42 mg/100 g 干重
硼	0.14%	维生素 B_3	206.43 mg/100 g 干重
钴	0.48×10^{-6}	烟酰胺	301.17 mg/100 g 干重

注:①该表出自贵州省理化测试分析研究中心。

②$10^{-6}$即为百万分之一。

红托竹荪中的氨基酸含量　　　　　　　　　　单位:mg/100 g 干重

氨基酸	游离氨基酸	水解氨基酸	氨基酸	游离氨基酸	水解氨基酸
天冬氨酸	64.64	838.95	2-氨基丁酸	8.11	18.89
谷氨酸	197.61	1197.88	色氨酸	17.30	21.00
天冬酰胺	89.05	11.44	蛋氨酸	52.86	108.71
丝氨酸	146.65	552.82	缬氨酸	97.41	459.20
组氨酸	65.01	461.51	亮氨酸	121.16	581.00
甘氨酸	77.74	409.92	鸟氨酸	18.59	75.92
苏氨酸	77.74	409.92	苯丙氨酸	88.76	364.23
精氨酸	98.19	264.14	异亮氨酸	90.16	481.60
酪氨酸	334.84	961.10	赖氨酸	28.18	150.13
丙氨酸	126.68	347.83			

注:该表出自贵州省理化测试分析研究中心。

三、生物学特性

1. 孢 子

担孢子单核,无色;孢子壁光滑,透明,卵形至椭圆形,孢子大小为$(2.0 \sim 2.5 \ \mu m) \times (3.7 \sim 4.0 \ \mu m)$。

2.菌　丝

红托竹荪的营养体是菌丝体。它是由担孢子萌发形成的管状的多核丝状体,多分枝,有横隔膜。菌丝以顶端部分进行生长,能分解培养基中的有机物,并吸收营养进行生长与繁殖。通常无色,若受到光的刺激,会呈现粉红色或紫红色。

3.子实体

(1)菌托。菌托紫红色,卵圆形。子实体孕育于菌蕾中,当子实体成熟时,冲破菌蕾,伸长外露,形成菌托。菌托有 3 层:外层膜质,光滑,紫红色;中层为半透明胶质;内层膜质,乳白色。

(2)菌柄。圆柱状,中空,基部钝圆,呈海绵质,白色,长 10 ~ 20 cm,直径 2 ~ 4 cm。

(3)菌裙。当子实体成熟后,菌裙从菌柄顶端后下散开,质脆,从菌盖边缘下垂,长达 7 cm,边缘宽 4 ~ 8 cm,白色,网状多角形,网格网眼圆形、椭圆形或多角形。

(4)菌盖。菌盖钟形或锥形,高 5 ~ 6 cm,宽 4.0 ~ 4.5 cm,具显著网格,白色;成熟时覆盖有暗褐色、黏液状、恶臭的孢体,该臭味招引昆虫舔食,昆虫把孢子带到他处,起到传播孢子的作用。

四、生长发育条件

1.营　养

红托竹荪是一种腐生菌,其利用的碳源主要为糖类。其菇体中有多种水解酶,可以把培养料中的淀粉、纤维素、半纤维素等降解为简单的糖类化合物从而吸收利用。红托竹荪是一种高蛋白菌类,生长发育需要大量的氮素,栽培上多选择氮素含量较多的边材进行栽培。

红托竹荪

2.温　度

红托竹荪属中温型菌类,菌丝体生长温度在 5 ~ 30 ℃之间,25 ℃左右最佳。子实体形成温度在 17 ~ 28 ℃最为适宜。适温下菌丝活力最旺盛,吸收养分充足,更有利于红托竹荪的营养生殖生长。

3.湿　度

红托竹荪菌丝在 50% ~ 60% 土壤湿度下生长良好,子实体形成时宜在 70% 以下。土壤湿度低于 30% 时菌丝死亡。土壤湿度过高,通透性差,菌丝由于缺氧会窒息死亡。

4.空　气

红托竹荪属好氧性真菌,无论是菌丝生存的基物或土壤,还是子实体存在的空间,都必须有充足的氧气。

5.光　照

红托竹荪菌丝体的生长发育不需光照,原基的分化和子实体的形成所需光照较少;红托竹荪室外栽培时必须搭遮阴棚。

6. pH

红托竹荪适宜在微酸性土壤环境中生长发育,培养基和土壤的 pH 以 5 ~ 6 为宜。

五、场地选择

场地选择应靠近水源,排水性好,土质以轻砂壤最佳,周边应无大型养殖场。

六、时间安排

春季、夏季、秋季均可栽培,根据市场需要安排栽培。

七、设施建设与栽培

(一) 中棚栽培

1. 大棚建设

将地块搭成若干个栽培棚,棚宽 8 m,长 20 m,或根据地块长度而定,每棚面积控制在 200 m² 以内。棚中柱高 1.8 ~ 2.0 m,四周栅栏高 1.2 m,栽培棚用小径竹竿立柱,用树枝或小竹竿横搭为架子,覆盖大棚膜和茅草、秸秆等,四周用薄膜围好保湿。最后搭遮阴棚,遮阴度达 90% 以上,避免阳光照射。棚内和四周挖排水沟,防止洪涝。

大棚建设

2. 场地处理

选用的场地与覆土都应剔除石块杂物。用0.5%福尔马林和0.1%辛硫磷乳油喷洒床土,拌匀堆置,薄膜密封5~7 d,揭去薄膜待用。

3. 栽培方法

栽培材料为阔叶树枝或小径材,以当年砍伐的新鲜材料为好,不允许有发霉变质现象。栽培前将栽培材料截为5~7 cm的节段,新鲜材料浸水1~2 h,干燥材料浸水24~36 h。用于栽培的材料可以经过煮沸2 h消毒处理,也可以浸泡在0.1%高锰酸钾、0.1%辛硫磷乳油溶液中消毒。

覆盖菌床的松针可以使用鲜品,也可以使用干品。不允许有发霉变质现象,喷洒药物进行消毒后方可使用。

可将地块作为菌床,床宽60 cm,床间沟宽30 cm、深10 cm、长20 m,或依据地块形状决定菌床的长短。在已经做好的床面上用无残留杀虫杀菌剂消毒。

铺第一层料,厚10 cm,宽60 cm,重量为10 kg左右,横向排齐,拍平压实。播第一层菌种,将菌种掰为核桃大小的块状,均匀撒在排好的料面上,种块之间距离为5 cm左右,每平方米用种3~4瓶。然后用已经筛取和消毒好的细土盖住菌种块即可。

铺第二层料,厚10 cm,宽50 cm,重量为5 kg左右,横向排齐,拍平压实。播第二层菌种,将菌种掰为核桃大小的块状,均匀撒布在已经排好的料面上,种块之间距离为8 cm左右,每平方米用种2瓶。撒细料,厚2~3 cm,以略微盖住菌种块为度。

覆土,用已经筛取和消毒好的细土覆盖整个床面,厚3~4 cm,不得露出材料和菌种块。

覆盖松针,将已经准备好的松针覆盖在栽培完成后的床面上,厚5 cm左右,覆盖农膜,将场地清理干净,喷洒杀虫剂以防止虫害。

4. 反季节栽培

反季节栽培的目的是在冬季、春季能够提供足够数量的红托竹荪鲜品,以获得更高的经济效益。要实现反季节栽培红托竹荪,必须做好保护地建设和调整茬口的工作。

保护地的建设:在贵州省的高海拔地区须建设栽培红托竹荪的保护地。保护地采用半墙式中棚栽培,采用白天阳光自然加温和夜间覆盖防止降温的方式,以保证适合红托竹荪生长的温度持续,使其在较寒冷的情况下也能成熟。

调整茬口:根据市场需要安排栽培茬口,留出 4~5 个月的菌丝生长时间,在 6 月、7 月、8 月、9 月、10 月分批栽培,使得在 11 月、12 月及翌年 1 月、2 月、3 月都处在红托竹荪出菇的高峰期。从宏观上把握好反季节栽培和常规栽培的有机结合,以实现新鲜红托竹荪的常年供应。

5. 栽培管理

栽培管理期应注意保持较大的湿度,根据实际情况适当补充水分,不允许雨淋,让栽培床内土壤和材料的含水量保持在 50%~60% 之间,棚内空气相对湿度保持在 80%~85% 之间。

(二)菌棒栽培

菌棒栽培是近年来新兴的新型栽培方法,与传统栽培相比虽然成本较高、工作量大,但可最大限度减少菇农的种植风险,缩短栽培时间,大棚也可以重复利用,便于管理。

1. 设施建设

建设大棚,在棚内搭架建床,菌床宽 100 cm,层高 50 cm,第一层距地 20 cm,共 4 层,全高 220 cm。

2. 场地处理

覆土材料应选用透气性和保水性好,疏松而且不粘连,富含腐殖质的稻田土、腐殖土或人工配制的复合营养土等。

覆土准备粗土与细土两种:粗土土粒 1.5~2.0 cm,一般取自 20 cm 以下的深层土;细土土粒 0.5~0.8 cm,稍带黏性,喷水后不松散、不板结。

覆土在使用前须经过筛选,不能含有小石块,还需经过严格的消毒。处理方法为:每立方米覆土用 2500 g 石灰均匀拌入后,再用甲醛 500 mL 加 25 kg 水,用喷雾器均匀喷入土中,成堆后用塑料膜盖严,密闭 3~4 d,即可杀灭土壤中的杂菌和害虫。之后揭开塑料膜,待有毒气体挥发尽后,调节水量,使土壤含水量为 60% 左右,即以手捏可成团、覆土时可散开为宜。

3. 栽培方法

(1)菌棒制作。栽培料发酵—装袋—灭菌—接种—培养,成熟后用于栽培。

原料配方一:阔叶树木屑 400 kg、麸皮(或米糠、玉米粉)100 kg、复合肥 1.5 kg、尿素 0.8 kg、石灰粉 4 kg、石膏粉 4 kg、磷酸二氢钾 0.6 kg、白糖 5 kg、水 330~350 mL。

原料配方二:玉米芯颗粒 450 kg、麸皮(或米糠、玉米粉)50 kg、复合肥 1.5 kg、尿素 1 kg、石灰粉 4 kg、石膏粉 4 kg、磷酸二氢钾 0.6 kg、白糖 5 kg、水 330～350 mL。

将拌好的培养料堆放在水泥地或砖地上,料堆底部铺 1 层 2～3 cm 厚、经预湿的玉米秸秆或草苫,以利通气,堆高 1.2～1.5 m,宽 1.0 m 左右,长度不限,打数个通气孔,要垂直向下打到底。随后在料堆中插入温度计,盖上透气的覆盖物。

堆料第三天温度可达到 60～70 ℃,保持 3～4 d,便进行第一次翻堆。翻堆时要把料的外层与内部互换位置,重新建堆,一般需要翻 3～4 次,约 15 d。当料色均匀转深,料内出现较多白色放线菌,闻不到氨气类刺鼻味,料温降到 30 ℃ 左右时,便可拆堆。

在堆料和翻料时要注意,培养料要踩实,太宽、太高都会造成厌氧发酵。培养料发酵期间不要淋雨,装袋前水分掌握在用手握紧料手指缝有水印即可。

(2)装袋灭菌制种。发酵料中会含有一些不利于红托竹荪生长的因素,应对发酵料进行灭菌处理。选用高温菌袋,装料必须松紧适度、上下一致,重量为 2 kg、5 kg。高压灭菌,121 ℃ 下维持 3 h,或常压灭菌在"上汽"后维持 24 h。将已经冷却到 30 ℃ 以下的袋料进行接种,方式为:对立两面打孔,一面为 4 孔,另一面为 5 孔。接种后立即套上外袋,以保持湿度,防止菌种干燥和受到污染。

(3)菌棒培养。可装入多孔塑料培养筐垒叠培养,温度控制在 23～25 ℃ 之间,空气相对湿度控制在 60%～65% 之间,光照保持在微弱状态,空气要求流通。培养 20 d 后,脱掉外袋,以改善袋内空气流通,促进生长。培养 45 d 后,菌丝长满菌棒,即可用于栽培。

(4)栽培方法。在菌床上和周围喷杀虫剂和 pH 为 10 的石灰水上清液等进行常规消毒,再铺粗粒底土,厚 3 cm。将长满菌丝的菌棒割破取出,排放到菌床上,采取纵向 2 列排棒,每列 5 棒,首尾相接,长度不限,两列间距 15 cm。将处理后的土壤进行覆土,厚 3～4 cm,要求 2 列为一组,中间有沟,深 10 cm,以利于菌棒透气。覆盖处理过的松针,厚 1～2 cm。在距离床面 20 cm 的上方拉铁丝覆膜保湿。

菌棒栽培

(5)栽培管理。在整个管理过程中,将温度控制在 23～25 ℃ 之间,空气相对湿度控制在 65%～70% 之间,土壤湿度控制在 60%～65% 之间,光照保持在微弱状态,空气保持流通。每半个月在环境里喷洒药液杀虫剂或烟雾杀虫剂以防治虫害。红托竹荪菌丝吸收营养后可形成菌蕾,菌蕾内的白色子实体绽蕾而出,迅速开放。开放速度与气温有关,气温高历时短,气温低则历时长,甚至不能开放。

栽培现场

八、采收加工

红托竹荪的采收、干制和储藏有一套技术性强的要求,其中某一环节若处理不善将使红托竹荪的商品价值大幅度降低。

(一) 采 收

红托竹荪菇潮较为集中,但由于菌蕾发生的快慢、生长体态的大小存在差异,其绽蕾散裙有先后,形成了每天都有子实体成熟的现象。因此,无论产菇多少,都要每天采收1次。

采收时先用小刀从菌托底部切断菌索,不要用手拉扯,以免损伤菌索影响下一次结蕾。采下的子实体及时剥离菌盖和菌托。注意勿使杂物、泥土、孢体污染菌柄和菌裙。

清洁菌柄和菌裙,不用水洗,干制后洁白;菌盖则用水洗净黑褐色孢液,再盖回菇体以保持完整。

(二) 干 制

红托竹荪子实体采收后应及时进行干制加工,延迟干制时间将直接影响品质。干制可以根据生产规模大小选择适当的设备,其烘烤温度先低后高,即先以 40～45 ℃烘烤 3～5 h,然后逐渐升温至 60 ℃,至多不超过 65 ℃。烘烤过程中要注意通风、去湿,因为在高温、高湿又不通风的情况下烘烤出来的红托竹荪容易泛黄变黑,品质低下。烤筛要洗净、晾干,使用时轻轻抹 1 层植物油,以免烤干后红托竹荪紧贴烤筛不易取下。在烘烤过程中要轻拿轻放,严防弄破甚至弄掉菌裙。

(三)储 藏

合适的储藏方法是保证其质量的一个重要环节。

1. 保证干度

烘干的红托竹荪应及时装入大塑料袋包装,其含水率应在 10% 以下。只有保证足够的干燥度,才可能保存较长时期而不变质。

2. 装 箱

将干品红托竹荪分级归类放置于箱中,菌盖一端向外,对列 2 排从底依次往上装,边装边用手轻压,最后将薄膜封严,再封严纸箱。一般为 2.5 kg/箱。

3. 低温储藏

装箱后及时运往冷库储藏,温度控制在 5 ℃以下,只要干度达到标准,低温环境下可保持原有质量 1 年。在没有冷藏条件的地方,注意保障通风和无光,温度控制在 20 ℃以下,也可以储藏 6~8 个月。

(四)鲜品销售

在大中城市近郊进行红托竹荪生产的农民和经销商,可以组织鲜品红托竹荪进入市场、酒楼等销售。红托竹荪在鲜品时具有十分优美的形态,对消费者具有较强的诱惑力。

红托竹荪鲜品大都气息清香、菌柄肥厚、菌裙脆嫩,其品质优势在鲜品时尤为突出。而其他种类竹荪大都有令人不愉快的气息,尤以鲜品时最为浓烈。因此,在发展鲜品供应时,选择清香型红托竹荪为宜。

竹荪绽蕾开放的全过程很短,而且随着温度上升,开放速度加快。因此,一般在天亮之前采摘刚绽蕾出菇的竹荪,用小竹筐盛装。采摘装筐后迅速送到各销售点,当天未销售完的可带回家进行干制。

若要远距离运输,则采摘已冒顶但未绽蕾开放的菌蕾,用地膜逐个包裹,放置于专用纸模板凹坑中进行运输(类似鸡蛋运输)。到达销售城市后,制作菇圃,及时将绽蕾开放的竹荪送到销售点出售。

第二节　灵　芝

一、历史、现状及前景

灵芝又名木芝、丹芝、灵芝草、万年蕈等,是一类大型真菌,在分类系统上属真菌门担子菌亚门担子菌纲无隔担子菌亚纲多孔菌目灵芝科中的灵芝属。

中国的灵芝中第一个用拉丁文命名的就是贵州省的灵芝。1868—1888 年,传教士 P. J. Cavalerie 和 J. P. A. David 在贵州省采集了灵芝样本,先后被 N. Patouillard 研究发表,这些标本现仍存放于哈佛大学。

已知世界上的灵芝有 200 多种,中国有 104 种,其中贵州省就有 57 种,是我国灵芝资源最多的省份。早在改革开放初期,贵州省就与上海市土产进出口公司合作,在册亨县、望谟县等地收集野生灵芝,每年 30 ~ 50 t,直接出口韩国。

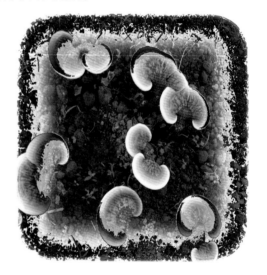

灵　芝

中国第一个生产灵芝孢子粉的企业为贵州金桥制药厂,该公司在 20 世纪 90 年代初期年销售额就已突破亿元大关。

贵州高山生物科技有限公司由全国知名的灵芝专家张林领办,集生产、教学、销售为一体,引领贵州省灵芝产业的发展,在 2013 年获"灵芝产业化技术研究与示范"省科技成果奖,在 2012 年、2016 年分别获得"一种多孢灵芝的选育方法""一种桤木栽培大红巨芝的方法"发明专利,是灵芝生产与推广的龙头企业。张林先生研究栽培灵芝 30 余年,曾随性赋《灵芝赋》一首:

六月采芝,芝已适兮;

四季而变,春黄茸兮;

夏紫秋灰,冬木栓兮;

芝有六色,青芝龙兮;

赤芝为丹,黄芝金兮;

白芝似玉,黑芝玄兮;

紫芝属木,皆神品兮。

灵芝乃吉祥之仙物兮;

吸山川云雨,采日月精华兮;

走阴阳昼夜,过四时五行兮;

有德之人可服,供圣王用兮。

灵 芝

贵州灵芝有资源优势,加之成熟的栽培方法,可大力打造灵芝的中国品牌乃至世界品牌,以达到"贵州名片"效应。

贵州灵芝必须按精品种植,精栽细种,拟化种植,以"五统三分双赢"模式种植加工,即:统一租地、统一建棚、统一制棒、统一技术、统一销售,分户管理、分户采摘、分户结算,互利双赢。该模式同样适用于种植精品食用菌,如玉木耳、黑皮鸡枞、冬荪、羊肚菌及桑黄、牛樟芝等。

二、营养成分及价值

《中国药典》2000 年版中首次承认灵芝的药用价值,作为我国法定中药材的是多孔菌科真菌赤芝或紫芝的干燥子实体。其性温,味淡、微苦,归心、脾、肺、肝、肾经,益气血,安心神,健脾胃。主治虚劳,心悸,失眠,头晕,神疲乏力,久咳气喘,冠状动脉粥样硬化性心脏病(简称"冠心病"),硅肺,肿瘤。用于眩晕不眠,心悸气短,虚劳咳喘。

灵 芝

三、生物学特性

1. 孢 子

孢子卵形或顶端平截,双层壁,外壁透明、平滑,内壁淡褐色,有小刺,(8.5 ~ 11.5 μm) × (5.5 ~ 7.0 μm),中央含一大油滴。灵芝孢子属厚垣孢子,在自然界中可存活数十年。

2.菌 丝

生殖菌丝透明、薄壁、分枝,直径 3.5 ~ 4.5 μm;骨架菌丝淡黄褐色,厚壁到实心,树状分枝,骨架干直径 3 ~ 5 μm,分枝末端形成鞭毛状无色缠绕菌丝;缠绕菌丝无色、厚壁、多弯曲、分枝,直径 1.5 ~ 2.0 μm,多形成原基型缠绕菌丝。

3.子实体

灵芝子实体一年生或多年生,有柄,木栓质。菌盖肾形、半圆形或近圆形,大小为 9.5 cm × 20.0 cm,厚达 2 cm,表面初黄色,渐变为褐黄色到红褐色,有时趋向边缘渐为淡黄褐色,有同心环棱和环带并有皱,有似漆样光泽;边缘锐或稍钝,往往稍内卷。菌肉白色至木材色,接近菌管处常呈淡褐色,厚达 1 cm。菌管淡白色、淡褐色至褐色,长达 1 cm。孔面初期白色,后渐变为淡褐色至褐色,有时呈污黄色或淡黄褐色;管口近圆形,每毫米 4 ~ 5 个。菌柄近圆柱形,侧生或偏生,长 5 ~ 19 cm,粗 0.5 ~ 4.0 cm,与盖同色,或紫褐色,有光泽。

四、生长发育条件

1.营 养

以碳水化合物与含氮化合物为基础,其中包括淀粉、蔗糖、葡萄糖、纤维素、半纤维素及木质素,还需要一定的钾、镁、钙、铁、磷等微量元素。

2.温 度

灵芝孢子萌发温度为 24 ~ 30 ℃。菌丝及子实体生长发育的适温相近,在 12 ~ 33 ℃均能生长,但以 26 ~ 28 ℃最适宜。温度长期低于 20 ℃或高于 33 ℃时,子实体将生长不良、僵化,甚至死亡。

3.湿 度

(1)培养基湿度。灵芝菌丝生长最适湿度是培养料的含水量为 60% ~ 65%,调制培养基时料水比例为 1 ∶ (1.5 ~ 1.8)(干料 1,水 1.5 ~ 1.8)。当料水比≥1 ∶ 2 时,菌丝生长速度迅速下降。检测方法是用手紧握培养料,以指缝间有水滴出现为度。

(2)段木含水量。用于栽培灵芝的段木含水量范围较广,35% ~ 42%均可。熟料栽培时,冬季新砍下段木立即灭菌接种亦可生长良好;春季砍伐段木立即灭菌接种时,应把袋内蒸出的水分排出,以防湿度过大。如果用段木直接栽培灵芝,应即砍即种,并用塑料膜罩上进行培养,以利水分保持。

(3)灵芝出菇。空气相对湿度保持在 80% ~ 90%为宜,如果湿度不够,可用地面浇水或空间喷雾来提高湿度。但是,静止的高湿环境会影响子实体的蒸腾速度,从而妨碍营养物质从菌丝体向子实体的输送或转移,影响子实体的发育。

4. 空 气

灵芝是好氧性真菌,对氧气的需要量较大,子实体发育时期对二氧化碳浓度极为敏感。在自然界中,新鲜空气中氧气含量约为21%,二氧化碳含量约为0.03%。实验表明,0.1%浓度的二氧化碳会使灵芝子实体不分化菌盖,只生长菌柄,但对已分化的菌柄则能刺激它不断分枝。二氧化碳浓度高时,子实体菌柄增长,并形成多分枝的鹿角芝;浓度时高时低,子实体容易畸形。二氧化碳浓度超过0.3%时,子实体停止生长。当灵芝子实体分化时,栽培场及大棚内要及时增加通风量,进行通风换气。而仿野生栽培的灵芝主要对湿度和光照进行控制。

5. 光 照

灵芝菌丝在黑暗中可正常生长,且生长较快;灵芝子实体生长发育则需要散射光,菌柄和菌盖生长都具有趋光性。试验表明,300 lx以下的光照度条件下灵芝菌丝也可正常生长;在相同温度条件下,灵芝菌丝生长速度与光照和黑暗条件有关,光线越强,菌丝生长速度越慢。全暗环境下培养出的菌丝体(菌种),子实体原基不易分化;若菌丝培养过程中经过一段时间的光照再进入黑暗中,原基分化就能产生,但子实体发育畸形,菌柄、菌盖薄弱,发育速度很慢。光照度大于100 lx,子实体可正常发育。灵芝子实体最适光照度为300~1500 lx。光线如果从特定方向射入,菌柄和菌盖会呈现出很强的趋光性。5000 lx以上的强光照度下,子实体无柄或短柄。在完全黑暗的条件下,菌柄可不断生长,菌盖发育停止,从而出现畸形。

6. pH

灵芝和其他真菌一样,喜在弱酸性环境中生长,pH在3.0~7.5之间菌丝均能生长。当pH>8时,菌丝生长速度减慢。pH>9时,菌丝将停止生长。pH 5~6最为适宜,菌丝生长最快。

五、场地选择

首先,根据基地的气候条件选择适宜的灵芝品种;其次,充分利用自然资源条件,创造适于灵芝生长的最佳环境条件。如果园、茶园等林下栽培模式,可为灵芝遮阴保温,以节约成本、劳动力及充分利用土地资源。

六、时间安排

4—5月种植最佳。

七、设施建设

建设塑料大棚或者在菌床上搭建塑料拱棚和遮阴网棚,在塑料棚上再盖遮光网,以防阳光直射,利于保湿。所用遮光网的遮光率为70%~80%,建棚是为了保湿和调节温度。所建大棚应选择高架式,便于管理和收集孢子粉,人为地创造适宜于灵芝子实体生长的环境条件;也可在林下栽培,采取套袋的方法收集孢子粉。

灵芝大棚栽培

八、场地建设

在进行仿野生栽培时,场地建设应合理规划,场地建在高地势处,修建科学规范的排水、给水设施,以便栽培时管理。

九、菌种制备方法

1. 组织分离法

用灵芝子实体组织,在适宜的培养基和生长条件下进行无性繁殖培养。组织分离法具有操作简便、菌丝生长快、不易发生变异等优点。其操作方法如下:

种芝选择:供组织分离的种芝子实体必须来源于优良的品系,并选取健壮、颜色及形状正常、无病虫害、刚开伞的子实体。淋雨和吸水后的子实体不易作为种芝。

种芝采下后用小刀切去菌柄下部,放在培养皿中,移进经消毒(用紫外线照射15 min,或用高锰酸钾1份、甲醛2份进行汽化熏蒸)的接种箱内或放在开启的超净工作台上。

将手用0.25%的新洁尔灭擦洗后,把种芝浸入0.15%的升汞水中10 s,以杀死种芝表面杂菌,然后用无菌水冲洗2~3次,再用灭过菌的纱布或脱脂棉吸干水分。

点燃酒精灯,用手掰开或剪开种芝,把手术刀或剪刀在火焰上烧过,拔下试管棉塞,取菌柄和菌盖之间的一小块组织,接入斜面培养基中央。接种要迅速、准确,接入后将棉塞在酒精灯火焰上烧一下,塞上试管。

将接种后的试管放在 25 ℃ 左右的温度下进行培养,选发育生长快、无杂菌污染的斜面试管进行提纯和扩大,便可得到组织分离的母种。

2. 孢子分离法

孢子是灵芝的基本繁殖单位,可用成熟的有性孢子来萌发成菌丝,从而获得菌种。孢子具有双重遗传性,1 朵直径 15 cm 左右的灵芝子实体,可弹射 25 亿～30 亿枚孢子。灵芝孢子壁双层、鸡蛋状,好似蛋壳、蛋皮、蛋清及蛋黄,蛋黄呈油滴状、透明。每个完整的孢子都有着极强的生命力,可在自然界中存活数十年。孢子分离法的步骤如下:

种芝的采集:供孢子分离的子实体应在其八分成熟时选取,将选到的种芝用 0.15% 的升汞水进行消毒。

孢子收集器的准备:取直径 15 cm 的培养皿,衬上 4 层纱布或垫上 4 张滤纸,上放 1 个小培养皿,在 2 个培养皿之间罩上玻璃漏斗或分离钟,漏斗或分离钟口挂 1 个铁丝钩,塞上棉塞,其外用纱布和牛皮纸分里外包好,放入灭菌锅灭菌备用。

孢子的收集和培养:在接种箱内无菌状态下,将已消毒的种芝迅速挂在罩内的铁丝钩上,并在皿中的纱布或滤纸上倒少许 0.15% 的升汞水,既可防止杂菌侵入,又为孢子弹射提供了一定的湿度。孢子一旦弹射,即轻轻拿出小培养皿,加 5 mL 无菌水,让孢子均匀分布,制成孢子悬浮液。用消毒注射器抽取培养皿底部的孢子液,加无菌水稀释为原来的 1～10 倍,然后滴入试管斜面或培养皿中,每支试管或培养皿内滴 2～3 滴孢子液,或用接种钩蘸取孢子液滴入斜面,并让其在斜面上摊开。随后放于 22～28 ℃ 的条件下进行培养。

提纯和扩大:当培养基上出现白色星芒状菌丝丛时,经提纯和扩大即可获得有性繁殖的灵芝纯菌丝母种。

3. 基质分离法

在冬季或无灵芝子实体的情况下,用灵芝栽培的芝木取一小块有菌丝的组织,分离提纯,即可获得所需要的菌种。此种分离方法必须做出芝试验,其分离方法和步骤参照组织分离法。

十、栽培管理

1. 袋 栽

当气温上升到 20 ℃ 以上,灵芝子实体便开始生长,初期为鹿茸状,黄色。此时,主要做好环境调控管理,保持温度在 20～30 ℃ 之间,空气相对湿度在 90%～95% 之间,根据土壤和袋栽水分变化而适时喷水保湿,当土壤和袋栽偏干时及时洒水,增加土壤含水量和环境空气相对湿度。塑料大棚和室内栽培的要敞开两端塑料膜和门窗,以利于通风换气,保持棚内和室内空气新鲜;光照要较强,保持在300~1500 lx之间。

灵芝袋栽

此外,若1根段木或袋栽长出的子实体较多时,应去掉相邻的子实体,留下1个健壮的子实体,这样可防止子实体菌盖生长粘连而降低质量,并可提高单株的产量和质量。子实体菌盖形成后,要去掉杂草,防止杂草嵌入菌盖内。子实体生长期间,菌盖中部为褐色,边缘为黄色。在生长过程中会弹射出大量孢子,使菌盖表面形成1层褐色孢子粉末,并在地面和棚上都附着孢子粉。在此之前,可开始收集灵芝孢子。当子实体菌盖边缘黄色部分消失,完全变为褐色时,防止雨水或喷水直接浇淋子实体,降低子实体含水量并使菌盖表面色泽均匀一致。

2. 生段木栽培

生段木栽培灵芝方法是生产灵芝的主要方式之一,种植1亩灵芝需要段木1500~2000节。短段木栽培灵芝应在10—12月砍树,选择树木的直径以8~20 cm为宜,长度为1.0~1.2 m,为防止污染,两头用生石灰浆涂抹。将段木打孔,其方法是用手电钻或台钻打孔,孔距5 cm,孔深1.5~2.0 cm,直径1.2~1.5 cm,呈"品"字形,然后锯成15~20 cm长的短节,表面要求平整、光滑。锯前,为减少污染和堆码方便,利于培养,可将段木用粉笔画上一根直线,并编上号。将锯好的短节段木及时进行接种,接种后用石蜡混合物(石蜡50%、松香25%、动物油25%混合加温融化所得)封口或用胶纸带封口。根据芝木的粗细和出芝时间的前后,可将粗段木打孔至3~5 cm深,时间早的可用粗木,后期的用细木或加深、加多打孔,并加大接种量,木质紧密的直径可小些,木质疏松的直径可大些。上述方法可使出芝控制在一定的时间范围,便于管理。将接上菌种的芝木移到培养室内,按编号堆码起来,使之还原成段木原状,加盖塑料薄膜进行保温保湿培养,温度控制在22~28 ℃之间,灵芝虽属高温性菌类,但最高温度不得超过35 ℃;培养时应遮光,使培养环境处于黑暗或弱光照条件下。菌丝体长满芝木后,再培养20~30 d,让菌丝体进一步生长和分解木材,同时给芝木散射光,让其充分备足养分,适应大棚生长环境,以利于及早出芝,提高产量。在菌丝长满芝木后,一般于第二年的2—4月将培养好的芝木适时移至已准备就绪的大棚内(也可放在林下),进行覆土与出芝管理。

3. 熟段木栽培

短段木熟料栽培灵芝,所生产的灵芝盖大、肉厚、质坚,色泽艳丽。短段木熟料栽培方法是生产灵芝最好的方式之一,种植1亩灵芝需要段木1500～2000节。熟料短段木栽培灵芝应在10—12月砍树,选择树木的直径以8～20 cm为宜,将树木截成10～15 cm长的短节,表面要求平整、光滑,以避免刺破塑料袋。将锯好的短节段木装入袋内,较为干燥的段木应在水中浸泡后再装袋,直径较小的段木可劈开用绳扎成小捆装入袋内,封口后进行灭菌,待冷却后,接种培养至出现原基时,即可覆土栽培。

熟段木栽培

十一、采收加工

当灵芝子实体菌盖由黄色转变成褐色,颜色均匀一致时,表明已完全成熟可采收。子实体采收应选择在晴天,采收要及时,以免生长木霉和再生出新的芝盖边缘。采收的方法是:将成熟的子实体在距土表约1 cm处用快刀切下,留下芝柄以利于再生;也可直接摘取子实体,不留芝柄,但要推迟下一潮子实体出芝时间。采摘时,手指握着芝柄取下,不要握着芝盖,以免触碰芝盖下的子实层而影响美观,使色泽不均匀,从而降低商品质量。

十二、分级与包装

1. 灵芝孢子粉分级

灵芝孢子粉分级标准具体见下表。

灵芝孢子粉分级标准

品　名	等　级	标　准
灵芝孢子粉	特　级	孢子饱满,有光泽,气味清香,段木栽培,无异物,无霉变,含水量11%以下
	一　级	孢子饱满,有光泽,气味清香,代料栽培,无异物,无霉变,含水量11%以下
	二　级	较饱满,光泽一般,有灵芝气味,无异物,无霉变,含水量11%以下
	三　级	不饱满,无光泽,无气味,无异物,无霉变,含水量11%以下

2. 子实体分级

灵芝子实体分级标准具体见下表。

灵芝子实体分级标准

品　名	等　级	标　准
灵芝	特　级	菌盖最窄面直径在15 cm以上,中心厚1.5 cm以上,菌盖圆整,盖表面粘有孢子或有光泽,无连体,边缘整齐,腹面管孔浅褐色或浅黄白色,无斑点,菌柄长小于1.5 cm,含水量在12%以下,无霉斑,无虫蛀
	一　级	菌盖最窄面直径为10 cm左右,中心厚1.2 cm以上,菌盖圆整,盖表面粘有孢子或有光泽,无连体,边缘整齐,腹面管孔浅褐色或浅黄白色,无斑点,菌柄长小于2 cm,含水量在12%以下,无霉斑,无虫蛀
	二　级	菌盖最窄面直径在5 cm以上,中心厚1.0 cm以上,菌盖基本圆整,无明显畸形,盖表面粘有孢子或略有光泽,边缘整齐,菌柄长在2 cm以内,含水量在12%以下,无霉斑,无虫蛀
	三　级	菌盖最窄面直径在3 cm以上,中心厚0.6 cm以上,菌盖展开,菌柄长不超过3 cm,含水量在12%以下,无霉斑,无虫蛀

3. 包　装

　　干燥后的灵芝孢子粉、子实体要采用双层袋包装,塑料袋应无污染、清洁、干燥、无破损,也可使用其他防潮、防霉容器,最好真空密封,再用硬纸箱进行外包装,长途运输或长久储存时还应在袋内放置干燥剂或其他防潮剂。同时做好包装记录,其内容应包括品名、规格、产地、批号、重量、包装工号、包装日期等。

第三节 羊肚菌

一、历史、现状及前景

羊肚菌又名羊肚菜、羊肚蘑、羊肚菇、麻子菌、米筛菇、羊肚子、牛肚菌、阳雀菌、狼肚、天狼肚、羊肚菌蛾子、蜂窝蛾子等。羊肚菌隶属子囊菌亚门盘菌纲盘菌目羊肚菌科羊肚菌属,是一种珍稀的低温型食药用菌,因其菌盖表面凹凸不平,呈褶皱网状,形似羊肚,因而得名。据相关资料显示,全球羊肚菌属共

羊肚菌

60 余种,仅中国就有 30 余种,其中 20 种为中国特有种,且中国的羊肚菌物种数比整个欧洲、北美洲的都多。按子实体颜色,羊肚菌可分为黑色羊肚菌类群、黄色羊肚菌类群、变红羊肚菌类群和半开羊肚菌类群。按分子系统发育学,则可分为黄色羊肚菌、黑色羊肚菌(包括黑色和半开 2 个类群)和变红羊肚菌 3 个支系。

羊肚菌的食药用历史已有千年之久,其人工栽培历史仅短短数十年。早在 1883 年,美、日、英、法、德等国就开展了羊肚菌的人工栽培研究,直到 1958 年,J. Szuecs 首次在发酵罐内培养出羊肚菌的菌丝体。1982 年,美国旧金山州立大学在读博士生 Donald Ower 利用两端开口的代料培养出羊肚菌,并凭借该技术于 1986 年成功申报羊肚菌室内人工栽培历史上的首个专利,由此开启了羊肚菌人工栽培历史。贵州省生物研究所自成立以来就从未停止过对羊肚菌分类、生物学特性、生长环境及栽培技术等的研究。1991 年,贵州省生物研究所杨玲翻译了 D. Ower 的 1986 年羊肚菌栽

羊肚菌

培专利。1994年,贵州省生物研究所的何绍昌、张林等人获得国家自然科学基金项目资助,开展了"贵州省及其毗邻地区盘菌目的分类研究"工作,经科学考察获得羊肚菌种类14种,并发现宽阔水羊肚菌、贵州羊肚菌等新种。1995年11月,张林等人以玉米秸秆为种植原料,在重庆綦江与当地采集工一起种植羊肚菌,并成功出菇。羊肚菌人工栽培经历了仿生栽培、菌材仿生栽培、林下栽培、大田栽培、室内栽培等模式。

羊肚菌在亚洲、欧洲、北美洲等地均有分布,我国主要分布于贵州、云南、四川、甘肃、陕西、青海、辽宁、江苏等20余个省(区、市)。贵州省目前已知的羊肚菌共有14种,是世界羊肚菌集中分布的中心区域之一。羊肚菌生长于深冬至春末海拔500~2000 m的针阔叶混交林中,多生长于阔叶林地上及路旁,单生或群生,还有部分生长在杨树林、果园、草地、河滩、榆树林、槐树林及上述林边的路旁等,土质一般为砂碱性或略偏碱性。常见的品种有圆锥羊肚菌、褐赭色羊肚菌、黑脉羊肚菌等。

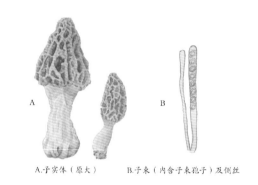

A.子实体(原大)　　B.子束(内含子束孢子)及侧丝

圆锥羊肚菌

2008年,美国羊肚菌室内栽培因品种退化导致减产,加上细菌污染长期未能得到有效控制,最终导致羊肚菌生产完全停止,此状况延续至今。与美国截然相反的是,中国羊肚菌产业正如火如荼地进行着。从全国情况来看,羊肚菌产量最大的是贵州省、云南省、四川省,约占全国总产量的50%,每年干品约达100 t,其次是陕西省、湖北省、山东省、甘肃省。

羊肚菌的发展遍及亚洲、非洲、欧洲等广大地区,其价值得到广大人民的认可。1988年,几内亚比绍共和国还发行了以羊肚菌为图案的邮票。近年来,羊肚菌成为欧美国家餐桌上的经典食用菌,但由于欧美国家自主生产羊肚菌能力弱,加上羊肚菌显著的药用价值和营养价值,货源一直紧缺,因此,优质羊肚菌的国内外市场十分广阔。目前,国内干羊肚菌收购价为1200~1800元/kg,国际市场收购价在200美元/kg以上,经济效益可观,值得大力发展生产与推广。

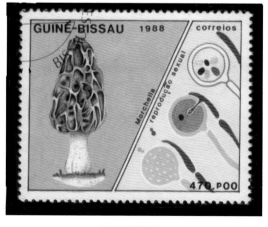

羊肚菌邮票

二、营养成分及价值

羊肚菌被推为世界三大名贵食用菌之首,肉质脆嫩,美味可口,富含蛋白质、氨基酸、羊肚菌多糖、亚油酸、油酸、超氧化物歧化酶、微量元素、多酚等,营养丰富。羊肚菌蛋白质含量达22.06%,含19种氨基酸,其中包含全部人体必需的8种氨基酸,占氨基酸总量的47.47%,粗纤维含量 17.93% ~ 24.81%,粗脂肪含量5.44% ~ 6.30%,其中亚油酸含量高达56.0%,被世界各国称为"食用珍品"。此外,它还含有钾、钙、镁、铁、锌等多种人体必需的矿物质元素。

羊肚菌

据《本草纲目》记载,羊肚菌具有化痰理气、补脑提神、润胃健脾、补肾强身等功效。《中华本草》中也提到羊肚菌可消食和胃、化痰理气,主治消化不良、痰多咳嗽。现代医学研究表明,羊肚菌具有降血脂、调节机体免疫力、抗疲劳、抗病毒、抑制肿瘤、护肾保肝及减轻因放疗、化疗引起的毒副作用等功效,同时对急性酒精中毒造成的胃黏膜损伤具有修复作用。

三、生物学特性

1.孢　子

无色,球形,无隔,光滑,直径为3.5 ~ 5.2 μm;无性孢子梗呈纺锤状,呈轻微的"S"形弯曲,(2.1 ~ 6.2 μm) × (14.1 ~ 18.5 μm),4 ~ 6 个轮状环绕生长在特化的菌丝四周。

2.菌　丝

生长初期为无色透明,生长中期呈棕黄色透明,表面光滑,直径为2.5 ~ 11.5 μm,菌丝细长,呈竹节状或桥连状,有隔并伴有分枝且交织成网。

3.菌　核

形成菌核是羊肚菌的一个重要特征,菌核呈土黄色或者黄褐色。经观察,羊肚菌的菌核是一些结构紧密的菌丝团。目前普遍认为,羊肚菌菌核是营养储存器官,并对低温和干燥具有抵抗作用。

4.子实体

子实体较小或中等,高6.0 ~ 14.5 cm。羊肚菌由羊肚状的可孕头状体菌盖和1 个不孕的菌柄组成。菌盖不规则圆形、长圆形,长 4～6 cm,宽 4～6 cm,表面形成许多凹坑,似羊肚状,淡黄褐色。菌盖表面呈网状棱,边缘与菌柄相连。菌柄圆筒状,白色,中空,表面平滑或有凹槽,长 5～7 cm,宽 2.0～2.5 cm,有浅纵沟,基部稍膨大。

四、生长发育条件

1. 营　养

在自然条件下,羊肚菌以土壤中有机质为营养。人工培养时,羊肚菌菌丝能在多种培养基上生长,适宜的碳源有可溶性淀粉、麦芽糖、果糖、葡萄糖、蔗糖等,而对乳糖的利用极微弱。碳源对羊肚菌菌核形成有较大影响,最适宜菌核形成的碳源为植物淀粉。此外,葡萄糖、甘露醇、蔗糖等也有利于菌核形成。最适宜的氮源为蛋白胨、天门冬酰胺等,硝酸钠、硝酸、尿素、磷酸二氢铵等也有利于菌核形成。木材、松针、麦芽、苹果及壳斗科植物的提取液,对羊肚菌的生长也有促进作用。

2. 温　度

羊肚菌属低温型真菌,需要较低的气温和较大的温差来刺激菌丝体的分化。菌丝体最适生长温度为 13～20 ℃,低于 3 ℃停止生长,高于 28 ℃停止生长或死亡。菌核形成温度在 12～18 ℃之间。正常的原基形成和子实体分化的地温在 8～18 ℃之间,高于 20 ℃则几乎不会再有新的子实体形成。子实体快速生长的空气温度范围在 15～20 ℃之间。10 ℃左右的昼夜温差可促进子实体形成。

3. 湿　度

羊肚菌属高湿型真菌,适宜生长在土质湿润的环境中。菌丝生长阶段对土壤含水量要求不严,30%～70%的含水量均能生长,但以 60% 最为适宜,含水量超过 70% 菌丝停止生长,低于 50% 时菌丝生长纤弱。子实体生长发育适宜空气相对湿度为 75%～95%,以 80%～90% 最为适宜。

4. 空　气

羊肚菌是好氧性菌类,在生长发育过程中需要消耗大量氧气,放出二氧化碳。高浓度二氧化碳会造成子实体畸形,菌柄增长,菌盖短小,生势衰弱甚至腐烂。

5. 光　照

羊肚菌菌丝生长阶段不需要光照,在暗处或微弱光条件下生长快,过强光线会抑制菌丝生长。光线对菌核形成有明显影响,在黑暗条件下形成菌核多且大,在有光照条件下则无菌核形成。子实体发育阶段需要散射光照,斑驳的阳光最为适合。

6. pH

羊肚菌菌丝体生长的 pH 范围为 6～8,最适 pH 为 7.5～8。若 pH 低于 5 或高于 9,菌丝停止生长或死亡;若 pH 低于 6.5,则不易产生子实体。在实际栽培地,可适当添加草木灰、火烧土等。

五、场地选择

栽培场地选择靠近水源、排水性好、土壤透气性好,周边无大型养殖场的地方。砂壤土最好,但含砂量不得高于 40%。黏性土壤要求疏松,疏水性能好,不易板结为佳。

六、时间安排

羊肚菌为低温型真菌,温度变化对羊肚菌的生长影响极大,而不同地域的温度变化差异较大,因此,不能一概而论地采用统一的栽培时间表,而是要根据栽培地的气候变化和栽培方式进行适当的调整。

羊肚菌的栽培主要从当年秋末至次年初春,一般在秋季末,贵州省大部分地区可以栽培,时间从 11 月 10 日起到 11 月底均佳。在最高气温不高于 25 ℃时播种,播种 15~20 d 后,畦床面生长 1 层白色的"菌霜",此时开始进行"营养袋"补料,补料 20~35 d 后,菌丝长满营养袋。随着气温的降低,随后进入低温保育阶段。当次年温度回升至 4~8 ℃时,开始进行催菇处理,地温为 8~12 ℃时是最佳出菇季节。

羊肚菌

七、设施建设

在年降雪量低的贵州省,一般选择平棚;北方地区风雪较大,一般选择拱棚。

1.平棚的搭建

平棚面积一般以 1 亩大小为宜,不易太小或过大——太小有效利用率低,过大则不利于通风供氧,抗风能力差。棚内支杆可选用粗竹竿、杉木杆或水泥杆,竹竿直径 8～10 cm,杉木杆直径 6～8 cm,长度 2.5 m 左右,按照 4 m 的间距在田间拉纵横线或画线,在纵横交汇处选用地钻进行钻洞,钻洞深度 50 cm 左右,插入支杆,夯实支杆四周的土壤使之稳固,确保支杆在地面的高度不少于 2 m。在支杆的顶端拉纵横铁丝,铁丝的两端埋入地下,使整个支杆的上方呈网格状,每个支杆的上方均有纵横 2 根铁丝经过。选用 6 针黑色遮光网搭建遮阴棚,将成卷的遮光网蒙在前面已经固定好的铁丝网格上,平展之后用缝包机将小块的遮光网拼接在棚子的四周,且遮光网下垂至地面,并用泥土压实,整个棚子呈扁平的封闭盒子状,在平棚两短端适当的位置预留门洞。用铁丝或钢丝绳在遮光网的最上面,按照前期纵横铁丝的走向和位置进行遮光网的固定,遮光网上、下两道铁丝之间,用细扎丝或绳子进行捆扎,至少 2 圈。常有大风天气的地区,可用废旧的蛇皮袋装入 25 kg 泥块或石头,扎口后用绳子系在每个支杆的顶端,紧紧地坠在支杆上。在畦面摆放扎孔的出水袋,根据喷水面积确定安装密度。

2.拱棚的搭建

黄河流域及偏北地区冬季风雪较大,应选用拱棚。棚子不宜过大,以长×宽×高为 30 m×6 m×3 m 为宜,可选用竹竿、水泥杆、复合水泥材料、钢架等,不同材质搭建成本差异较大,从 1000 元到几千元,其中,采用 2.5 cm 直径的轻钢管(镀锌管)搭建遮阴棚的菇农较多,钢材价格平均每亩约 2000 元,经济实惠,且搭建和拆卸方便。按照拱棚短端 6 m 的距离,标记好拱棚两边的起始插管位置,并按照同边两杆间距 4 m 的标准,标记出其余插管位置,用弯管机在弯管一端 2.7 m 处弯管 30°,将短端插入土中 30 cm,在标记好的对应位置插入相同弯管。两管在棚子顶端交汇,在交汇处用直径 2.5 cm 的套管套紧对接,整体呈"人"字形搭建。使用 6 针规格的遮光网将棚子整个盖住,棚子两边各预留 30 cm 的遮光网,用泥块压紧。在棚子上面每隔 10～15 cm 间距,用铁丝沿着弯管排列方向将遮光网压紧固定在棚子上,铁丝两端埋入棚子两边的土壤中。在畦面摆放扎好孔的出水袋,根据喷水面积确定安装密度。

八、场地处理

选择好栽培场地后,首先进行土地清理工作,将田间杂草和农作物秸秆等废弃物清理干净;然后翻土晾晒,农田和水稻田按照每亩生石灰 50～75 kg 或者草木灰 200～250 kg 的用量施撒并翻土晾晒,林地或长时间未耕作的耕地按照每亩生石灰 75～100 kg 的用量施撒并翻土晾晒,用以调节 pH 和杀灭土壤中的杂菌和害虫;晾晒 1～2 d 后进行深耕,耕作深度为

25 ~ 30 cm,然后将田土耙细耙平。最后,按照 0.8 ~ 1.2 m 的畦面进行开沟,沟宽 0.3 ~ 0.4 m,深 0.10 ~ 0.15 m,以便排水和行人。

场地处理

九、栽培方法

不同的栽培技术,菌种使用量略有不同,通常以每亩 150 kg 左右菌种为宜。将菌种剥除袋子后,捏碎为直径 1.0 ~ 1.5 cm 大小的菌种块;大规模生产时,可使用菌袋粉碎机进行破袋,平均每小时可粉碎 3000 ~ 6000 包菌种。粉碎的菌种用 1% ~ 5% 的磷酸二氢钾溶液拌料,预湿至含水量为 65% ~ 75%。将预湿的菌种撒播于畦面上,再用钉耙从畦面两边向畦面中部耙土,确保 70% ~ 80% 的菌种被土覆盖,播种结束后给地面喷水,使土壤含

羊肚菌栽培

水量在 60% ~ 65% 之间。播种后 1 周左右,菌丝将长满畦面,形成"菌霜";播种 15 ~ 20 d 后,进行营养添加,即补料处理。在营养袋较大一面打孔或将营养袋切成"工"字形开口,按照每亩 1800 个的使用量,将其以"品"字形紧扣放在已经长满菌丝的畦面上,便于羊肚菌菌丝直接接触营养袋中的培养料,慢慢长进袋内,吸收并转化袋内营养成分。待袋内营养被吸

收完后,菌丝重新回到土壤内。此时,气温逐渐回升,土壤中的菌丝开始萌动,移走营养袋,以防止跳虫等害虫的滋生。撤袋之后,进行大水操作,浇至地面完全湿透,保持土壤含水量在 35% 以上,必要时根据实际情况可大水浇透 2 ~ 3 次。羊肚菌出菇前,常有林地盘菌、泡质盘菌等伴生。这些盘菌被称为"粪碗",可以作为羊肚菌出菇的"标志物",但过多的"粪碗"会和羊肚菌争夺营养,要及时摘除。

除去营养袋后的 1 周左右,羊肚菌原基形成,此时羊肚菌最为幼嫩。0 ℃ 以下低温会对原基造成严重的冻伤,形成不可逆的伤害,甚至使原基萎蔫死亡。目前抵御低温的常用办法就是加盖黑色塑料薄膜或进行内部小拱棚搭建,使棚内增温,起到一定的抗寒效果。原基发育后期小菇形成,此时注意保持空气相对湿度在 85% ~ 95% 之间,同时避免温度骤升骤降;1.5 ~ 3.0 cm 的小菇形成之后不能再浸水,降低土壤含水量在 30% 以下,如遇雨天沟里出现积水,需要做好排水措施。提高棚内温度,加快小菇到成菇的生长发育。小菇发育至成菇后期生长迅速,保持低温 12 ~ 16 ℃,增加土壤含水量至 35%,保持空气相对湿度为 80% ~ 90%,同时增加棚内空气流通速度,促进羊肚菌的快速生长发育。在子实体成熟阶段,降低空气相对湿度在 70% ~ 85% 之间,降低土壤含水量,增加空气流通速度,并对成熟的子实体进行及时采摘,避免过熟,菇肉变薄,影响品质。

十、栽培管理

在羊肚菌营养生长阶段,做好保育工作对后期的生殖生长至关重要。菌丝的健壮生长离不开合适的温度、水分和营养供给。因此,栽培管理的关键是对不同栽培阶段的温度、水分和营养的控制。

在温度方面,菌丝体最适生长温度为 13 ~ 20 ℃,在此范围内温度越高,菌丝生长速度越快;超过 25 ℃ 之后,菌丝长速过快,营养供给满足不了菌丝生长的需求,表现为菌丝纤细无力;温度低于 10 ℃ 虽然也可以生长,但速度明显降低,不利于生产。原基形成和子实体分化的地温在 8 ~ 18 ℃ 之间,子实体快速生长的空气温度在 15 ~ 20 ℃ 之间。10 ℃ 左右的昼夜温差有助于羊肚菌生殖生长发生。

在湿度方面,播种环节的土壤含水量控制在 35% 左右;菌丝生长阶段土壤含水量以 60% 最为适宜;原基发育阶段,先经大水浇透,之后保持土壤含水量在 35% 以上;子实体发育阶段需要消耗大量氧气,要加强通风,同时适当降低土壤含水量,在 28% ~ 35% 之间为宜,期间还要注意抗旱防涝,保持最适宜该阶段生长发育的湿度范围。

十一、采收加工

从出菇到采收需要 7 d 左右。采摘时,用锋利的小剪刀在子实体菌柄近地面处,沿地平面水平方向剪下,将附着于菇柄下面的泥土或杂物削掉,干净菇置于篮子内。如遇下雨天,则不能采收。采摘时保持双手洁净,避免污物沾染子实体或菌柄,影响后期的商品性状。采摘后,除及时鲜售的产品外,可将羊肚菌放在通风良好的地方 2～3 d 以风干;或在太阳下晒 1～2 d,晒干后密封好。目前,我国羊肚菌产品主要以初级加工为主,干制品次之,精深加工产品(如药品)等很少;国际市场则主要依据羊肚菌的鲜味开发相关调味品、速溶汤品等。

十二、分级与包装

1. 新鲜羊肚菌分级标准

羊肚菌鲜品的分级标准以子实体大小是否均匀、菌肉厚薄程度及其弹性、含水量大小、颜色和泥角杂质等为准。市场对羊肚菌的颜色普遍偏好黑色,所以颜色(黑)、菌形(锥形)和含水量[1∶(7～10)]构成了羊肚菌品质等级最重要的 3 个因素。

一级:圆锥形或长锥形,菌形饱满;菌肉厚实,富有弹性;菌香浓郁;大小均匀;菌盖长度 3～6 cm,颜色黑色;菌柄长度 2～5 cm,无杂质、无虫蛀、无霉变、无残缺腐烂。

二级:圆锥形或长锥形,菌形饱满;菌肉较厚实;菌香浓郁;大小均匀;菌盖长度 2～8 cm,颜色黑色或灰黑色;菌柄长度 2～5 cm,无杂质、无虫蛀、无霉变、无残缺腐烂。

出口:圆锥形或长锥形,菌形饱满;菌肉厚实;菇香浓郁;大小均匀;菌盖长度 3～8 cm,颜色黑色或灰黑色;菌柄 1～2 cm,无杂质、无虫蛀、无霉变、无残缺腐烂。

级外:圆形、圆柱形或畸形;菌肉薄;有羊肚菌清香,香味淡;菌盖长度大于 8 cm 或小于 2 cm,颜色无要求;菌柄长度无要求,杂质小于 3% ,无霉变。

2. 干制羊肚菌分级标准

羊肚菌的干货分级标准主要以子实体的颜色(黑)、形状(锥形或饱满)和肉质(厚或薄)为基础,各级之间又分菌盖 3 cm 以下、3.0～4.5 cm、4.5～6.0 cm 和 6.0 cm 以上各种规格。干货消费主要以菌盖为主,故干货的等级标准以全剪脚(出口时留 1～2 cm 菌柄的剪脚处理)为准。

一级:圆锥形或长锥形,菌形饱满;菌肉厚;菌香浓郁;大小均匀;菌盖长度 3～7 cm,颜色黑色或灰黑色;全剪脚;干湿比为 1∶(7～9);含水量小于 13% ;杂质小于 0.1% ,无虫蛀、无霉变、无残缺。

二级:圆锥形或长锥形,菌形饱满;菌肉较厚;菌香浓郁;大小均匀;菌盖长度 3～7 cm,颜色黑色或灰黑色;全剪脚;干湿比为 1∶(9～12);含水量小于 13% ;杂质小于 0.5% ,无虫蛀、无霉变、无残缺。

出口:圆锥形或长锥形,菌形饱满;菌肉厚;菌香浓郁;大小均匀;菌盖长度 3～5 cm,颜色黑色或灰黑色;剪脚 1～2 cm;干湿比为 1∶(7～10);含水量小于 13% ;杂质小于 0.1% ,无虫蛀、无霉变、无残缺。

级外:瘪状或片状,畸形;菌肉厚薄无要求;有羊肚菌清香;菌盖长度大于 7 cm 或小于 2 cm,颜色浅黄色或灰黄色;菌柄剪脚或不剪脚;干湿比在 1∶10 以上;杂质小于 0.5% ,无霉变。

<h2 style="text-align:center">第四节　冬　荪</h2>

一、历史、现状及前景

冬荪,学名白鬼笔,又名竹下菌、竹菌等,为鬼笔科鬼笔属,属于一种中低温型真菌。野生资源常见分布在乌蒙高原山区,主要以贵州省毕节市大方县分布最广。20 世纪 90 年代初步实现了人工栽培,大方县部分农户通过采集野生资源进行制种、栽培、销售,但当时人们对冬荪的认知度不够,价格较低,导致农户的种植积极性不高。

2013 年,随着外省商贩大量收购冬荪,而且单价均在 700 元/kg 以上,大方县农户种植积极性不断提升。目前在毕节市大方县、纳雍县、百里杜鹃管理区等地已形成一定规模的种植,有制种厂十几家,种植户已达 1000 余人,并辐射至多个县(市、区)。

随着人们对冬荪的认知度和对食疗养生的重视度不断提高,加上人们生活水平不断提高,科技人员参与研发,政府宣传力度不断增大,冬荪的市场将迎来又一个春天,预计 3 年内冬荪市场可以发展成为一个健康大产业,成为贵州省继竹荪之后拥有地方特色的新资源、新品种。

冬　荪

二、营养成分及价值

冬荪属于珍稀食药用菌,食用部位主要为菌柄与菌盖。据检测,100 g 冬荪中含有蛋白质 13.6 g,多糖含量 9.64%,可提供能量 1319 kJ,还含有钙、磷、镁、锌、硒、钾、铁等人体所必需的元素,味道鲜美,口感松脆,有着极高的营养价值。在民间,冬荪的菌柄、菌托和子实体入药,味甘、淡,性温,有活血止痛,祛风除湿的功效。冬荪还可抑制腐败菌生长,可作为食品的短期防腐剂,效果极佳。

冬　荪

三、生物学特性

1.孢　子

孢子长椭圆形至椭圆形,(2.8~4.5 μm)×(1.6~2.2 μm),孢子体覆盖在菌盖网格内表面,青褐色,黏稠,有草药样浓郁清香气。

2.菌　丝

冬荪菌丝体(营养体)洁白,具分枝,早期分枝多而细,当菌丝生长到一定程度,有菌索出现,并扭集形成米粒大小冬荪原基。

3.子实体

原基吸收积累营养形成冬荪菌蕾。菌蕾由子实体雏形、菌盖、孢子层、包被组成,较大,球形至卵圆形,地上生或半埋土生,直径 5~12 cm,灰白色,基部有白色菌索连接。包被成熟时从顶部开裂形成菌托,长出子实体。子实体呈粗毛笔状,高 5~25 cm,直径 2~6 cm,由菌柄、菌盖、孢子层组成。菌柄白色,海绵状,中空,近圆筒形。菌盖钟状,高 2~4 cm,直径 2.0~3.5 cm,贴生于菌柄的顶部并在菌柄顶部相连,外表面有大而深的网格,成熟后顶平,有穿孔。

四、生长发育条件

1.营　养

冬荪为地生树木腐生真菌,以分解死亡的树根、树叶、草根等为营养源。野生环境多生于腐殖土中,在荫蔽的树林里,湿度较大,其土质为黑色壤土、黄泥土等。冬荪腐生生活,其菌丝能穿透许多微生物的拮抗线,能利用许多微生物不能利用的纤维素、木质素。因此,人工栽培时,可用木屑加竹叶、秸秆、麦麸及少量无机盐、直接碳源(如白糖)等,满足其营养需求。

2.温　度

冬荪是中低温型菌类。冬荪菌丝生长期温度以 18 ~ 24 ℃ 最为适宜,温度超过 32 ℃ 菌丝死亡,低于 10 ℃ 菌丝生长缓慢;子实体在 4 ~ 15 ℃ 之间均能出菇,以 9 ~ 11 ℃ 为最适宜出菇温度,温度过高则冬荪菌蕾难以破壳出菇。

3.湿　度

冬荪菌丝在 70% ~ 80% 土壤湿度下生长良好,子实体形成适宜在 80% ~ 85% 之间。土壤湿度过低时,会引起菌丝死亡;土壤湿度过高,通风透气性差,菌丝也会缺氧窒息死亡。菌蕾分化和子实体形成期都要求高湿环境,菌蕾分化发育相对空气湿度宜在 80% 以上,子实体形成要空气相对湿度在 85% 以上。

4.空　气

冬荪属好氧性真菌,无论是菌丝的生长还是子实体的形成,都需要充足的氧气。因此栽培时要选择疏松透气的土壤,不宜过厚,防止积水引起的涝害。

5.光　照

冬荪菌丝适宜在室内暗处培养,种植选地时适宜选择遮阴度(遮光率以 60% ~ 80% 最佳)较高的林地。子实体的形成则需要少许散射光,若选择空旷的熟地作为栽培用地,要做好相应的覆盖及遮阴配套措施,避免阳光直射。

6.pH

菌丝培养 pH 以 5.5 ~ 6.0 为宜。冬荪野生原产地多为微酸性土壤,所以冬荪的栽培选地土壤 pH 在 5 ~ 6 为宜。

五、场地选择

选择在海拔 1200 m 以上,土壤深、疏松,在山腰以下,通风良好,典型砂壤性土壤,空气相对湿度经常保持在 70% ~ 85%,遮阴度在 70% 以上的山林地,选地应稍有坡度,不易积水;也可选择熟地进行种植,需做好相应遮阴措施(通过搭建遮光网、套种高秆农作物等方式);不宜选用白蚁及其他虫

冬　荪

害活动频繁或其他农作物病害严重的地方。

六、时间安排

根据冬荪的生长习性,同时也为了降低种植成本,缩短周期,提高单位面积效益,便于管理,使冬荪栽培在可控范围内,一般选择秋季或春季进行栽培。

春栽:宜在每年3月中旬之前完成,此期间气温和地温逐渐升高,冬荪菌种爆发力强、生长快、菌丝长势强、生长速度快,栽培冬荪会获得较高的产量。同时,此期间种植的冬荪在当年10—11月即可集中盛产出菇。农历五

冬　荪

月至七月不宜种植冬荪,此期间气温较高,易出现高温导致的菌种烧包、菌丝烧死现象。

秋栽:选择在农历八月至十一月,此期间种植的冬荪在下种后,菌丝能够上柴,需到次年的8—9月才到集中出菇期,冬荪有足够的时间生长,栽培时用种量可以比春栽时少一点;冬季低温,病虫害可以得到一定的控制。缺点:管理时间段过长,增加管理成本;受自然气候因素影响较大。

七、制　种

(一)母种制种技术

1.所需设备材料

设备:超净工作台,手提式高压灭菌锅,电子秤,解剖刀,电磁炉,试管(18 mm × 180 mm)。

试剂:磷酸二氢钾,硫酸镁,葡萄糖,琼脂条,蛋白胨。

材料:冬荪蛋。

冬荪蛋

2. 培养基配制

母种培养基：马铃薯 200 g、葡萄糖 10 g、蔗糖 10 g、蛋白胨 2 g、磷酸二氢钾 1 g、硫酸镁 0.5 g、琼脂 20 g、水 1000 mL。

使用以上材料按照马铃薯培养基加富培养基的配方配制，然后置于高压灭菌锅中灭菌 30 min，摆放成斜面，制成试管斜面培养基。待冷却凝固后移入超净工作台备用。

3. 材料灭菌操作

使用 75% 的酒精将冬荪蛋表面擦洗干净，然后使用无菌水清洗 3~4 遍后放入超净工作台，将接种所需的工具一起放入，打开紫外灯灭菌 30 min。

4. 接种操作方法

操作前在超净工作台里使用酒精将手与所需工具进行消毒，点燃酒精灯，使用解剖刀将冬荪蛋对切成两半，用解剖刀切取 0.3 cm 的组织块，在酒精灯火焰口拔掉试管棉塞，将组织块放置在斜面培养基的中部，在火焰口塞紧试管棉塞即可。要求整个接种过程在无菌条件下进行。

5. 培养方法

将试管放置于 25 ℃ 的环境条件下培养，2 个月左右即可长满整支试管。

(二) 原种与栽培种制种技术

1. 所需材料

设备：接种箱，常压灭菌锅炉，拌料机，装袋机，台秤等。

材料：木屑，麦麸，白糖，石膏。

原种培养基配方:木屑78%、麦麸20%、石膏1%、硫酸镁1%。

在搅拌机中使用木屑作为主料,按麦麸20%,石膏与硫酸镁各占1%,水分60%的比例混合制成培养料。搅拌均匀后,使用食用菌装袋机装入14 cm×28 cm的透明栽培袋中,使用食用菌带棉套环封口即可。

2.灭菌操作

将袋装培养料置于常压灭菌锅中灭菌16～18 h。灭菌结束后,将培养料移入冷却室进行冷却。当培养料温度降至室温时,即可进行接种工作。

3.接种操作

将接种箱打扫干净,将灭菌冷却的原种和栽培种培养袋、母种试管、接种工具等放入接种箱,使用3 g一熏净药物对接种箱进行灭菌处理30 min。灭菌结束后进行接种工作,接种前需对工具、手套等进行消毒。1支母种试管一般转接2袋原种。使用接种钩将母种试管上的冬荪菌丝移入培养袋中,然后盖好原盖。要求所有操作在无菌条件下进行。

4.培养方法

将接种完成的培养料置于20～25 ℃的培养室中进行培养,70～90 d即可长满整袋。

5.栽培种的制种技术

栽培种即是原种的再扩大繁殖,1袋原种可接30袋栽培种,培养料配方、操作技术与原种的相同。

八、栽培方法

1.栽培方式

可以采用林下栽培或大田密集式栽培。

2.栽培材料

直径小于5 cm、长度6 cm左右的木材20 kg/m²,冬荪菌种4～6 kg/m²(冬栽4 kg/m²,春栽6 kg/m²),竹叶0.5 kg/m²,白糖0.15 kg/m²,麦麸1 kg/m²。

3.操作方法

(1)沟式栽培。挖深15～20 cm、宽30 cm、长度依地走势的坑,平整坑底,坑底松3～4 cm厚的松土(保水作用)。

(2)小窝式栽培法。挖深15～20 cm、宽30 cm、长60 cm的小坑,坑底平整,坑底松3～4 cm厚的松土;坑与坑之间间隔40 cm。

4.栽 种

从下到上分别为底材、菌种、竹叶、盖材,共4层。要求:底层材使用量少,一层恰好能遮住坑内泥土为宜。然后把菌种掰成直径4 cm左右大小的块状撒播在底层材上,菌种与菌种之间距离为3～4 cm,盖1层稀薄的竹叶,洒少许白糖。再在竹叶表面铺上6～8 cm厚的木材,尽量使坑内各个部位的木材厚度一致。覆土,厚度3 cm左右为宜。最后盖覆盖物,用松针、蕨类植物等透气透水物遮阴保湿,厚度以2 cm左右为宜。

九、栽培管理

①防范人畜践踏,以及蚂蚁、老鼠等动物的破坏。②不使用农药进行病虫害防治。③保水保湿,做好干旱、涝害防范工作。④菌丝即将出土时,应当随时观察,晴天翻动覆盖物,避免菌丝蔓延至覆盖物。⑤冬荪蛋形成时,应随时注意遮阴情况,勿让阳光直射冬荪蛋。

十、采收加工

冬荪种植5～10个月后即可采收,由于冬荪菌柄较脆、易断,所以选择晴天采收。采收时,连同菌托一起移出,取出菌柄与菌盖,菌托集中放置处理。最后用清水将菌盖上的附着物与菌柄冲洗干净,放入托盘,在烘箱中烘干。

十一、加工方法

使用电热烘干机先在45 ℃的温度下烘烤3～4 h,再使用38 ℃烘至全干。烘烤过程中需要注意控制排湿,要求在烘烤过程中空气相对湿度不得大于40％,避免在高温高湿条件下引起冬荪发黄、发黑现象。冬荪以菌柄粗壮、颜色洁白,菌盖灰白色,菌柄与菌盖完整为最佳产品。

十二、分级储存

烘干的干品冬荪按照各个品种,将形态完整、无折断的干品筛选出来,进行分级储存,用不透气的较厚的塑料袋盛装,置于阴凉干燥的仓库储存,一般要求仓库空气相对湿度低于30％,避免干品冬荪吸湿后发黄。

第五节　花脸香蘑

一、历史、现状及前景

　　花脸香蘑又名紫晶香蘑、紫花香蘑、花脸蘑、紫花脸、紫米汤菌、紫菌子、紫晶蘑等,属伞菌目白蘑科香蘑属,是一种野生名贵食用菌,富含多种营养成分、微量元素和生物活性物质,具有养血、益神、补五脏、抗衰老、抗癌等功效。花脸香蘑气味香浓,味道鲜美,口感滑润,色泽宜人,鲜食或干食口味俱佳,是一种具有很高经济开发价值的野生真菌。

　　在我国,花脸香蘑自然分布在贵州、新疆、西藏、甘肃、青海、内蒙古、四川、云南、山西、河北、黑龙江、河南、广西、海南和福建等省(区),分布广,产量低,非常珍贵。花脸香蘑的人工栽培目前还处于试验阶段,虽然偶尔有报道称成功进行了人工栽培,但是在全国范围内还没有规模化的生产和栽培,主要原因是其栽培周期很长,产量较低,生产成本较高,还难以实现规模化栽培。

花脸香蘑

二、营养成分及价值

　　花脸香蘑属于高蛋白、低脂肪保健营养食品。罗心毅等用自动氨基酸分析仪测定人工代料栽培的花脸香蘑子实体中的 18 种氨基酸,结果显示:花脸香蘑子实体干品中,蛋白质总含量为 43.03%,除低于双孢蘑菇以外,高于绝大多数食用菌;脂肪含量仅高于木耳而低于其他食用菌;18 种氨基酸含量为 24.37%,其中谷氨酸 4.79%、天门冬氨酸 2.46%、赖氨酸 1.6%、色氨酸 0.48%、蛋氨酸 0.43%,必需氨基酸含量占总氨基酸含量的 28%。花脸香蘑的蛋白质与脂肪的含量比例适中,氨基酸组成结构合理,是一种健康的绿色食品。

花脸香蘑

瑞典、意大利等国的学者从花脸香蘑菌株发酵分离出抗癌、抗菌的二菇类化合物。罗心毅等的研究表明,花脸香蘑子实体中含有丰富的抗氧化、增强免疫力、抗衰老的硒、锌、锗、铁等必需微量元素。花脸香蘑中不仅富含抗自由基、抗衰老、抗癌的微量元素,而且富集的有害金属元素较欧洲报道的 25 种野生蘑菇低。花脸香蘑的提取物对小白鼠肉瘤的抑制率为 90%,对艾氏瘤的抑制率为 100%,并能调节机体正常糖代谢,促进神经传导。据报道,花脸香蘑具有极强的抗癌活性,可抑制人体乳腺癌和肉瘤细胞菌株生长,能选择性地增强亚油酸对聚合酶活性的抑制作用。此外,它还具有抗炎、免疫抑制和促进血小板凝聚以及抗流感病毒等作用。由此可见,花脸香蘑在药物开发上有很大的应用前景。

三、生物学特性

1. 孢　子

担子呈棒状,顶部着生 4 个担孢子,孢子印带粉红色。孢子无色,表面具麻点至粗糙,椭圆形或近卵圆形。

2. 菌　丝

花脸香蘑菌丝有隔,双核菌丝体具有锁状联合。在马铃薯松针培养基中,前期菌丝粗壮,有分枝,菌丝束、菌索多,后期菌丝体紫色更深,在

花脸香蘑

一定的管理条件下,在富氮培养基中长势旺盛,菌丝体和子实体的颜色更加艳丽。

3.子实体

子实体较小。菌盖直径 3.0 ~ 7.5 cm,扁半球形至平展,中部稍下凹,薄,湿润时水浸状,紫色,边缘内卷具不明显条纹,常呈波状或瓣状。菌肉带淡紫色,薄。菌褶淡蓝紫色,直生或弯生,稍稀,不等长。菌柄长 3.0 ~ 6.5 cm,粗 0.2 ~ 1.0 cm,同菌盖一色,常弯曲,内实。

四、生长发育条件

(一)营 养

最佳碳氮比为(20 ~ 40)∶1。

碳源:生长速度从大到小依次是可溶性淀粉、玉米粉、蔗糖、蜂蜜和葡萄糖,其中以可溶性淀粉为碳源时菌丝生长最快且长势浓密。

氮源:生长速度从大到小依次是蛋白胨、甘氨酸、硝酸铵和尿素,其中以蛋白胨为氮源时菌丝生长最快且长势浓密。

1.母种培养基

培养基:①马铃薯培养基。②麸皮 30 g(取汁)、蔗糖 20 g、蛋白胨 2 g、琼脂 21 g、硫酸镁 0.5 g、水 1000 mL,pH 自然。

按常规方法制备母种,即先将马铃薯去皮,取汁或将麸皮取汁,按比例加入各种成分,然后分装封口、灭菌、摆斜面,再接入菌种。一般在黑暗条件下 25 ~ 28 ℃,培养 15 ~ 20 d,花脸香蘑菌丝长满培养基斜面。

2.原种培养基

配方一:木屑 40%、麦粒 33%、棉籽壳 15%、玉米芯 10%、石灰 1%、轻质碳酸钙 1%。

配方二:木屑 40%、草粉 31%、麦麸 15%、玉米芯 10%、石灰 2%、轻质碳酸钙 1%、白砂糖 1%、含水量 65%。

3.栽培种培养基

配方一:木屑 40%、草粉 31%、棉籽壳 15%、玉米芯 10%、石灰 3%、轻质碳酸钙 1%。

配方二:草粉 50%、牛粪 30%、棉籽壳 16%、石灰 3%、轻质碳酸钙 1%。

(二)温 度

花脸香蘑属中温型菌类。菌丝生长温度为 0 ~ 35 ℃,其生长速度随温度升高先升高而后降低;25 ℃时,菌丝生长速度最快(4.51 mm/d),且菌丝健壮浓密。子实体发育温度为 16 ~ 30 ℃,最适温度为 20 ~ 26 ℃。温度低于 15 ℃和高于 32 ℃时,不易产生原基。在自然界中,野生花脸香蘑从年初的3月一直生长到次年的1月,生长周期很长。

(三)湿 度

花脸香蘑是喜湿性菌类,适宜菌丝
生长的培养料含水量为60%～65%,
养菌阶段培养料含水量应保持在65%
左右,空气相对湿度以70%为宜,子实
体生长发育期适宜的空气相对湿度应
在90%～98%之间。

(四)光 照

菌丝生长阶段不需要光照,发菌期
间宜放在黑暗处,光线越强,菌丝长势

花脸香蘑

越弱。出菇期应有散射光,光线太暗或太强都不利于子实体色泽形成。在供试光照处理下,
菌丝均能生长。菌丝生长速度:黑纸处理>4层报纸处理>2层报纸处理>1层报纸处理>
散射光处理。其中,散射光下菌丝长势浓密,但生长极慢,而黑纸包裹处理的菌丝生长最快
且浓密。子实体生长阶段需要微弱的散射光,因此,花脸香蘑需要在遮阴棚内进行覆土
出菇。

(五)pH

在pH为4～12的培养基上,菌丝均能长且长势没有明显差异,而菌丝生长速度随pH
升高而先升高后降低,pH 6～7时菌丝生长速度最快。

五、场地选择

栽培场地应优选地势较高处,通风、排水良好,交通便利,水利电力设施到位,一般周边
300 m内不能有规模化养殖场,无垃圾场、污水和其他污染源等。

栽培场地要靠近水源,排水性好,土壤选择透气性好的,周边无大型养殖场。砂壤土最
好,但含砂量不得高于40%,黏性土壤要求疏松,疏水性能好,不容易板结。

六、时间安排

花脸香蘑菌种制备一般选择在2月,出菇时间控制在4—11月。

七、设施建设

需要建立遮阴大棚及其配套的浇灌设施为花脸香蘑遮光和增加湿度,设施的建立可以有效提高劳动效率,减少人力资源的投入,使得栽培环境更加符合花脸香蘑的生物学特性要求。平棚要按以下要求搭建:

(1)平棚的规格。棚面积一般以1亩为佳,棚以近四方形为宜,不易过大或过小,过小有效利用率低,过大不利于通风供氧。

(2)支杆的选择。支杆可选用粗竹竿、杉木杆或水泥杆,竹竿直径8~10 cm,杉木杆直径6~8 cm,长度2.5 m左右。

(3)拉铁丝格。按照4~6 m的间距在田间拉纵横线或画线,在纵横交汇处选用地钻进行钻洞,钻洞深度50 cm左右,插入支杆,夯实支杆四周的土壤使之稳固,确保支杆在地面的高度不少于2 m。在支杆的顶端拉纵横铁丝,每个支杆的上方均有纵、横2根铁丝经过,使整个支杆的上方呈网格状。

(4)覆盖遮光网。选用4~6针黑色遮光网搭建遮阴棚,将成卷的遮光网蒙在已经固定好的铁丝网格上,平展之后用缝包机将小块的遮光网拼接成一整块,棚子的四周遮光网下垂至地面,并用泥土压实,把整个棚子搭建成一个扁平封闭的大盒子,在适当的位置预留门洞,门洞口以6~8个为宜。

(5)固定遮阴棚。用铁丝或钢丝绳在遮光网的上面,按照前期纵横铁丝的走向和位置,进行遮光网的固定,遮光网上、下两道铁丝之间用细扎丝或绳子进行捆扎,捆扎交点处为佳。

(6)坠桩。适用于常有大风天气的地区,可用废旧的蛇皮袋装入泥块或石头,扎口后用绳子系在每个支杆的顶端,拉紧坠在支杆下方。

八、场地处理

选择好栽培地后,首先进行土地清理工作,将田间杂草和农作物秸秆等废弃物清理干净。其后,农田和水稻田按照每亩生石灰50~75 kg或者草木灰200~250 kg的剂量施撒,林地或长时间未耕作的耕地按照每亩生石灰75~100 kg的剂量施撒,用以调节pH和杀灭土壤中的杂菌、害虫。之后进行深耕,耕作深度为25~30 cm,在阳光下暴晒3 d。最后,按照0.8~1.5 m的畦面进行开沟,沟宽0.3~0.4 m,深0.2~0.3 m,以便排水和行人。

九、栽培方法

1. 生料床栽法

先按配方(稻草51%、牛粪粉30%、棉籽壳15%、石灰2%、轻质碳酸钙2%)称取培养料,在培养料进床上架前,提前1 d用4%的石灰水浸泡稻草6 h后捞起沥干,并将棉籽壳和牛粪粉预湿;第二天按比例加入轻质碳酸钙,把4种培养料拌匀,再移入菇房,均匀铺放在栽培床架上,并注意铺放紧实;最后进行播种和菌丝培养,待菌丝布满培养料时进行覆土出菇管理。

2. 发酵料床栽法

先按配方(稻草51%、牛粪粉30%、棉籽壳15%、石灰2%、轻质碳酸钙2%)称取培养料,然后预湿并混拌均匀建堆,发酵12~13 d,期间翻堆3次,再将发酵好的培养料移入栽培房的床架上铺放紧实,最后进行播种和菌丝培养。

3. 袋栽法

先按配方(稻草51%、牛粪粉30%、棉籽壳15%、石灰2%、轻质碳酸钙2%)称取培养料,然后将稻草切成长3~4 cm的段,再同牛粪粉、棉籽壳等其他辅料拌匀并提前1 d预湿;第二天将培养料含水量控制在65%左右,用17 cm×33 cm×0.05 cm规格的聚乙烯或聚丙烯袋装料,每袋装湿料800 g(折合干料350 g),再进行常规灭菌、接种、菌丝培养。

十、栽培管理

3种栽培方法均需覆土出菇,当菌丝长满整个料层时进行覆土。采集地面10 cm以下的田园土,要求土壤通气性好、不板结,覆土厚度2~3 cm。如果气温在25 ℃以上,则应推迟覆土,待气温降到25 ℃以下才可进行。

袋栽法采用袋内覆土出菇方式,覆土厚度为1~2 cm。生料床栽法与发酵料床栽法覆土厚度均为2~3 cm,投料量均为18 kg/m²,每平方米播种量均为750 mL菌种瓶2瓶。

覆土消毒有物理和化学两种方法。物理方法主要采用日光消毒:将覆土材料置于强太阳光下暴晒2~3 d,通过阳光中的紫外线来消毒覆土。

覆土后关闭门窗,每天短时间通气1~2次(早、晚),促进菌丝向覆土生长,当菌丝伸入泥层1/2深度时,喷定位水通大风,促使菌丝扭结。覆土后10 d左右可见花脸香蘑原基,再经7~8 d子实体逐步发生并长大。棚内空间相对湿度保持在90%~95%,同时注意通风。代料栽培花脸香蘑的产量因培养料的不同而有较大的差异,一般每平方米产0.5~1.5 kg。

十一、采 收

要在花脸香蘑生长到 5 cm 左右,菌盖没有完全打开以前采收。采收前 1 d 不能喷水,此类鲜菇品相好,可存放 3 d 以上。采收时用手轻握住菌柄旋转即可取下花脸香蘑,要避免菌柄遗留在土地里带来二次污染,采下的菇体要尽快取泥切脚,装入透气的塑料盒中,进行鲜售。

第六节 黑皮鸡枞

一、历史、现状及前景

黑皮鸡枞又称水鸡枞、草鸡枞、长根小奥德蘑、大毛草菌、长根金钱菌、露水鸡等,属担子菌亚门层菌纲伞菌目白蘑科小奥德蘑属。它是长根菇的一种,商品名为"黑皮鸡枞"。黑皮鸡枞是食用菌中的上品,肉质细嫩、柄脆可口,富含蛋白质、氨基酸、脂肪、碳水化合物、维生素和微量元素,食用价值高;同时也具有很高的药用价值。

经过众多科技人员多年潜心研究和十几年的努力发展,黑皮鸡枞的种植技术已经相对成熟,并正向快速规模化种植方向发展。

二、营养成分及价值

黑皮鸡枞

黑皮鸡枞能健脾和胃,富含钙、磷、铁、蛋白质等多种营养成分,适合体弱者、老年人食用。而且黑皮鸡枞含磷量高,可补充人体所需的磷。长期食用还能提高机体免疫力,抵制癌细胞。同时,黑皮鸡枞还有养血润燥功能,适合妇女食用。

黑皮鸡枞

三、生物学特性

黑皮鸡枞系土生木腐菌,要求培养料含水量68%,空气相对湿度85%~95%;适宜在中性或微酸性环境中生长;菌丝生长适宜温度为18~30 ℃,最佳温度为20~25 ℃;菌龄长,菌丝长满袋一般要30~45 d,再经30~45 d达到生理成熟。子实体分化和生长温度为15~28 ℃,最佳温度为20~25 ℃;要求空气新鲜,适度散射光。在塑料大棚培养一般出菇三茬,或待营养基本耗尽为止。冬季棚内或室内温度保证在20 ℃左右,同样出菇良好。南方与北方地理情况与气候情况不同,不能一概而论,要因时因地而定。

四、生长发育条件

1. 营 养

黑皮鸡枞对营养要求不苛刻,可以在木屑、棉籽壳、草粉、菜籽、豆类秸秆等多种原料上生长,一般种植香菇等的原料均可栽培黑皮鸡枞。

2. 温 度

黑皮鸡枞属中高温高湿土生木腐菌,菌丝生长适温为20~28 ℃,出菇适温同在一个温度范围内。

3. 湿 度

菌丝适宜的基质含水量为65%~70%。出菇则需要85%~95%的空气相对湿度。

4. 光 照

黑皮鸡枞出菇期喜暗弱光,100~200 lx为宜。

5. 通 风

要加强对二氧化碳浓度的控制,通风不良会使黑皮鸡枞菌柄细长,商品价值低,但通风会使湿度降低,要注意增加喷水量。

6. pH

菌丝生长的培养基质 pH 以 6.5~7.2 为好(自然)。

7. 覆 土

黑皮鸡枞是土生木腐菌,覆土可以发挥土壤微生物的活力,覆土后可使子实体生长量增多,生长更健壮,品质更上层。

五、场地选择

选场地应背北朝南,建造塑料大棚,大棚宽 6 m 或 8 m,长 30 m,高 4 m,棚内拱架上加盖遮光网,棚内配备喷水系统和通风口等;棚的四周要挖排水沟,沟底要低于种植面,以免积水;同时在棚沟之间撒石灰,以防止病虫害。

黑皮鸡枞

六、时间安排

黑皮鸡枞属中高温型品种,菌棒一般在适温下 60 d 达到生理成熟。可利用自然温度较高时节出菇,出菇时间在 4—11 月,管理适当每天采摘 1 次。黑皮鸡枞接种大都安排在冬初年末,优点如下:一是农活少,养菌温度适合,可大大降低污染率,来年提高单产;二是有条件的种植户可在冬季提高温度,在春节前后气温低的条件下出菇,价位高;三是随着季节的变暖,温湿气候(春季、夏季、秋季)更适于出菇。

七、场地处理

栽培前,要提前将土地翻晒、消毒灭菌,除去杂草和较大土块,平整,在大棚的四周喷药预防虫害。贵州省多为山地菇场,可在大棚外四周角落挖坑掩埋动物尸体、皮毛、糖,诱集蚁虫,若发现蚁虫,用开水烫死,达到环保灭虫的目的。

八、栽培方法

1. 菌棒配方

配方一:棉籽壳30%、麸皮20%、阔叶树木屑48%、磷酸二氢钾1%、碳酸钙1%、含水量68%。

配方二:木屑35%、玉米芯30%、麦麸20%、玉米粉10%、豆粕5%、含水量68%,预湿发酵半个月(调pH)。

配方三:棉籽壳35%、麦麸20%、玉米芯18%、木屑18%、玉米粉5%、豆粕3%、石膏1%、含水量68%。

2. 制　袋

(1)短袋法。先将原料预湿至含水量70%左右,然后把磷酸二氢钾或蔗糖溶于水中,原料不可堆放,摊开避免发酵。第二天,按照配方,再把预湿的原料加入磷酸二氢钾(或糖水)和碳酸钙混合搅拌均匀,把含水量调至68%。制袋时采用17 cm×33 cm聚乙烯塑料袋,袋高15 cm,干重为0.40~0.45 kg。料中间打1个洞,以利于接种时菌种块接入洞中,加快菌丝吃料,达到缩短培养期和减少污染的目的。此方法可直接用床架栽培。

(2)长袋法。采用上述短袋制袋的方法,长袋采用17 cm×45 cm聚乙烯塑料袋,袋高40 cm,干重为1.40~1.45 kg,两端接种,待菌丝长满后就应挖畦摆棒。

3. 挖畦摆棒

(1)畦长根据大棚的长度决定,一般长29 m、宽1 m、深30 cm。挖好畦后,向畦内四周和畦底喷洒多菌灵、高锰酸钾或石灰水上清液消毒。

(2)在畦内按"品"字形摆棒,菌棒间隔3~5 cm。

(3)覆土厚度2 cm左右,再喷洒0.1%多菌灵液、高锰酸钾或石灰水上清液消毒。

黑皮鸡枞

4.短袋栽培法

把生理成熟的菌袋袋口拆开,挖出老菌种块,将菌袋边缘拆成比料面高 3～4 cm,再把处理好的土壤调成含水量65%左右的湿土,覆盖在黑皮鸡枞菌袋料面,厚 1～2 cm。在靠近料面的塑料袋不同侧面割 2～3 个渗水口,以防积水于袋内。开好的菌袋排放于层架上,袋与袋之间最好间隔 2 cm。在催原基期,为保持覆土的湿度,应勤喷水、喷轻水,以防泥土太湿或结块。在温度适宜时,约 1 d 就可现原基。在子实体生长期间,喷水应掌握"一干一湿",喷水还可以喷雾化水为主,以免泥土溅到子实体上影响商品价值。

短袋栽培法

5.长袋栽培法

菌棒在室温 22～28 ℃下培养60 d 左右,生理成熟的标志是料面的气生菌丝转成褐色,在开袋时挖除老菌种块。开袋前,应先将透气性良好的土壤晒干晒透成堆备用,用塑料薄膜盖好,四周压实,在堆的一侧放 1 个盆,加高锰酸钾与福尔马林发烟熏蒸 24 h。然后打开塑料布,将土摊开,消除气味。准备工作做好后,把已生理成熟的黑皮鸡枞菌袋脱袋,按"品"字形摆在挖好的畦中,再均匀覆盖 2 cm 处理好的土壤,一次性浇透大水,15～20 d 就可现蕾出菇。气温在 25 ℃左右时出菇快且质量好。

九、出菇管理

黑皮鸡枞属于中高温型品种,温度控制在 25 ℃左右为最佳出菇温度,在此期间要注意通风,排除二氧化碳,使子实体苗壮生长。二氧化碳浓度过高,易使黑皮鸡枞子实体菌柄细长,商品价值降低。通风与保温、保湿是一对矛盾体,要注意通风次数与时间安排,确保温度、湿度适宜。

十、采　收

黑皮鸡枞子实体菌盖长到尖顶即已达到采摘标准,可用右手的拇指与中指捏住菌柄,往上旋拧提拔,根对根放入筐内,然后集中削根分级,以达到销售标准。一般每天采摘 1 次,采大留小,采摘下的黑皮鸡枞子实体不能随意放进筐内,否则子实体根部上带的泥土不好清理,影响商品价格。

第七节　黑木耳

一、历史、现状及前景

黑木耳 *Auricularia auricula* Underwood,又名光木耳、细木耳、黑耳子、云耳等。在菌物分类学上,黑木耳属于真菌门层菌纲有隔担子菌亚纲木耳目木耳科木耳属。该属全世界有 20 多种,我国已知可食的种类有十几种。栽培较广的有黑木耳、毛木耳(包括黄背木耳、白背木耳、紫木耳等)、大光木耳、皱木耳、毡盖木耳、角质木耳、盾形木耳等。这几种木耳中,唯有黑木耳质地最肥嫩,味道最鲜美,素有"山珍"之称。野生黑木耳在全世界有 15 ~ 20 个品种,其适应性很强,广泛分布于温带和亚热带的许多山区。我国大部分地区气候温和,雨量充沛,是世界上黑木耳的主要产区。野生黑木耳在我国的自然分布很广,遍及我国的 20 多个省(区、市),北自黑龙江省、吉林省,南到贵州省、云南省,西起陕西省、甘肃省,东至福建省、台湾省的广大区域,均有野生黑木耳生长。贵州省野生黑木耳分布广,笔者 2010 年 7 月在小七孔采到,2017 年 6—8 月在贵州省农业科学院干枯的构树上发现大量黑木耳。

我国既是世界上最早食用黑木耳的国家,也是人工栽培黑木耳最早的国家。黑木耳的人工栽培在 1400 多年前起源于我国,是世界上人工栽培的第一个食用菌品种。由于我国耳林资源有限,利用传统段木栽培黑木耳的方法,不但要消耗大量的林木资源,且产量也不是太高,因此我国黑木耳生产的发展受到很大限制。为此,我国科技工作者在20世纪70年代成功研究出代料栽培黑木耳的新技术,即利用阔叶树木屑、棉籽壳、各类作物秸秆、玉米芯、甘蔗渣等农林业副产品下脚料作为主料,再适量添加麦麸、米糠、酒糟、石膏粉等辅料,代替树木作为栽培黑木耳的原料。这种生产黑木耳的新方法一经推出,很快就得到了推广和普及。随后,广大科技人员和耳农在原有的生产基础上不断创新,又发现了许多优质高产的栽培模式,为高质、高效、低成本生产黑木耳拓宽了新的途径。经过多年的发展,黑木耳的栽培范围现已扩大到全国各地,几乎每个省(区、市)都有黑木耳栽培,主产区为黑龙江省、吉林省、辽宁省、湖北省、河南省等地。这其中,包括主产区在内的大多数地区,都是以代料栽培为主。目前,我国代料栽培黑木耳的年总产量已经占到全国黑木耳年总产量的80%以上。世界上生产黑木耳的国家不多,主要分布在亚洲地区,如中国、日本、菲律宾和泰国等,但以中国的产量最高。作为黑木耳生产大国,多年来,无论是野生黑木耳的年产量,还是人工栽培黑木耳的年产量,我国均居世界首位。现在,我国黑木耳鲜品的年产量已达300多万t(折合黑木耳干品30多万t),占世界黑木耳年总产量的96%以上。全国黑木耳最重要的主产地是东北地区,其中黑龙江省的年产量就已经占到全国黑木耳年产量的50%左右。我国生产的黑木耳质量优良,产品除在各省(区、市)及港澳台销售外,还远销日本、韩国及东南亚、欧美等众多国家和地区,占世界黑木耳贸易总量的2/3以上,在国际市场上享有很高的声誉。

黑木耳

发展黑木耳生产的优势有两点:其一,原料来源广,栽培成本低。黑木耳虽然可用段木栽培,但以代料栽培为主。代料栽培可广泛利用各种农林业副产品下脚料,如木屑、棉籽壳、玉米芯、稻草、甘蔗渣、酒糟等,具有原料来源广、成本低廉等优点,在变废为宝、转化增值的同时,又可改善生态环境。在森林资源丰富的山区等地,也可以采用"伐栽并举"的原则,适度利用当地的林木资源进行黑木耳的段木栽培。其二,生产周期短,技术易掌握。黑木耳的生产周期较短,无论是代料栽培还是段木栽培,从接种到开始采收第一潮耳,只需2~6个月(代料栽培的出耳时间要快于段木栽培)。代料栽培黑木耳,若采取短周期生产,1个生产周期通常 2~4 个月,最多也就 5 个月左右;若采取长周期生产,1 个生产周期也就 6 个月左右;而且稍加科学管理,农户均可以进行常年连续生产。段木栽培黑木耳,1 次种植可连采 2~3 年。无论是何种栽培方式,其投入产出比均较高,一般可达 1:(3~5),即投资 1 元,可收入 3~5 元(虽然段木栽培黑木耳的产量低于代料栽培,但段木栽培黑木耳售价是代料栽培黑木耳售价的数倍,所以段木栽培的纯收益与代料栽培差不多)。此外,黑木耳的栽培技术简易,若认真学习,很容易上手。

二、营养成分及价值

黑木耳质地细嫩、脆滑爽口,是一种营养丰富、食药兼用的优质食用菌。据中国医学科学院测定,每 100 g 干黑木耳约含有水分 11 g、蛋白质 10.6 g、脂肪 0.2 g、碳水化合物 65 g、粗纤维 7 g、灰分 5.8 g;此外,还含有维生素 B_1 等多种维生素。黑木耳中蛋白质的含量相当于同等重量的肉类,且其蛋白质中含有 18 种氨基酸,其中人体 8 种必需氨基酸全部具备。黑木耳灰分的含量是米面和蔬菜的 4~10 倍,在每 100 g 灰分中,包括钙质 375 mg、磷质 201 mg、铁 180 mg。其中,铁的含量在食用菌家族中名列前茅,比干银耳高 6 倍,比动物食品中含铁量最高的猪肝高近 7 倍,比蔬菜中含铁量最高的芹菜高 20 倍,比肉类高 100 多倍,为各类食品含铁之冠。钙的含量也很高,是肉类的 30~70 倍。磷的含量是番茄、马铃薯的 4~7 倍。所含维生素 B_2 是一般米面和大白菜的 10 倍,比肉类高 3~5 倍。黑木耳的药用价值也很高,在我国入食、入药的历史十分悠久,已有 2000 多年。早在汉代的《神农本草经》中就谓其可"益气不饥,轻身强体",之后的《本草纲目》也从不同的角度论述了黑木耳的食疗作用。传统医学认为,黑木耳味甘,性平,具有益气润肺、补脑强志、轻身和血、镇静止痛、润燥通便、美容护肤等作用。

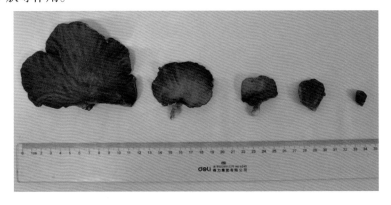

黑木耳

三、生物学特性

1. 孢　子

黑木耳的自然繁殖主要依靠其担孢子来传播。在温度、光线、水分适宜的情况下,成熟的黑木耳子实体可产生大量的担孢子。单个的担孢子须在显微镜下才能看到,无色透明;担孢子多时,则在子实体的腹面形成 1 层白色粉末状物质;待子实体干后,又像 1 层黏附在腹面的白霜。

2. 菌　丝

无色透明,由许多具横隔和分枝的管状菌丝组成。菌丝不爬壁,生长速度较慢,在适宜条件下,约 15 d 可长满斜面,后逐渐老化;在接种块附近先出现污黄色的斑块,随后在培养基内产生黑色素,使基质变成茶褐色。斜面菌种若久放,有时在培养基边缘或底部会出现胶质状、呈琥珀色的颗粒状原基。

3. 子实体

幼小时呈杯状,黑灰色,半透明,具胶质,富弹性;近六分成熟时呈耳形,故又称为"耳片";其基部狭细,近无柄,直径 3 ~ 12 cm,厚度 1 ~ 4 cm,干燥后收缩成硬而脆的角质,颜色加深。耳片有腹背之分,腹面(正面)一般下凹,黑褐色或深褐色,光滑或有脉络状皱纹,边缘略上卷;背面(反面)凸起,暗青灰色,多数光滑,有时生有少量柔软的细茸毛。子实层生在腹面,能产生大量的担孢子。黑木耳子实体的颜色除与品种有关外,还与其生长时外界光线的强弱有关,通常外界光线越强,黑木耳的颜色越黑。

四、生长发育条件

1. 营养源

黑木耳是一种典型的腐生菌,它生长发育所需的营养物质主要有碳源、氮源、无机盐及维生素四大类,而这些物质主要来源于成分较复杂的植物体,如阔叶树木、农作物秸秆、棉籽壳、玉米粉、麸皮、米糠、酱香型白酒糟等。黑木耳菌丝体能分泌出多种酶,通过酶分解纤维素、木质素及淀粉,使之成为黑木耳菌丝容易吸收的营养物质,此外黑木耳生长发育中还需要钙、磷、铁、钾、镁等微量元素及维生素,在栽培中应选用优质的原材料,使黑木耳生长有足够的营养物质,才能优质高产。

2. 温　度

黑木耳属于中温型菌类,对温度的适应范围较广。其孢子生长的适宜温度为 22 ~ 32 ℃,温度过低或过高都不利于孢子的形成和菌丝的萌发。菌丝体在 6 ~ 36 ℃ 都能进行生命活动,但以 24 ~ 28 ℃ 为最适生长温度。温度低于 6 ℃ 时,菌丝发育受到抑制;高于 28 ℃ 时,菌丝体的发育速度加快,但菌种容易发生衰老退化现象;温度在 36 ℃ 以上时,菌丝则容易死亡。黑木耳子实体在 10 ~ 32 ℃ 条件下都能生长发育,以 20 ~ 27 ℃ 为最适宜。在适温范围内,温度较低时,子实体生长发育较慢,但生长健壮,质量更好;温度越高,子实体生长发育越快,但片薄、色淡、质量差。如果遇到高温、高湿条件,则子实体易腐烂,常出现"流耳"现象。

3. 湿　度

水分是黑木耳生长发育的主要物质之一,但不同的生长发育阶段对水分要求不一。菌丝生长阶段要求基质的含水量为 58% ~ 65%,空气相对湿度低于 70%,子实体生长发育阶段要求空气相对湿度为 90% ~ 95%,低于 70% 时子实体将干缩。在黑木耳子实体生长发育过程中,对水分管理要求是"干干湿湿""干湿交替"。

4. 空　气

黑木耳是一种好氧性真菌,它在呼吸过程中吸入氧气,排出二氧化碳和热量,因此,不管是菌丝生长阶段还是出耳阶段都必须有足够的氧气,如空气不流通,二氧化碳含量过多,就会使菌丝的生长发育和子实体的形成受到影响。在耳棒制作培养过程中,基质不能太细,含水量不能过多,培养室必须具备良好的通风换气条件,在选择出耳场地时要求通风良好,以供给其生长发育所必需的足够氧气。

5. 光　照

黑木耳各个生长阶段对光照的要求不一,要求前期少、后期多。菌丝阶段不需要光照,在全黑暗的培养室中菌丝生长良好,强直射对菌丝生长有抑制使用,而耳芽(子实体原基)形成和生长发育过程中必须有光照,如果光照不足,原基难以形成,子实体生长发育会受影响,还会直接影响黑木耳的产量与质量。在阳光的照射下,黑木耳才会变得黑,没有阳光时,黑木耳要黄一些。

在对黑木耳实施光照管理时,并不是日夜不停地照射。一天 24 h 中只需在白天利用自然光等照射 10 ~ 16 h 即可(若栽培场地光线不足,可辅助适量的人工光照),夜里仍保持黑暗状态。

6. pH

黑木耳喜微酸性的环境,菌丝生长的最适 pH 为 5 ~ 6.5,过高或过低均不利于菌丝生长。段木栽培一般不考虑 pH,但应注意喷洒的水的 pH。在配制菌种培养基和代料栽培中,应注意灭菌后及菌丝生长过程中培养基(料)的 pH 变化。在培养基中加入适量的石膏粉(硫酸钙)、碳酸钙、石灰粉等对培养基(料)pH 进行调节。

五、场地选择

可利用蔬菜大棚、空闲场地、阳台、楼顶等场地,但要临近水源,通电、通风好,远离污染源。

六、时间安排

以当地气温稳定在 15 ~ 25 ℃时为最佳出耳期;倒退 40 ~ 60 d 为菌袋最佳接种期;倒退 70 ~ 90 d 为栽培种制作期。

耳棒制作季节以秋季为宜,一般海拔在 800 m 以上的山区可在 8 月上旬制作,海拔在 500 ~ 800 m 的场地 8 月中下旬制作,海拔在 500 m 以下的场地

黑木耳

8 月下旬至 9 月上旬制作,海拔在300 m 以下的场地 9 月上中旬制作。

七、设施建设

(1)发菌室。要求温度低时能提温,温度高时能降温,通风条件良好,环境卫生,近水源、近电源的室内或遮阴好的蔬菜大棚。

(2)出耳场地。要求地势平坦、通风良好,近水源、近电源、环境卫生的地块。

(3)生产设备。拌料机、装袋机各 1 台,高压灭菌锅(常压灭菌灶也可)1 台,接种箱 2 台,培养室 1 ~ 2 间(25 ~ 30 m²),培养架若干;每亩备出水口径 75 mm 水泵 1 台,定时控制器 1 个,喷水带 450 m。

八、场地处理

选通风良好,阳光充足,水源方便,无污染源,接近电源的田块或旱地耳场,整成龟背状畦床,畦宽 1.0 ~ 1.2 m,长度不限。畦沟 40 cm,既当排水沟,又当走道,在畦面上撒石灰粉,再覆盖干草或薄膜(扎孔)以利保湿,防止泥沙侵蚀耳筒,使耳片干净无杂质、无污染,干制后质量上乘。耳筒无须覆盖薄膜,不搭建遮阴棚,露天排场,在畦面上每隔 2 ~ 3 m 敲 1 个木桩,在木桩上捆铁丝,形成 3 ~ 4 条直线靠枕,用于排放耳棒。

九、栽培方法

依栽培原料可分为段木栽培法和代料栽培法。

1.段木栽培法

（1）栽培黑木耳的场地。选择海拔在 1000 m 以下的背风向阳，光照时间长，遮阴较少，比较温暖，昼夜温差小，湿度大，而且耳树资源丰富，靠近水源的地方为好。场地选好后要进行清理，首先把杂草、枯枝、烂叶清除干净，开好排水沟，并在地面上撒石灰进行灭菌杀虫。

段木栽培法

（2）耳树的选择和处理。栽培黑木耳的耳树种类很多，凡能栽培香菇的树种都可用来栽培黑木耳。主要选用壳斗科、桦木科等的树种，如麻栎、栓皮栎、槲栎、白栎、米槠、华氏栎、构树、枫杨、枫香、榆树、槐树、柳树、桑树、悬铃木、榕树等。砍树时期是从树木进入休眠之后到新芽萌发之前。树龄以 8～10 年生为宜，树径在 10～14 cm 为好。砍树后去梢、剃枝，锯截成长 1.0～1.2 m 的段木。锯好的段木可在两端涂上石灰浆，架晒在地势高、干燥、通风、向阳的地方，使它尽快脱水。每隔 10 d 左右翻动 1 次，促使段木干燥均匀。一般架晒 30～45 d，段木有七八成干，即可进行接种。如果段木有感染杂菌、害虫，可在接种前用茅草或树枝熏烧，以表皮变黑为度，既可清除病虫，又可增强树皮吸热、吸水性能，有利于黑木耳菌丝的生长。

（3）人工接种。人工接种是栽培黑木耳成败的关键工序。接种时间一般在气温稳定在 5 ℃以上，有利于黑木耳菌丝生长的时候。具体时间因各地气候条件不同而有差异，贵阳市在 2—3 月。适当提早接种，有利于早发菌、早出耳；同时，早期接种气温低，可减少杂菌、害虫的感染。接种前，先将段木表面清洗，再放阳光下晒 2～3 h 后备用。人工接种常用的菌种有木屑菌种、树枝菌种和楔形木块菌种。接种的密度应根据段木的粗细、木质的松紧而定:段木粗,木质紧密度可以大些;段木细,木质紧密度小。接木屑和树枝菌种的,要用电钻或直径 11 ~ 12 mm 的皮带冲打孔,穴深 1.5 cm,穴距 7 cm,行与行的穴交错成"品"字形或梅花形排列。木屑菌种要塞满穴,外加比接种穴直径大 2 mm 的树皮盖,盖平、盖紧,以防菌种干燥。接树枝菌种的,种木要与耳木平贴。打穴、接种等要连续作业,以保持接种穴、菌种和树皮盖原有的湿度,才有利于菌种的成活。采用楔形木块菌种的,要用接种斧或木工凿,在段

黑木耳段木栽培

木上砍凿 45°、2 cm 深的接种口,然后用小铁锤将楔形木块菌种打入接种口,锤紧、锤平。

(4)上堆发菌。接种后,为保持较高的温度、湿度和足够的空气,以促使菌种在耳木中早发菌、早定殖,提高成活率,必须将耳木上堆。其方法是将接种好的耳木排成"井"字形的架,分层堆叠成 1 m 高的小堆,堆内悬挂干、湿温度计,四周用薄膜覆盖严密,堆温控制在 22 ~ 28 ℃之间,空气相对湿度保持在 80% 左右,耳木之间要留 5 ~ 6 cm 的空隙以利良好通气。上堆后每隔 6 ~ 7 d 翻堆 1 次,调换耳木上下、左右、内外的位置,使温度、湿度一致,发菌均匀。如果耳木干燥,可适当喷水调节,待树皮稍干后,再覆盖塑料薄膜。遇气温高时,每隔 3 ~ 5 d 在中午揭膜通风换气 1 次,并结合喷水降温。一般经 3 ~ 4 次翻堆,黑木耳的菌丝长入耳木,即可散堆排场。

(5)散堆排场。散堆排场是上堆的继续,目的是使耳木接受地面潮气,接受阳光、雨露和新鲜空气,以利菌丝向耳木深处蔓延,并使其从菌丝生长阶段迅速转入子实体发育阶段。排场的场地要求向阳潮湿,并有适当遮蔽,排场时将耳木一根根平铺在有短草的地面上。如为泥土地,应先横放 1 根小木杆,然后将耳木一根根头着地排放于横杆上,每根耳木相距 5 cm。这样既有利于吸收地面潮气,接受阳光雨露和新鲜空气,促进耳芽生长,又可避免耳木全部贴地,造成过湿,闷坏菌种和被泥土溅污。排场阶段应该具有适宜的温度、良好的通风和"干湿交替"的环境条件,根据耳木干湿程度适当喷水。每 10 d 左右要将耳木翻动 1 次,并喷水调节湿度,经过 1 个多月时间,耳芽大量发生便可起架。

(6)起架管理。起架应选择雨后初晴的天气,将排场的耳木进行逐根检查,凡有一半耳芽长出的耳木即可拣出上架,用 4 根 1.5 m 长的木杆交叉绑成"X"形,上面架一根横木,然后把拣出的耳木交错斜靠在横木上,构成"人"字形的耳棚,角度为 30° ~ 45°,每根耳木留 4 ~ 7 cm 间距。管理上主要抓耳场的温度、湿度、光照和通风等条件的协调,特别要抓好水分管理,段木含水量保持在 70% 左右,空气相对湿度控制在 85% ~ 95% 之间。水分管理要有

促有控,促控结合,"干干湿湿""干湿交替"。喷水的时间、次数和水量应根据气候、耳木干湿和幼耳生长情况而灵活调控,一般晴天多喷,阴雨天少喷或不喷,气温高时每天早、晚喷。采用"干干湿湿"交替的方法进行喷水,有利于子实体的形成和长大。每次采耳后停止喷水 2 ~ 3 d,让耳木在阳光下晒一段时间,使其稍加干燥,菌丝恢复生长后,再行喷水以刺激下批耳芽的形成。

2.代料栽培法

黑木耳的代料栽培,就是利用含有木质素、纤维素较多的农业副产品作为培养基进行栽培的一种方法。与段木栽培相比,代料栽培具有可充分利用资源,节省木材,生产周期短,成本低,经济效益显著等特点,使黑木耳生物学效率为段木栽培的 5 ~ 10 倍甚至更多倍;产品质量在同样优良的前提下,其收获时间却只需段木栽培的 1/6;既适合农户家庭栽培又可进行规模化生产,是目前推广使用的方法。

培养料的配制:凡是含有碳源、氮源、无机盐和生长素而不含有害物质的各种工农业生产中的废料,都可以作为培养料。目前常用的代料有锯木屑、玉米芯、棉籽壳、玉米秆、稻草、薏苡秸秆、甘蔗渣、米糠、麦麸、酒糟等。

木屑配方:锯木屑 78%、麸皮(或米糠)20%、蔗糖 1%、石膏粉 1%、水适量。

玉米芯配方:玉米芯 73%、棉籽壳 20%、麸皮 5%、蔗糖 1%、石膏粉 1%、水适量。

棉籽壳配方:棉籽壳 93%、麸皮 5%、蔗糖 1%、石膏粉 1%、水适量。

稻草配方:稻草 66%、米糠 32%、过磷酸钙 1%、石膏粉 1%、水适量。

薏苡秸秆配方:薏苡秸秆 66%、米糠 32%、过磷酸钙 1%、石膏粉 1%、水适量。

棉籽壳木屑配方:棉籽壳 45%、木屑 40%、甘蔗渣 5%、蔗糖 1%、麸皮 8%、石膏粉 1%、水适量。

上述培养料的配方中如果缺麸皮,可以用米糠或者酱香型白酒糟代替。黑木耳在上述培养料中的生长情况也不一样,以棉籽壳、木屑、甘蔗渣培养料栽培黑木耳产量高,栽培者应根据当地的资源情况,因地制宜选用培养料。

培养料应选用新鲜干燥无霉变、无农药残留、无有害重金属的原料,木屑选用阔叶树种。玉米芯应先在日光下暴晒 1~2 d,再用粉碎机打碎成黄豆粒或玉米粒大小的颗粒。不要粉碎成糠状,以免影响培养料的通气性。

代料栽培一般采用瓶栽、袋栽和压块 3 种形式。其中以塑料袋栽培的产量最高,也是目前代料栽培木耳采用的主要方式。

按照上述配方,将培养料拌好,然后加水翻拌,使料的含水量为 65% 左右。料拌好后,用打孔装袋机装入 17 cm × 33 cm(根据装袋机选用袋子规格)菌袋装至适量,再将菌袋口反折于所打孔内,并压平整,塞上代用棉即可(生产香菇的农户可以用香菇袋及配方和设备生产黑木耳)。装好的菌袋在短时间里置于高压灭菌锅或常压灭菌锅内进行灭菌,高压在 0.15 MPa 下维持 90 min,或常压在 100 ℃维持 12 h,待压力下降后,取出冷却,袋温下降到

30 ℃时即可接种,接种后放入培养室培养。

十、栽培管理

1. 发菌管理

菌袋培养期间培养室应保持适宜的温度和湿度。接种后 7 d 内,培养室温度控制在 25～28 ℃,7～15 d 培养室温度降到 22～24 ℃。培养 30～45 d 菌丝长满培养料,可将培养室温度降至常温。整个培养期间培养空气相对湿度保持在 65% 左右,室内光线要控制得暗些。每天早、晚通风换气各 1 次,保证培养室内空气清新。同时,要注意防鼠、防虫,观察生长情况,及时剔除不合格耳棒。耳棒培养期间,若发现袋内有黄、红、绿、青等颜色的斑块即为杂菌,应及时清理。对污染严重的菌袋,特别是被橘红色链孢霉感染的,要立即隔离,在远处深埋或烧毁,以免蔓延和污染环境。经过 45～50 d 的培养菌丝满袋后,再适当培养 10～15 d,使菌丝充分吃料,集聚营养物质,提高抗污染能力,然后移入栽培场进行出耳管理。

2. 排场与出耳管理

选阴天或晴天傍晚,温度在 20 ℃以下时,将耳棒搬至出耳场,用打孔器打孔,打孔应根据出耳大小进行选择,用刀片划破塑料袋,把耳棒斜靠在铁丝上,每 2 棒间要留 5～10 cm 距离,以利于通风及受光。排场后的管理工作主要是水分管理、温度管理和病虫害防治,其中水分管理是露地栽培出耳管理中最为关键的技术环节。在黑木耳子实体生长发育过程中,对水分管理要求是"干干湿湿""干湿交替",因此要求备有微喷设备,采用人工喷水费工费时,喷水以塑料管微孔喷雾设施为佳;气温高时喷水应在早、晚进行,空气干燥时应增加喷水次数,气温低时可以在白天进行,喷水量根据气候变化而灵活调控,做到晴天(早、晚)多喷,阴天少喷,雨天不喷,以免影响木耳的质量,气温在 25 ℃以上时就应不喷或少喷水,采收前 2 d 停止喷水。温度管理一般是用自然温度,并没有保温要求,只是在气温高时,采取遮阴、通风等措施以降低温度,雨水多时应进行防雨。贵州省多为阴湿天气,防雨是我省黑木耳生产的重要措施。

3. 转潮管理

采收后 5 d 喷 1 次细水,使培养环境湿润,待新的耳芽形成后再继续喷水,耳片八九分成熟即可采摘。

十一、采收加工

当黑木耳长至八分成熟时(此时耳片充分展开,边缘变薄,耳根收缩,腹面略见白色孢子)采收。采收前 2～3 d 停止喷水,当耳片干缩时按照"采大留小"的原则采收,并去除残余的耳基。采完后 3~5 d 停止浇水,菌丝恢复后再喷水管理,促使继续出耳。一般情况下,一个菌袋可采摘 2~3 批,每批间隔 15 d 左右,头批产量高,后两批低。

采收后的黑木耳应晾晒在塑料纱窗网上,在日光下直接晒干,在晒干之前不要用手翻动子实体,以免影响产品质量。如遇到雨天要设法烘干,防止霉变。

十二、分级与包装

根据国家标准 GB/T 6192—2008 规定,黑木耳按质量指标可分为 3 级。

一级耳片:黑褐色,有光亮感,背面灰色;不允许有拳耳、薄耳、流失耳、虫蛀耳和霉烂耳等;耳片完整,不能通过直径 3 cm 的筛眼;含水量不能超过 14%;干湿比在 1∶13 以上;耳片厚度 1 mm 以上;杂质不能超过 0.3%。

二级耳片:黑褐色,背暗灰色;不允许有拳耳、薄耳、流失耳、虫蛀耳和霉烂耳等;耳片完整,不能通过直径 2 cm 的筛眼;含水量不超过 14%;干湿比在 1∶12 以上;耳片厚度在 0.7 mm 以上;杂质不能超过 0.5%。

三级耳片:多为黑褐色或浅棕色;拳耳不超过 1%;薄耳不超过 0.5%;不允许有流失耳、虫蛀耳和霉烂耳等;耳片小或呈碎片状,不能通过直径 1 cm 的筛眼;含水量不超过 14%;干湿比在 1∶12 以上;杂质不超过 1%。

分级后根据商品要求进行包装。

第八节 金 耳

一、历史、现状及前景

金耳 *Tremella aurantialba* Bandoni et Zang,又名脑耳、黄木耳、金黄银耳等,属担子菌亚门层菌纲银耳目银耳科银耳属,多分布于贵州、四川、福建等地。据报道,在挪威、法国也曾发现金耳。金耳形似人脑,其营养价值优于银耳和黑木耳等胶质菌类,含有丰富的脂肪、蛋白质、磷、硫、锰、铁、镁、钙、钾,生长于高山栎树。子实体半球形,鲜品表面橙黄色至橘红色,干品橙黄色至金黄色,干后收缩坚硬;子实体富含多糖,可药用。

金耳为我国著名食药用菌,早在 20 世纪 30 年代便已出口到新加坡、马来西亚等国家。唐代《新修本草》《千金翼方》等中记录的有"桑耳","其金色者,治癖饮"。据《中国药用真菌》记载,金耳性温中带寒,味甘,能化痰止咳,主治肺热、痰多、感冒咳嗽、高血压等。

野生金耳的产量很低,仅在部分地区有少量生长。20世纪80年代初,国内对金耳的栽培技术进行了研究,在实际生产中,伴生菌毛韧革菌生长很快,而金耳菌丝生长缓慢,接种时往往会只接到伴生菌,因此,合格菌种生产的关键是金耳人工栽培技术。由于孢子发芽形成的单一型菌丝体对基物中的营养物质粗纤维等的分解能力很弱,金耳菌丝体在基物内生长十分脆弱,必须借助于伴生菌毛韧革菌菌丝体生长发育。另外,受地理环境等因素影响,不同的栽培料配方也使金耳菌丝的生长速度及出耳率差异较大。

近年来,我国食用菌工作者刘正南等人率先完成了引种驯化、段木栽培和代料批量栽培,使金耳成为批量商品化生产的新品种。贵州省食用菌种类丰富,生长条件优越,金耳的人工栽培技术已逐步成熟,将会带来良好的经济效益。

二、营养成分及价值

金耳不但营养丰富,而且具有很高的药用保健价值。其子实体富含脂肪、蛋白质、多糖、纤维素,还含有磷、硫、锰、铁、镁、钙、钾、钠、锌、硒等微量元素;还含有对人体有益的维生素B_1、胡萝卜素、烟酸等,具有防止脂肪积累,提高肝脏解毒功能,抑制肿瘤细胞,提高机体抗衰老能力,降血脂等功能。

三、生物学特性

金耳的生长和发育离不开毛韧革菌,毛韧革菌一直伴随着金耳菌丝生长,并且还与金耳的菌丝共同发育为金耳子实体,因此,通过子实体组织分离得到的菌种也不是单一金耳菌丝,而是金耳和毛韧革菌两种菌体的混合体。金耳子实体散生或聚生,表面较平滑,渐渐长大至成熟初期,耳基部楔形,上部凹凸不平、扭曲、肥厚,形如脑状或不规则的裂瓣状,内部组织充实。成熟中期和后期,裂瓣有深有浅;中期,部分裂

金　耳

瓣充实,部分组织松软;后期,组织呈纤维状,甚至变成空壳。子实体的颜色呈鲜艳的橙色、金黄色甚至橘红色。

四、生长发育条件

1.营 养

金耳分解木质纤维素的能力极弱,只能利用单糖或较简单糖类碳源,而对木质纤维素的利用则依靠毛韧革菌菌丝的分解。在代料栽培的阔叶木屑中,加入一定量的麦麸、米糠、玉米粉和石膏等,有利于提高产量。

2.温 度

菌丝体生长适温为 23～25 ℃,子实体为 15～20 ℃。

3.湿 度

段木栽培含水量以 50%左右为宜,代料栽培的基质含水量以 55%～65% 为宜,子实体生长发育以空气相对湿度为 85%～95% 最适宜。子实体的抗旱能力较强,可给予一定的湿度差,做到"干干湿湿",可使子实体生长健壮,出耳率高。

4.光 照

菌丝生长不需太多光照,子实体形成必须有光诱导刺激。

5.通 风

子实体发育需要足够的通风,通风不良会使子实体色泽暗淡,适当的通风、充足的氧气才能使金耳形成橙黄色素和橙红色素。

6.pH

pH 5.8～7.0 时生长较好。

五、场地选择

要选环境清洁,地势平坦或缓坡,交通方便,靠近水源,用电便宜的地方。为防止积水,地势宜高,排水方便,且要坐北朝南,以利于保温。栽培场地选定后,去除土中石块和杂物,平整土地,配备喷水系统和通风口等;棚的四周要挖排水沟,沟底要低于种植面,以免积水;同时在棚沟之间撒石灰,以防止病虫害。

金 耳

六、时间安排

金耳栽培分春、秋两季:第一季安排在 9 月中旬至 12 月中旬,第二季安排在 2 月下旬至次年 5 月中旬。一般依据最佳出耳时间,播种后 30 d 进入出耳期。

七、设施建设

金耳专用耳房有 2 种,一是钢架大棚,二是房屋,即在大棚与房内搭建培养床架栽培或在地面直接栽培。同时,要求大棚遮阴,房内有散射光,能保温保湿,能通风换气。按照不同的栽培方式,对栽培场所用前消毒,达到清洁卫生标准,符合栽培环境要求。

1. 大　棚

先将场地平整,然后搭床架,床架层间距 50 cm,底层离地面 30 cm,顶层离大棚顶部80 cm,床架间过道宽 60 cm。

2. 房　屋

砖瓦耳房,室内环境相对稳定,产耳量高,便于管理,用砖砌,长 600 ~ 800 cm,宽 500 ~600 cm,房间面积以 30 ~ 50 m^2 为佳,房高 3 m,在墙上开 1 个门,门两侧离地面 50 cm 处开 4个地窗,在地窗上方 100 cm 处再开 4 个规格相同的窗户。然后搭建床架,消毒处理后即可用于栽培。

八、栽培方法

金耳栽培方式主要为代料栽培,其适应性较强,可利用木屑、玉米芯、麸皮等作为栽培材料。金耳栽培原料比较广泛,常用配方有以下 2 种,也可因地制宜就地取材。

配方一:阔叶树木屑 80%、麦麸 16%、玉米粉 2%、石膏粉 1%、蔗糖 1%。

配方二:玉米芯 60%、杂木屑 20%、麦麸 10%、玉米粉 8%、石膏粉 2%。

主要原料应提前用清水预湿,待干料拌好后再加入糖液等拌匀,含水量 65%,pH 6 ~ 7。培养菌丝阶段要采用控温控湿措施,调节金耳和毛韧革菌之间的关系,以使金耳菌丝旺盛生长,积累足够的养分,以利出耳。具体温度和湿度的调控为:接种后置于 23 ~ 25 ℃下培养至菌丝长至料深 3/4,然后降温至 15 ~ 20 ℃,抑制毛韧革菌的生长,刺激金耳子实体原基形成;原基形成后,进行"干干湿湿"管理,保证光照充足,以利子实体健壮、色泽鲜艳,成为优质产品。

九、栽培管理

金耳子实体为金黄色,耳房要有充足光线,大棚遮阴,栽培设置5~6层培养架,要注意通风,以利于吸收新鲜空气,窗户宜多,以便引进更多的光线,有利于子实体色素的形成。金耳菌丝满袋后表面开始形成白色菌丝扭结状,子实体原基出现时,就可进入出耳管理,具体分为以下几个阶段。

1. 原基形成期

接种后25 d左右进入子实体形成期,对氧气的需求急剧增加,及时撕开胶布,在菌袋上喷水保湿并遮光。长袋卧式横摆于培养架上,短袋和瓶栽的采取立放,无论直立或卧放,袋间距2 cm。该阶段白天温度控制在20~22 ℃,要有一定的温差刺激,昼夜温差应大于10 ℃。空气相对湿度在85%以上,要经常往墙壁和地上喷雾状水。菌袋内出现积水时要及时排出,以免引起感染而损害子实体原基。每次喷水时要打开门窗,保持室内空气对流,使室内空气新鲜。

2. 幼耳生长期

接种后30 d,幼耳2 cm时,在长耳穴周围用消毒过的刀片环割穴口,透气,把袋口薄膜拉动,增加袋内空间,加速菌丝新陈代谢,促进幼耳加快长大。一般在23 ℃适温和空气相对湿度85%的条件下,子实体迅速长至直径6 cm。

3. 子实体转色期

金耳只有金黄色或橙黄色,颜色转变与光照有很大关系,接种50 d后,每天上午喷水通风2~3 h,让菌袋接受一定的光照,避免强光直射。耳片大量伸展时,室温以22 ℃为宜,每天喷雾3次,忌喷大水,空气相对湿度90%。

4. 子实体成熟期

金耳从接种至采收一般需要53~60 d。当耳瓣形似脑状,呈金黄色,具有弹性,表面开始产生霜状担孢子,此时就要采收,若逾期采收,耳瓣将变薄,失去弹性,晒干后无光泽,影响品质。

十、采收加工

1. 采收时间

金耳应根据成熟程度、市场需求及时采收,子实体从现蕾到成熟需5~10 d,随温度不同而表现差异。在低温时生长速度缓慢,耳体肥厚,不易开伞;在高温时,表现为朵型小,易开伞。整个生长期以第二潮的产量最高,每潮耳相间15~25 d。

2. 采收标准

当子实体尚未破裂或刚破裂,金耳八分成熟时采摘,耳根此时开始收缩且根色变深,最迟应在菌盖内卷时采收;若等到成熟,转变成暗紫灰色或黑褐色,会发生流耳、烂耳现象,降低商品价值。不同成熟度的金耳,其品质、口感差异甚大。

3. 采收方法

金耳达到采收标准时,用拇指、食指和中指抓住耳体的下部,轻轻扭转一下,松动后再向上拔起。注意避免松动周围的小耳蕾。采过耳后,要及时清除留在菌床上的残耳,以免腐烂后招引虫害而危害健康的耳。

干制可参照木耳脱水法,采用人工机械脱水的方法。或者把鲜耳经杀青后,排放于竹筛上,于脱水机内脱水,使含水量保持在 11% ~ 13%。杀青后脱水干燥的金耳,香味浓、口感好,开伞耳采用此法加工,可提高质量。也可采用焙烤脱水,用 40 ℃ 文火烘烤至七八成干后再升温至 50 ~ 60 ℃,直至耳体足干,冷却后及时装入塑料食品袋,防止干耳回潮发霉而变质。

十一、分级与包装

烘干后将金耳分拣,除去小朵、开伞、烤焦的耳,将合格耳装入聚乙烯塑料食品袋。装满后封口,放进纸箱,填好标签,储存在洁净干爽的独立储藏室内。

第九节　姬松茸

一、历史、现状及前景

姬松茸,又名小松菇、巴西蘑菇,隶属真菌门层菌纲伞菌目蘑菇科蘑菇属,被当地人称为"神蘑菇""太阳的蘑菇",原因在于它只能生长在早晚温差大、湿度高的气候环境下,因此在姬松茸的原产地巴西,也只有一部分地区能够让它们生息。1965 年,日裔巴西人将其孢子菌种送给日本,经蕈菌工作者数年的试验性栽培,获得成功,十几年后开始进行商业性栽培,并按照日本人喜爱的松茸而命之以"姬松茸"的美名。

1992 年,福建省农业科学院引进菌种,进行试验研究,在本省一些地区栽培,并逐渐推广至华北、西南地区,其发展前景尤其是国际市场很被看好,有很高的推广价值。目前,仅在中

国、日本、巴西等少数国家实现了人工
栽培。我国主要分布在福建、浙江、贵
州、云南、黑龙江等省。利用大棚立体
种植姬松茸,有节省地,投资少,产量
高,效益好,管理容易,操作方便,保温
保湿能力强,调光通风好,工艺容易,种
植模式简单等特点。

姬松茸

姬松茸不仅是一种美味的食品,还
具有很高的药用价值,尤其是其抗癌活
性较高,对其抗癌作用的研究将依然是
一个热点课题。用它的子实体、菌丝
体、发酵液进行抗癌物质的提取并做成
各种剂型的抗癌药物,具有十分诱人的前景。目前,美国已有姬松茸子实体制成的干粉胶囊
面市,售价非常高。在日本、墨西哥等地,它已被医院用于癌症的治疗。它还作为保健品被
人们服用,在日本、美国、巴西等国有大量与姬松茸有关的保健食品,如从姬松茸子实体中提
取的多糖制成的胶囊和将子实体进行粉碎后制成的代茶冲泡饮料等,在国际市场销路都
很好。

我国对姬松茸的研究起步较晚,大多限于栽培条件探索等,主要用于食用或者出口。近
年来,我国一些学者也开始对姬松茸多糖的提取方法、液体发酵和生物活性进行初步研究,
并开发出口服液、颗粒剂等产品,但种类较少,其发展前景非常广阔。

二、营养成分及价值

1. 营养成分

姬松茸含有的营养成分有:蛋白质,维生素 B_1、维生素 B_2、维生素 B_3,以及矿物质(包含
硒、钙、铁、镁、钾),脂质(以不饱和脂肪酸为主,具有调节免疫力、降血糖功能),纤维质(以
几丁质为主)。新鲜子实体含水分85% ~87%;可食部分每100 g 干品中含粗蛋白40 ~
45 g、可溶性糖类38 ~45 g、粗纤维6 ~8 g、脂肪3 ~4 g、灰分5 ~7 g;蛋白质组成中包括18
种氨基酸,人体的8 种必需氨基酸齐全,还含有多种维生素和麦角甾醇。

2. 食用价值

姬松茸整菇可食用,具杏仁香味,口感脆嫩。菌盖嫩,菌柄脆,口感极好,味纯鲜香。含
有丰富的蛋白质、低脂肪,其维生素 B_2 等含量多,营养极其丰富,食用价值颇高。

姬松茸菜肴

3. 药用价值

姬松茸是一种自然生长在巴西圣保罗郊外山间的菌类,属名贵食用菌,具有良好的药用价值。它被视为一种强有力抵抗滤过性病毒的物质,能防止病毒和有害物体进入身体脆弱的组织,能促进免疫系统功能。

据报道,其多糖含量为食用菌之首,特别是所含甘露聚糖对抑制肿瘤(尤其是腹水癌)、医疗痔瘘、防治心血管病等都很有效果,还可增强精力。正是由于有如此诱人的营养价值和医疗保健功能,近年来在日本、美国及其他发达国家掀起姬松茸热。

世界卫生组织认为目前所有的肿瘤患者,1/3 完全可以预防;1/3 利用现代医疗技术完全可以早期诊断、早期治疗;还有 1/3 的患者可以经有效的治疗减轻痛苦,提高生存质量,延长生存时间。而提高免疫能力,及时进行营养补充,正是有效的康复措施之一。姬松茸含有丰富的硒物质和抑癌物质,对增强人体免疫力、补充特需营养有很好的作用。

三、生物学特性

1. 菌　丝

姬松茸菌丝在不同培养基上,其菌落形态有比较明显的差异。在马铃薯、葡萄糖培养基上,菌丝呈白色茸状,纤细,无明显色素分泌。在粪草培养基上,菌丝呈匍匐状,而且菌丝整齐粗壮。两种培养基上,菌丝在前期有的会形成细索状,而后期呈粗索状。菌丝的爬壁能力强,无锁状联合。

2.子实体

姬松茸子实体粗壮。菌盖直径
5～11 cm,初为半球形,逐渐成馒头形,
最后平展,顶部中央平坦,表面有淡褐
色至栗色的纤维状鳞片,盖缘有菌幕的
碎片。菌盖中心的菌肉厚达 11 mm,边
缘的菌肉薄,白色,受伤后变微橙黄色。
菌褶离生,密集,宽 8～10 mm,从白色
转肉色,后变为黑褐色。菌柄圆柱状,
中实,长 4～14 cm,直径 1～3 cm,上下
等粗或基部膨大,表面近白色,手摸后
变为近黄色。菌环以上最初有粉状至
棉屑状小鳞片,脱落后平滑,中空。菌

姬松茸

环大,上位,膜质,初白色,后微褐色,膜下有带褐色棉屑状的附属物。孢子阔椭圆形至卵形,
没有芽孔。菌丝无锁状联合。

四、生长发育条件

1.营养源

姬松茸主要分解利用农作物秸秆,如稻草、玉米秆、薏苡秸秆、甘蔗渣等和木屑作为碳
源;以豆饼、花生饼、麸皮、米糠、玉米粉、畜禽粪和尿素、硫酸铵等作氮源。常用的矿物营养
有磷酸二氢钾、硫酸镁、硫酸钙等,生长素主要是维生素类。

2.温　度

菌丝发育温度范围为 10～37 ℃,适温为 23～27 ℃。子实体生长温度范围为 17～
33 ℃,适温为 20～25 ℃。

3.湿　度

培养料最适含水量为 55%～60%,料水比为 1∶(1.3～1.4),覆土层最适含水量为
30%～35%,菇房空气相对湿度为 75%～85%,出菇时空气相对湿度为 85%～90%。

4.空　气

姬松茸是一种好氧性真菌,菌丝生长和子实体生长发育都需要大量新鲜空气。

5.光　照

菌丝生长不需要光线,少量的微光有助于子实体的形成。

6. pH

培养料的 pH 在 6 ~ 11 范围内皆可,最适 pH 为 8。

五、场地选择

栽培场地要选择交通方便、水电便捷、环境干净、通风透光、地质坚硬并且平整的地方。要求清洁卫生,地势平坦,排灌方便,远离污染源。其大气、灌溉水、土壤质量应符合 NY/T 5010—2016 的规定要求。

六、时间安排

姬松茸属中高温菌类,栽培分春、秋两季。以播种后经 30 d 左右发菌进入出菇期,自然温度稳定在 20 ~ 25 ℃来确定适宜播种期。多数安排在上半年 4—6 月和下半年 9—11 月出菇。

七、设施建设

菇房可以是现代化菇房、日光灯温室、塑料大棚、简易塑料棚、空闲房屋等,对菇房的要求是保湿保温好,空气流通,无直射阳光,电灯照明度均匀,菇房内部清洁卫生及用前消毒。菇房内可采用层叠式或畦式,根据菇房现有条件而定。

八、场地处理

按照不同的栽培方式,对栽培场所进行相应的设置。姬松茸栽培可分为室外畦棚式、室内层架式、大棚生产等几种。菇房内部清洁卫生,用前消毒。

1. 室外畦床式

畦床宽 80 ~ 100 cm,畦成龟背形,沟宽 30 cm,用木条、竹片搭成弓形架,上盖薄膜及遮阴物,以保温保湿,防止日晒雨淋。

2. 室外畦棚式

要求整块地搭架建棚,棚高 2.2 ~ 2.5 m,床架宽 1.1 ~ 1.4 m,4 ~ 5 层,层距 55 ~ 60 cm,整个菇棚用薄膜覆盖,并加遮光网,两端设通风口。

3. 室内层架式

室内多层立体栽培,可搭 4 ~ 6 层床架。也可利用空闲的菇房和床架。

4.钢架(竹)大棚栽培

室外大棚层架式栽培,4~6层,省工省料、投资少、产量高,管理容易,操作方便,保温保湿能力强,调光通风好,工艺容易,栽培模式简单。

九、栽培方法

(1)将冷却至30 ℃的培养料均匀地堆在畦面上,料厚17 cm,待料温冷却至25 ℃以下时播种。

(2)将栽培种挖入用酒精消毒干净的塑料桶中,采用撒播法播种。采用一层撒播法,在培养料堆到1/4~1/3 高时撒上1 层菌种;采用二层撒播法,则在培养料的一半位置和表面各播撒一半的菌种。菌种用量为每平方米5~8瓶(蘑菇瓶)。

(3)播种后,畦面加盖农用地膜以利保温保湿,经7~10 d菌丝在培养料中生长蔓延,这时因菌丝生长呼吸,菌床中热量迅速上升,应注意加强通风,以防止因高温而影响菌丝生长,特别在初夏和秋季接种后,更要注意通气降温。

(4)当菌丝在培养料中充分蔓延定殖后进行覆土。覆土材料选距菇场较近,并检测合格的天然阔叶林表土(腐殖土)、草炭土、稻田土、泥塘土等,在阳光下暴晒后备用。

(5)覆土厚度3 cm左右,覆土湿度30%为宜。覆土后要掌握温度、湿度、通气、光线等条件。

(6)覆土后30 d左右,菌丝爬上覆土层,在覆土中下层形成菌丝束,这时要喷1次重水,之后在适温25 ℃左右,原基破土而出。

(7)原基破土时期不再喷水,直至子实体生长完成。

姬松茸栽培

十、栽培管理

姬松茸在条件适宜的情况下,从播种到出菇要 50 ~ 60 d。出菇期管理的目的是创造更好的生态条件,提高姬松茸的质量和产量,因此要因地制宜,灵活掌握,尽量注意"听、看、摸、嗅、查"。

听:听天气预报,弄清阴、晴、雨,以及是否有高温或寒流的袭击。

看:看温度和干湿度,看菇的肥瘦和密度,看菇的外表。

摸:摸一摸覆土的干湿度情况。

嗅:嗅菇房内空气是否新鲜。

查:查一查菌丝生长情况、土层的湿度、有无病虫危害。

当菇床土面涌现白色粒状的原基,继而长至黄豆大小,大约 3 d 后原基发育生长至直径 2 ~ 3 cm 时,应停止喷水,避免造成死菇和畸形菇。此时要消耗大量的氧气,并排出二氧化碳,所以在出菇期应特别注意菇房(畦床)的通风换气。在通风的同时注意菇床土层的湿度,确保菇房内空气相对湿度为 85% ~ 95%,这是姬松茸水分管理过程中最关键的一环。姬松茸每潮菇历时约 1 周,每潮结束后需要 9 d 左右的养菌时间。各潮菇采收后要清理菇床,补足覆土及水分,为下一次出菇做好准备。姬松茸出菇期可持续 5 个多月(必须 3 月堆料),采收 10 潮。

十一、采收加工

1. 采 收

从幼蕾长成适龄菇需 5 ~ 7 d。在菌盖表面呈淡褐色,有纤维状鳞片,菌盖直径 4 ~ 10 cm,菌柄长度 4 ~ 14 cm,菌盖尚未开伞时采收。采收时,手握菌柄轻轻扭下,切勿伤及周围小菇。采下的菇立即将柄下的泥土削去,分级放入容器内,鲜销或加工。

2. 加 工

将采收清洗的鲜品在通风处或阳光下沥干水,或太阳下晾晒 2 h。先将烘干机(房)预热至 50 ℃后让温度稍降低,按菇体大小、干湿分级均匀排放于竹架筛上,菌褶朝下。大

清洗姬松茸

菇、湿菇排放于筛架中层,小菇、干菇排放于顶层,质差菇或畸形菇排放于底层。烘干分以下3个工艺流程:

(1)调温定形。晴天采摘的菇烘制起始温度调控至37～40 ℃,雨天采摘的菇烘制起始温度调控至33～35 ℃。菇体受热后,表面水分大量蒸发,此时应全部打开进气窗和排气窗排除水蒸气,以保褶片固定,直立定形。随着温度自然下降至26 ℃时,稳定4 h。若此时超温,将出现褶片倒伏损坏菇形,色泽变黑,降低商品价值。

(2)菇体脱水。从26 ℃开始,每小时升高2～3 ℃,以开、闭气窗的方法及时调节空气相对湿度达10%,维持6～8 h,温度匀缓上升至51 ℃恒温,以确保褶片直立和色泽的固定。在此期间调整上层、下层烘筛的位置,使干燥度一致。

(3)整体干燥。由恒温升至60 ℃,经6～8 h,当烘至八成干时,停止升温2 h后再进行烘烤,双气窗全闭烘制2 h左右,用手轻折菇柄易断并发出清脆响声,即结束烘烤。

十二、分级与包装

烘干后将姬松茸分拣,除去小朵(直径<1.5 cm)、开伞、烤焦的菇,将合格菇装入聚乙烯塑料袋。装满袋子后封口,放进纸箱,填好标签,储存在洁净干爽的独立储藏室内。

第十节　鸡腿菇

一、历史、现状及前景

鸡腿菇又名毛头鬼伞、鸡腿蘑,属伞菌纲伞菌目鬼伞科。因其外形如棒槌,又似鸡腿,肉质细腻洁白,鲜美如鸡肉而得名。早在20世纪60年代,德国、英国等国家已开始鸡腿菇的栽培研究,并逐渐形成大规模商业化栽培。据《茅亭客话》等书记载,大约在11世纪,我国山东、淮北地区就有人用埋木法栽培鸡腿菇。20世纪80年代,才正式开始鸡腿菇驯化栽培及保鲜加工等方面的研发工作,20世纪90年代后进入实用性生产阶段,并逐渐得到推广,形成一定的生产规模。由于鸡腿菇质嫩味美,营养价值高,一经投放市场,便受到广大消费者的青睐,产品价高走俏,供不应求。国内外市场对鸡腿菇需求量的不断扩大,有力地刺激和推动了我国鸡腿菇的生产开发。1990年,南美洲圭亚那合作共和国发行过有关鸡腿菇的邮票,高度重视鸡腿菇的潜在价值。据统计,1997年我国鸡腿菇鲜菇总产量为100 t,1999年增长为1800 t,到2001年达到5000 t。发展到今天,我国鸡腿菇的生产已进入一个新时期。

鸡腿菇邮票

　　鸡腿菇产业的发展不仅为消费者提供营养丰富的保健食品,增加种植者经济收入,同时也能促进栽培技术不断提高,栽培方法不断创新,将生产风险降到最低。简要概括鸡腿菇生产所具备的五大优势:①原料来源广泛,生产成本低;②产量高,抗病抗虫能力强,栽培易成功;③生产周期短,投资回报快;④不覆土,不出菇,增加了生产和销售的弹性;⑤市场畅销,售价高,效益好。由此不难看出,栽培鸡腿菇确实属于种植业中的一个"短、平、快"生产项目,具有较大的市场发展前景。

鸡腿菇

二、营养成分及价值

　　鸡腿菇质地脆而滑,鲜而不腻,口感极佳,营养丰富,烘干后香味更为浓烈,是一种高蛋白、低脂肪、低热量的健康食品。它将营养和保健功能融于一体,符合新食品的开发原则。据测定,每100 g鸡腿菇干品中含粗蛋白25.4 g、脂肪3.3 g、总糖58.8 g(其中无氮浸出物

51.5 g、纤维 7.3 g)、灰分 12.5 g,可提供热量 1448 kJ。在其蛋白质中含有 20 种氨基酸,包含了人体所必需的 8 种氨基酸,特别是赖氨酸和亮氨酸含量十分丰富,它们正好是大多数谷物和蔬菜中缺乏的。此外,鸡腿菇还含有多种维生素、矿物质元素、生物碱等成分。

中医认为其性平,味甘,有益脾胃、清神、助消化、增食欲的功效,民间用以治疗消化不良、精神疲乏和痔疮等,常食可以提高人体免疫功能,增强抗病能力。

三、生物学特性

1.孢 子

孢子印黑色。单个孢子暗黑色,椭圆形,光滑,大小为(12.5～19.0 μm)×(7.5～9.5 μm);囊状体呈棒状或袋状,无色,顶端钝圆,稍弯曲,略稀,大小为(24～60 μm)×(10.5～14.0 μm)。

2.菌 丝

菌丝呈白色或灰白色,气生菌丝不发达,前期茸毛状,细密,整齐,生长速度较快;后期则由茸毛状转变为线状,菌丝致密,呈匍匐状。显微镜下菌丝细胞为管状,细长,分枝少,粗细不均;细胞壁薄,透明,中间有横隔,内具双核,菌丝直径一般为 3～6 μm,且大多数无锁状联合现象。

3.子实体

鸡腿菇子实体多为群生。菌盖幼时近圆柱形,顶部圆,高 6～15 cm,宽 4～6 cm,后呈钟形至近平展;菌盖白色,顶部浅黄色,初时光滑,表皮层后渐裂开形成平状而反卷的羊毛状鳞片,鳞片顶端黄褐色;盖边缘初为平滑,后具细条纹,有时呈粉红色。菌肉中部较厚,向边缘渐薄,白色,味柔和。菌褶离生、密,幅稍宽,初时白色,后变为粉灰色至黑色,后期与菌盖边缘一起液化为墨汁状。菌柄长 10～12 cm,粗 1.0～1.6 cm,圆柱形,近基部渐膨大,向下渐细,白色,光滑、中空。菌环膜质,白色,脆薄,后期可以上下移动,易脱落。

鸡腿菇

四、生长发育条件

1.营 养

鸡腿菇为土生型的草腐菌、粪生菌,在土壤中的菌丝体有极强的适应能力。能够利用的碳源和氮源很多,在菌丝纯培养阶段,常利用葡萄糖和果糖等作为碳源,蛋白胨和酵母膏等作为氮源;在栽培阶段,则利用作物秸秆、畜禽粪便、棉籽壳、玉米芯、食用菌菌渣、稻草等原料作为碳源,麦麸、米糠、玉米粉、豆饼粉、尿素等作为培养料氮源。可充分利用农副业废弃物作为栽培原料,同时降低生产成本。营养生长阶段适宜的碳氮比为20∶1,子实体发育阶段碳氮比则以40∶1为佳。

2.温　度

鸡腿菇属于中温型食用菌,在中低温环境条件下,子实体生长好,产量高,品质优良。其担孢子在24 ℃左右萌发最快,菌丝生长的温度范围在3~35 ℃,最适温度为23~27 ℃;子实体生长的温度范围为10~30 ℃,最适温度为14~20 ℃。在此范围内,子实体发育缓慢,个体肥厚,形如鸡腿,肉质紧实,易于储存或加工。

3.湿　度

鸡腿菇整个生长阶段所需的水分,主要来源于培养料、覆盖层土壤和空气。培养料的含水量以60%~65%为宜。湿度主要指鸡腿菇菌丝生长和子实体发育期间空气相对湿度。菌丝生长培养阶段,空气相对湿度宜控制在65%~70%;子实体生长阶段,对环境湿度要求较高,空气相对湿度以85%~95%最为适宜。

4.空　气

鸡腿菇属于好氧性菌类,在整个生长发育阶段都要求有新鲜的空气供给。在菌丝生长阶段对空气要求不十分严格,但空气中适宜的含氧量能明显提高鸡腿菇菌丝分解基质的能力;在子实体生长阶段需氧量大,要保持出菇场所氧气充足。

5.光　照

鸡腿菇的不同生长发育阶段对光照强弱有不同要求。一般在菌丝生长阶段不需要光照,黑暗条件下菌丝生长旺盛。子实体发育阶段,一定的光照强度可刺激原基的形成,在原基形成初期和子实体增长期,最适宜的光照度为50~300 lx,能促进子实体个大、厚实、嫩白。若光照不足,子实体多不分化或生长缓慢,产量低,品质差。

6.pH

鸡腿菇菌丝在pH 2~10的培养基中均能生长,其中最适pH为6.5~7.5。在菌丝生长阶段,由于生物氧化作用和代谢产物的积累,会使培养料的pH下降,因此在配料时需加入2%~3%的石灰粉进行调节,使原料配制中的pH呈碱性,这样既适宜鸡腿菇的生长,也能同时抑制喜酸性杂菌生长。

五、场地选择

室内菇房栽培:要求坐北朝南,密闭性良好,环境良好开阔,空气流通,光照好,但无直射阳光。

室外阳畦栽培：选择通风向阳且排灌方便的堤坡地、建筑物南侧、果园、菜地及闲置田中整畦搭棚。

六、时间安排

南方地区春季至夏初和初秋至次年春季，只要温度适宜均可进行栽培。在贵州省大多数地区，3 月中旬至 6 月中旬、9 月上旬至 11 月下旬是鸡腿菇栽培的最好季节。

七、设施建设

鸡腿菇栽培按场地不同，可分为室内栽培和室外栽培两种方式。室内栽培包括菇房栽培、层架式栽培、框架栽培、塑料周转筐立体栽培等；室外栽培则包括阳畦栽培、塑料大棚栽培、田间作物林果间套栽等。因此，生产者应根据当地的实际情况、栽培季节及场地温度等变化状况，本着"经济、方便、有效"的原则，因地制宜，自主选择鸡腿菇栽培设施建设模式。

八、场地处理

1. 室内栽培

菇房设层架，一般 5 ~ 6 层，层距 50 ~ 60 cm，层底距地 20 cm，顶层离房顶 0.8 ~ 1.0 m，下窗高出地面 20 cm，每条通道中间房顶设拔风筒 1 个。还可选用高锰酸钾或硫黄粉熏蒸、漂白粉喷雾、波尔多液喷雾等方法对菇房内层架、菇床、墙壁等进行消毒。

2. 室外栽培

整畦消毒，把地面整平，做成宽 100 ~ 120 cm、深 20 ~ 25 cm、长度适宜的地畦，喷洒 500 倍菊酯类农药和 0.2% 高锰酸钾溶液，也可选用多菌灵，对场地进行杀虫、杀菌，畦底及四周均匀地洒 1 层石灰粉。

九、栽培方法

(一) 菌种制备

1. 菌种来源

可采用以下 3 种途径获得鸡腿菇菌种：①到长期从事食用菌教学和科研的大专院校、科研部门或有关专业菌种生产厂家购买；②采集优良的种菇，通过孢子弹射、组织分离等多种方法获得纯菌丝体；③将自己分离或收集到的优良菌种与别人交换，得到自己所需的菌种。

2.菌种纯化及考察

对于自行分离的鸡腿菇培养物,首先确定其纯度,并进行出菇试验。而引进的菌株则应对其母种、原种、栽培种分别检测,同样进行出菇试栽。

3.菌种培养基配方及处理

(1)母种培养基。通常采用马铃薯、葡萄糖、琼脂培养基,即马铃薯(去皮)200 g、葡萄糖20 g、琼脂20 g、水1 000 mL,pH 自然。

(2)原种培养基。麦粒94%、杂木屑5%、石膏粉1%。麦粒先浸入1%石灰水中过夜,捞出冲洗、沥水后,加入杂木屑、石膏粉拌匀装菌种瓶,装入量为瓶子容量的2/3～3/4,瓶口加棉塞。

(3)栽培种培养基。草粉50%、木屑40%、麦麸5%、石灰2%、过磷酸钙2.5%、尿素0.5%、含水量65%左右,pH 为7.5～8.0。

以上培养基配方根据用量多少进行计算、称量、拌料处理,装管(瓶或袋)后立即进行灭菌、冷却、接种、培养等工艺均与常规方法相同。

(二)栽培料堆制发酵

将稻草适量切短,与干牛粪、鸡粪等分别预湿后做堆,1层稻草、1层粪肥(可加入饼粉、石灰粉等)分层堆料,堆宽1.6～1.8 m,堆高1.5 m,边堆边喷水。建堆3 d后第一次翻堆,翻堆时加入过磷酸钙、碳酸氢铵等,仍做堆发酵,再过2 d第二次翻堆,加入石膏、石灰等。每次翻堆时适当补水,以堆水不流出为准。

将以上堆料搬入消毒后的菇房,关闭门窗。堆料集中在中间3层菇床堆放,堆料厚度由上至下分别为30 cm、33 cm、36 cm。培养料自然升温50～52 ℃,当料温即将下降时,应想办法通过升温或往菇房通入蒸汽,使料温升至58～60 ℃,连续保持4～6 h;然后保持50～52 ℃ 3～4 d,至培养料中氨味消失为止。打开门窗,将经过发酵的料层分散至其他各层,均匀堆放,各料层经按实后,总厚度为15～20 cm。

(三)播种与发菌

每100 m² 培养料,用750 g栽培种60～70瓶。以穴播或点播方式播种,手拌料层,让菌种翻入料内,稍经压实后,控制室温25 ℃左右发菌,早、晚开窗通风换气。为了给料面保湿,可用稻草或松针覆盖,当菌丝萌发吃料时即可去掉。室内空气相对湿度保持在80%左右,正确处理好保温、保湿与通风换气的关系。

(四)覆　土

覆土应在播种后35～40 d,以菌丝接近布满料层时为宜。覆土材料选用具有良好透气性的肥沃土壤,以泥炭土、田园土、山土按照1:1:1混合,不能使用砂土,易使料面板结,土壤保水性和透气性差,覆土中掺入 15% 的过筛煤渣效果更好。暴晒、整细、消毒方法同前,使用前加入 3% 的石灰粉,并喷水拌匀,使之无白心后备用。用手将覆土材料轻轻撒播在料面上,应尽量均匀,厚度为 3 cm。

十、栽培管理

1. 发菌期管理

控制环境温度在 22 ~ 26 ℃,环境温度偏高时,把菌袋排成单排,袋与袋之间相隔 3 ~ 5 cm,以利于通气散热,防止出现烧菌现象;环境温度低时,可把菌袋排成排,每排 4 ~ 6 层菌袋,袋与袋、排与排之间靠紧,利用菌丝自身产生的热量来提高堆温,保证菌丝正常生长。每周翻堆 1 次,将上下层的菌袋进行掉位,使之受热均匀,生长一致;同时,挑选出污染菌包,及时清理并对场地消毒。环境温度高时,早、晚通风;环境温度低时,在上午 10 时至下午 3 时通风。在环境适宜的情况下,一般 25 ~ 35 d 菌丝便可长满袋。

2. 覆土期管理

待覆土表面有鸡腿菇菌丝发生时,保持环境空气相对湿度在 80% 以上,不可使土层表面发白、干燥,影响菌丝爬土。湿度不可过高,否则床面板结,影响出菇,覆土湿度以手握成团、落地即散为宜。一般在 10 d 以后覆土层表面有大量鸡腿菇菌丝发生,可加大棚内空气相对湿度至 85% 以上,同时增加通风,保持温度在 15 ~ 24 ℃,约 1 周时间便会有幼蕾出现,即正式进入菇期管理阶段。

3. 出菇期管理

控制温度在 15 ~ 22 ℃,增加散射光照,避免直射光照射,光照度保持在 100 lx 左右,促进原基形成。同时,适当加强通风,确保空气新鲜;提高空气相对湿度并保持覆土的湿度适宜,可采用空间喷雾(雾水不能落在原基上)的方法,使空气相对湿度达到 85% ~ 90%,畦床面上严禁浇水。

4. 子实体生长期管理

控制温度在 12 ~ 20 ℃,空气相对湿度保持在 85% ~ 95%。子实体生长期间,不能向菇体上直接喷水,否则菇体顶部易发黄、发黏、水化。加强通风换气,使培养空间内有足够的氧气,防止二氧化碳积累过多而导致畸形菇。并且,通风要注意与保温、保湿协调一致,不能顾此失彼。光照度可控制在 100 ~ 300 lx,过强的光线易使子实体过早产生并翻卷鳞片,菇体色泽加深,影响品质。

十一、采收加工

1. 采收方法及转潮管理

鸡腿菇从出菇到采摘结束通常需要 7～15 d。子实体成熟后极易开伞,菌盖自溶为黑色墨汁状溶液,仅留菌柄,失去商品价值。因此,只有将采收期适当提前,才能充分保证鸡腿菇的产量及品质。大量的生产实践证明,当子实体长至圆柱形或钟形时,颜色由浅变深,菌褶白色期,菌盖与菌柄未分离或刚刚松动,即子实体五六分成熟时采收最好。采收时一手按住菇柄基部,一手将菇体左右旋转,轻轻拔起,注意不能硬拔。

头潮菇采收完后,应及时清除表面覆土及残根、菇脚、死菇、杂物等,浇 1 次透水。结合浇水向菌床补充 2% 的石灰溶液和 1% 的复合肥溶液。3～4 d 后,可用铁耙将床面耙松,再将畦床上覆土厚度补至 3～5 cm,保温保湿,加强通风和光照,促使继续出菇。

2. 子实体加工

鸡腿菇子实体脆嫩,容易破碎,且采下的鸡腿菇仍在继续生长发育,如不及时加工就会氧化褐变,货架寿命期短。鸡腿菇栽培规模小时,以鲜销为主;栽培规模较大时,同时为投入其他市场,可将采下的鸡腿菇立即进行加工保藏。常用的加工方法有鲜加工、盐渍法、干制和速冻等。其中盐渍鸡腿菇加工的一般工艺流程为:采收—清洗—杀青—冷却—盐渍—装桶—成品。干制法是从 37 ℃ 开始烘烤,逐渐上升到 60 ℃ 左右,最高不超过 65 ℃,经烘烤、脱水、定色、干燥 4 个环节,持续时间为 16～24 h,将鸡腿菇含水量降到 13% 以下。速冻法需要在 −40～−30 ℃ 条件下快速结冻,这时可最大限度地保存鸡腿菇原有的形态、风味和品质。

十二、分级与包装

(一)产品分级

1. 鸡腿菇鲜菇

鸡腿菇鲜菇分级标准见下表。

鸡腿菇鲜菇分级标准

品　名	等　级	标　准
鸡腿菇鲜菇	一　级	鲜嫩,饱满,有弹性,柄实,洁白,含水量为(90±1)%,无其他病害或异常
	二　级	鲜嫩,饱满,有弹性,柄略空,较洁白,含水量为(90±1)%,无其他病害或异常
	三　级	鲜嫩,饱满,有弹性,柄空,较洁白,含水量为(90±1)%,少见变色

2.鸡腿菇干品(切片)

鸡腿菇干品(切片)分级标准具体见下表。

鸡腿菇干品(切片)分级标准

品　名	等　级	标　准
鸡腿菇干品 (切片)	一　级	片形规则、平整,菇片大小匀整,厚薄一致,切面光滑,无焦片、碎屑;乳白色或微黄色,有色泽;具脱水鸡腿菇干片固有的正常清香气味,无霉味及其他不良气味;表面及片面无任何杂质;无霉斑、无异物污染、无虫蛀;含水量≤13%
	二　级	片形规则,菇片大小较匀整,厚薄一致,切面较光滑,无焦片、碎屑;白色或淡黄色,允许少量干片局部变焦黄色或浅褐色;具脱水鸡腿菇干片固有的正常清香气味,无霉味及其他不良气味;表面及片面无任何杂质;无霉斑、无异物污染、无虫蛀;含水量≤13%
	三　级	片形基本规则,菇片厚薄一致,允许有少量碎片、柄片,但小于总净重的5%,无焦片、碎屑;白色或淡黄色,允许少量干片局部变焦黄色或浅褐色;具脱水鸡腿菇干片固有的正常清香气味,无霉味及其他不良气味;表面及片面无任何杂质;无霉斑、无异物污染、无虫蛀;含水量≤13%
	统　货	片形规则或不规则,菇片大小不限,厚薄均匀,允许有少量焦片、碎片、开伞片,但焦片、碎片含量小于总净重的2%;白色或淡黄色,允许少量干片局部变焦黄色或浅褐色;具脱水鸡腿菇干片固有的正常清香气味,无霉味及其他不良气味;表面及片面无任何杂质;无霉斑、无异物污染、无虫蛀;含水量≤13%

(二)产品包装

加工的鸡腿菇干品立即用双层塑料筒膜包装,可在袋内置放干燥剂或其他防腐剂,真空密封,每袋100~500 g。同时做好记录,其内容应包括品名、规格、产地、批号、重量、生产日期、保质期等。

第十一节　黄　伞

一、历史、现状及前景

黄伞又名黄蘑、多脂鳞伞、柳蘑等,属担子菌亚门层菌纲伞菌目球盖菇科环锈伞属,为中低温木腐菌类。野生黄伞生长时节在每年温差较大的8—10月,多生长于杨、柳、桦等的枯干、伐桩或倒木上,尤以柳树为最普遍,故称柳蘑、柳钉、柳树菌,偶有长于云杉、冷杉等针叶枯干上,多为丛生,少数散生。在我国贵州、山东、河北、宁夏、浙江、河南、西藏、广西、陕西、四川、云南等省(区)的林区均有分布。

据英国《蘑菇》(2008)记载,自公元1世纪起,希腊人就开始驯化栽培黄伞,至19世纪中叶,欧洲和日本分别对黄伞人工栽培技术进行试验性研究,并逐步形成成熟的商业化栽培模式。20世纪80年代,福建省古田县陆北路引进黄伞栽培试验,1995年采取架层立袋商品化生产。目前,山东、河北、宁夏等省(区)的黄伞栽培都具一定生产规模,上海市也以"柳松菇"为商品名形成区域性商品生产。

黄伞肉质肥美、黏滑爽口、营养丰富、药用价值高,从其菌盖黏液中提取的黄伞多糖A对多种病菌具有抑制和预防的作用。黄伞药食同源,其产品除鲜销外,还可经盐渍加工出口日本、韩国等地,具有可观的商业价值。

二、营养成分及价值

中国农业科学院农业资源与农业区划研究所对黄伞进行营养成分测定:其菌丝体中粗蛋白38.2%、粗脂肪2.06%、粗纤维6.54%、灰分5.74%;子实体中粗蛋白21.64%、粗脂肪1.38%、粗纤维8.04%、灰分5.67%;另含有矿物质元素钙186 mg/kg、铁69.1 mg/kg、锌33.8 mg/kg、钠185 mg/kg、钾2800 mg/kg、镁878 mg/kg、磷480 mg/kg、锰5.48 mg/kg;还含16种氨基酸,包括8种人体必需氨基酸中的7种。据报道,黄伞菌盖表面的黏液为核酸类物

黄 伞

质,有恢复人体精力和脑力的作用,其提取物黄伞多糖A具有增强人体免疫力,抑制肿瘤,预防葡萄球菌、大肠杆菌、肺炎杆菌和结核杆菌感染的作用。

三、生物学特性

1.孢 子
椭圆形或长椭圆形,浅锈色,平滑,(7.5~9.5 μm)×(5.0~6.3 μm)。

2.菌 丝
粗壮,初期白色,逐渐浓密,生理成熟时分泌淡黄色至橘黄色色素,前端菌丝呈菌索状。

3.子实体

主要由菌盖、菌环、菌柄构成。菌盖直径 4 ~ 14 cm,初期扁半球形,边缘内卷,中部稍凸起,呈扁平状,后渐平展,谷黄色至黄褐色,中间色深,有黄褐色粉质鳞片,易脱落。菌褶贴生或近弯生,稍密,长度不等,浅黄色至锈褐色。菌柄圆柱形,粗壮,纤维质,长 3 ~ 15 cm,直径 0.5 ~ 3.0 cm,中实,上部黄色,近基部呈褐色,覆小鳞片。菌环着生于菌柄上部,白色至淡黄色,膜质毛状,易脱落。菌肉肥厚,白色或淡黄色。

四、生长发育条件

1.营　养

菌丝体生长的最佳碳源是葡萄糖,子实体形成的最佳碳源是麦芽糖。因黄伞对纤维素和木质素的分解能力很强,人工栽培时,阔叶树木屑、农作物秸秆、棉籽壳、玉米芯、麸皮等均是培养料的主要材料。在棉籽壳和木屑以 1:1 的比例,混合适量麦麸的培养料中产出的黄伞,菌丝生长快,出菇齐,产量高。

2.温　度

黄伞属中低温型菌类,孢子在 22 ~ 25 ℃ 间萌发速度快、萌发率高;菌丝体生长温度在 5 ~ 33 ℃ 之间,最佳温度为 22 ~ 25 ℃,超过 28 ℃ 菌丝体变黄,生长受抑制。菌丝耐高温能力差,耐低温能力强,能在 -18 ℃ 存活 72 h,在冰雪覆盖下,菇木中的菌丝能顺利越冬。子实体的生长温度比菌丝体生长温度低,最佳温度范围为 15 ~ 18 ℃。温差刺激有利于原基分化和子实体的发生。

3.湿　度

菌丝体生长阶段,培养料的含水量以 60% ~ 65% 为宜,子实体发育阶段空气相对湿度以 85% ~ 90% 为好。空气相对湿度过低时,原基不能正常分化,已分化的幼蕾会失水、干裂甚至死亡。在过分干燥环境中会形成"贴壁菇",消耗养分并容易造成污染。

4.空　气

黄伞整个生长发育过程都需要充足的新鲜空气。菌丝体成熟后,提高菇房二氧化碳浓度,有利于原基形成。二氧化碳浓度在 5% 时对原基分化有利,进入子实体分化阶段,二氧化碳浓度则应调到 0.05% 以下。若新鲜空气供给不足,则幼菇难以分化,发育慢,易畸形,色泽暗黄,呈腐朽状。

5.光　照

菌丝生长不需要光照,但在发菌中后期需要适量光照以刺激原基形成。原基分化和子实体发育的适当光照度为 400 ~ 1200 lx,在此范围内,随光照度的增加,子实体生长速度加快,但光照度越高,菇色愈深,鳞片愈多,外观质量下降,只能用于农贸市场的鲜销,很难出口和进入超市。

6. pH

黄伞在弱酸性环境中生长较好,pH 5~8 范围内菌丝均能正常生长,以 pH 6~7 最佳。配料时可调 pH 至 7,灭菌后 pH 降到 6 左右。

五、场地选择

黄伞栽培场所要选择地势高,干燥,通风向阳,环境清洁,排水方便,保温保湿性能好的地方。

六、时间安排

黄伞的栽培时间因地而异。黄伞属中低温型菇类,子实体发生适宜温度为 16~23 ℃,北方可春季栽培,2—3 月制栽培袋,4—5 月出菇;或秋季栽培,8—9 月制栽培袋,10—11 月出菇。长江以南可以秋季栽培,9—10 月制袋,11—12 月出菇。秋季栽培较春季栽培病虫害少,出菇质量较高。若工厂化栽培,在可控室温条件下可周年栽培。

黄　伞

七、设施建设

黄伞栽培大多选择在钢架塑料大棚,在内搭层架,水泥地面,以便清洗和消毒。同时,还可选择通风采光条件好的闲置房屋。

八、场地处理

菌棚不宜过大,一般长×宽×高为 30 m×8 m×4 m,朝向坐北朝南,南、北开通风口,通风口上加防虫网。菌棚在使用前都要熏蒸消毒杀菌。

九、栽培方法

目前国内的黄伞栽培有袋栽、瓶栽、箱栽和段木栽培,多以袋栽为主。以下着重介绍棚内袋栽。

黄伞栽培生产中常用原料为阔叶树木屑,将新鲜木屑堆放在室外,洒水加盖塑料薄膜使之预温,针叶木屑因含有害物质不适合为主料,可为辅料加入阔叶木屑中一起腐熟,含量控制在木屑总量的20%以下。除木屑外,棉籽壳、甘蔗渣、玉米芯等也可作为栽培原料,棉籽壳在使用前要按1∶1加水堆置8~12 h,以确保预温彻底。因木屑所含营养比棉籽壳低,最好将棉籽壳和木屑等混合使用。常用配方有以下3种:

(1)棉籽壳40%、阔叶树木屑40%、麦麸10%、玉米粉8%、蔗糖1%、石膏粉1%。

(2)棉籽壳30%、阔叶树木屑30%、酒糟25%、麦麸15%。

(3)杂木屑30%、棉籽壳25%、玉米芯25%、麦麸15%、玉米粉5%。

根据当地材料选择适合配方,用常规方法,按配方加入辅料并拌匀,再加入适量水将培养料含水量调至60%~65%。pH自然,如果pH偏高或偏低,则调pH为7左右。采用聚乙烯或聚丙烯塑料袋,每袋装干料重约0.5 kg、湿重1 kg,适度压紧后用套环将袋口封好,套环通气好,可使发菌时间缩短7 d左右。培养料采用高压式灭菌的方法。待冷却至常温后,将料袋移入超净工作台(灭菌接种箱),打开紫外线灯照射10~20 min后进行无菌操作接种,接种量一般每瓶原种可接20袋左右。接种后将料袋放在干净培养架上发菌。

十、栽培管理

培养温度以22~25 ℃为宜。发菌的40 d左右,培养室内应保持清洁、加强通风、控制温度,维持黑暗以避免菌丝因尚未长满料袋就提前分化,从而降低产量。其间,每10 d倒袋1次,并清除污染菌袋。当菌袋完全成黄褐色时,菌丝达到生理成熟,移入出菇棚。

此时,将袋口解开,增加氧气供应,保持棚内空气相对湿度为75%~80%,光照度为1000 lx,加大通风,人工催蕾形成原基,需5 d左右时间。形成原基以后,维持棚温为15~23 ℃,空气相对湿度为75%~80%,不超过85%。7~10 d后,加强通风,湿度保持在80%~85%。当菌盖逐渐平展时,除加大通风外,将空气相对湿度降至80%以下。

十一、采收加工

原基出现后8~10 d,当菌盖呈半球形或小半球形,菌褶呈黄色时即可采收。秋栽以七八分成熟时采收为佳,春栽以六分成熟时采收为佳。采摘时,用手捏住黄伞子实体根部轻轻旋拧拔出,不可用刀割。采完后用刀削掉基部,再分成单朵。黄伞质地脆嫩,采摘和搬运要小心轻放。

除鲜销外,常用加工方法还有盐渍。将分级后的鲜菇放入10%盐水中煮沸5~7 min,捞出后放入冷水冷却,再捞出沥干,按黄伞:精盐为100:(25~30)的比例逐层放入缸中,再用饱和盐水灌满,最后用塑料膜封口,即可销售。或将黄伞脱水烘干,制成干品销售。

十二、分级与包装

将黄伞按个体大小、开伞程度、色泽等标准选取合格子实体装入塑料袋。装满袋子后封口,放进纸箱,填好标签。储存在洁净干爽的储藏室内。烘干的黄伞按形态完整程度、折损程度筛选、分级储存,用塑料袋盛装,保存于阴凉干燥的仓库中。

第十二节　虎奶菇

一、历史、现状及背景

虎奶菇 *Pleurotus tuber-regium* Sing. ,又名菌核侧耳、茯苓侧耳,隶属担子菌亚门层菌纲伞菌目侧耳科侧耳属。在我国主要分布于贵州省、云南省等地,马来西亚、尼日利亚等国也有发现。民间传说,虎奶菇为老虎的乳汁滴在土壤中,与空气发酵而形成真菌,通过吸收日月精华而形成菌核及子实体,其菌核形似虎爪,在中药中有"虎奶"的美誉,是极其稀少珍贵的天然食药用菌。

虎奶菇不仅细腻质嫩、味美营养,而且药用价值巨大。研究发现,用虎奶菇制作的真菌肉,微量元素丰富,容易被人体吸收;与香菇、木耳相比,该菌蛋白质和氨基酸含量更加丰富。《本草纲目》记载,虎奶菇菌核及子实体均可食用,虎奶菇菌核对治疗胃病、发烧、哮喘和高血压等有一定的功效,其子实体也具有一定的食疗功效。虎奶菇含有的多糖及其衍生物具有多种生物活性物质,能够很好地抑制囊膜病毒的活性,且具有较强的抗氧化作用。最新研究表明,虎奶菇中的多糖具有增强人体免疫能力,补血生津,抑制肿瘤生长等功效。民间常用其治疗乳腺炎、胃痛便秘、高血压、神经性疾病等。

自1977年以来,人们对虎奶菇栽培技术的研究从未停止。1993年,福建三明真菌研究所的栽培实验取得成功。1995年,方金山培育出性状稳定、生物转化率高的临川虎奶菇品种。近年来,虎奶菇的人工栽培和菌丝发酵培养在贵州省均已成功。虎奶菇是一种能产生大型菌核的担子菌,其菌丝侵染木材树桩,会引起木材的白色腐朽,并在木材中或土壤中形成虎奶菇的菌核,如果菌核受温暖潮湿环境滋润,就会产生子实体。目前市场上鲜菇价格50元/kg,干品价格400元/kg。虎奶菇耐高温,可以填补夏季高温市场空白,具有非常广阔的发展前景,是广大种植户脱贫致富的优先选择。

虎奶菇

二、营养成分及价值

虎奶菇营养丰富,富含蛋白质、氨基酸、真菌多糖、纤维素和矿物质等营养成分,是一种较理想的保健营养食品。每100 g干品分别含蛋白质15.6 g、氨基酸14.9 g、总糖34.6 g、多糖10.8 g、矿物质7.3 g;人体必需氨基酸种类齐全,并含有丰富的钾、磷、钙、镁、铜、锌、铁、锰等矿物质元素,含量分别为27 450 mg/kg、5890 mg/kg、320 mg/kg、865 mg/kg、25 mg/kg、37 mg/kg、44 mg/kg、17 mg/kg,其中,以钾和磷含量最高。

虎奶菇的药用价值同样巨大,适用于高血压动脉硬化患者,对冠心病心绞痛的治疗也有一定作用,可作为辅助食材,对肺癌、重症肌无力、神经衰弱、头晕失眠等具有一定疗效。

三、生物学特性

1.孢　子
孢子为白色,$(7.5 \sim 10.0 \ \mu m) \times (2.5 \sim 4.2 \ \mu m)$,椭圆形。

2.菌　丝
菌丝透明,壁薄,直径$1.5 \sim 7.0 \ \mu m$。

3.菌　核
虎奶菇菌核呈不规则团块,多为卵圆形、椭圆形,生长于地下或者木材间,直径10 ~

25 cm,表面光滑色暗,内部充实近白色,光滑壁薄,担子有 4 个小梗、棒状;菌丝无囊体,生于菌核上,类圆形或扁球形,大小不一。体轻质松,能浮于水面,断面呈白色或黄白色,有颗粒性,气味微淡,咀嚼微黏,有颗粒感。孢子呈白色,柱状,壁薄。菌盖中部的菌肉厚约 8 mm,边缘较薄,由生殖菌丝和骨架菌丝组成。

4.子实体

子实体从地下菌核长出。菌盖直径 8 ~ 20 cm,漏斗状,中部明显下凹,初期表面光滑,中部有小的平伏状鳞片,灰白色至红褐色,边缘无条纹,初期内卷,后伸展,有时有沟条纹。菌褶延生,薄而窄,浅黄色。菌柄长 3.5 ~ 13.0 cm,粗 0.7 ~ 3.5 cm,圆柱形,有小鳞片或茸毛,内部实心,基部膨大。

四、生长发育条件

1.营 养

虎奶菇为木腐菌,分解木质素和纤维素能力很强,其营养源主要来自植物体中的淀粉、蔗糖、葡萄糖、纤维素及木质素,植物体包括阔叶树木、农作物秸秆、棉籽壳、玉米粉、麸皮、米糠等;另外还需要钾、镁、钙、铁、磷等微量元素。

2.温 度

虎奶菇出菇的适宜温度为 26 ~ 30 ℃。温度太高,菌盖长势较薄,商品价值低;温度过低,生长缓慢,出菇期会延长。菌丝培养温度为 30 ℃。

3.湿 度

虎奶菇菌丝在含水量 65% 的木屑培养基上生长旺盛,出菇时要求土壤湿度为 40% ,根据土质不同灵活调控,空气相对湿度要求在 85% 左右。湿度偏低,虎奶菇表面干枯,质量差;湿度太高则易发生白腐病,造成腐烂。

4.空 气

在发菌过程中,培养基中氧气充足,菌丝生长速度快;虎奶菇出菇阶段要求空气新鲜,但夏季通风太强,易造成湿度降低,菇体干枯,影响品质,通风太少,则易出现病害。通风要综合考虑温度、湿度和光照的关系。虎奶菇在子实体发育的生殖生长阶段,需氧量比菌丝体营养生长阶段明显加大。

5.光 照

菌核在黑暗和明亮之处均可形成。虎奶菇子实体发生需要一定的光照,微弱的散射光即可满足子实体的生长,过强的光线对子实体生长有抑制作用。

6.pH

虎奶菇菌丝生长适宜 pH 范围为 5 ~ 7,最适 pH 为 6.5,栽培料 pH 在 6 左右最佳。

五、场地选择

栽培场地选择地势高、水源近的地区,忌积水,做好排水沟,选择有机质含量高的肥沃田地,有利于出菇早和增产增收。虎奶菇喜生在半遮阴的环境,切忌选择低洼和过于阴湿的场地,适地适栽可以得到较好的经济效益。栽培用棚可采用标准菇棚、简易棚、小拱棚等,创造条件满足虎奶菇生长发育的环境即可。

六、时间安排

虎奶菇属于高温型食用菌,出菇温度为 22～35 ℃,出菇适宜温度为 28 ℃,贵州省栽培最适宜季节为晚春和早秋。

七、设施建设

虎奶菇栽培常采用覆土出菇,以肥沃的自然土为好,土壤不宜过"黏"或过"砂",场地选择排灌方便地域,夏天要选择凉爽的地方。

八、场地处理

播种栽培料前,必须将菇棚及培养料消毒杀菌,在棚的四周和排水沟撒石灰和喷药预防虫害。贵州省几乎都为山地菇场,可在大棚外四周角落挖坑掩埋动物尸体皮毛,聚集虫蚁,用开水烫死,达到环保灭虫的目的。

九、栽培方法

1. 栽培配方

配方一:木屑 74%、麸皮 20%、油枯 5%、石膏 1%。

配方二:木屑 60%、麸皮 20%、玉米芯 10%、豆饼 5%、小麦 4%、石膏 1%。

2. 菌袋制作

(1)短袋法。先将原料预湿至含水量为 70% 左右,原料不可堆放,摊开避免发酸,第二天按照配方再把预湿的原料混合搅拌均匀,把含水量调至 65%。制袋时采用 17 cm×33 cm 聚乙烯塑料袋,袋高 15 cm,干重为 0.40～0.45 kg,料中间打 1 个洞,扎口、灭菌、冷却、接种;菌种应接入洞中,加快菌丝吃料,达到缩短培养期和减少污染的目的,此方法可直接用床架栽培。

（2）长袋法。采用上述方法,长袋采用 17 cm×45 cm 聚乙烯塑料袋,袋高 40 cm,干重在 1 kg 左右,拌料装袋、扎口灭菌、冷却接种,菌种接种于袋口两端,待菌丝长满后,就应挖畦摆棒。

3. 栽　培

为提高虎奶菇出菇产量,一般采用覆土栽培和袋栽的方法。把生理成熟的菌袋袋口拆开,挖出老菌种块,将菌袋边缘拆成比料面高 3～4 cm,再把处理好的土壤调湿成含水量 40% 左右的湿土,覆盖在虎奶菇代料面,厚 1～2 cm。在靠近料面的塑料袋不同侧面,按照"四点法"割 4 个渗水口(中间开 3 个孔,底端开 1 个),以防积水于袋内。开好孔的菌袋排放于层架上,袋与袋之间最好间隔 2 cm,在催原基期为保持覆土的湿度,应勤喷水、喷轻水,以防泥土结块或太湿。在温度适宜时,约 1 d 就可现原基,在子实体生长期间,喷水应掌握"一干一湿",以喷雾化水为主,以免泥土溅到子实体上影响商品价值。

虎奶菇

十、出菇管理

前期每天喷水 1～2 次,保持土层含水量在 40% 左右,并加盖薄膜进行保温保湿;7～10 d 出现原基后,揭掉薄膜,加大喷水,保持空气相对湿度在 90% 左右;再经 5～7 d 可进行第一潮菇子实体采收。第一潮菇采收后,整理畦面,停止喷水,加强通风,养菌 5 d,加大喷水,便可进行第二潮菇的诱导,管理方法同前。一般采收 3～4 潮,采收期 50 d 左右。

虎奶菇出菇的温度比较关键,具体调控措施如下:夏季场地选择在阴凉的地方,在早晚温度低时通风,棚顶 50 cm 外架遮光网。菌丝培养温度为 25～28 ℃,培养室相对湿度为 70%～75%。培养过程中至少进行 2 次查菌,剔除污染或生长不正常的菌袋。出菇时要求土壤湿度在 40% 左右,根据土质不同灵活掌握,一般要求手握成团,落地即散。空气相对湿度要求在85%~90%,调节湿度的方法如下:用喷雾器向空中喷水提高湿度,湿度过大可通风降湿。虎奶菇出菇阶段要求空气新鲜,通风要综合考虑温度、湿度和光照的关系,温度高时一般在晚上通风,温度低时在中午通风。虎奶菇出菇期温度较高,原基分化和子实体发育需要调节光照。采收要及时,注意保鲜冷藏,防止高温变质。

十一、采收加工

虎奶菇属于高温品种,当子实体发育到七八分成熟前应及时采收。采收时手持菌柄基部轻轻扭下。采下的虎奶菇要按顺序排放在浅筐内,不能乱放,防止菇脚泥土粘在菌盖或菌柄上。

虎奶菇的粗加工主要采取机械脱水。鲜菇杀青后,排放于竹筛上,脱水,使含水量为11%~13%;杀青脱水干燥的虎奶菇香味浓,口感好,应及时装入塑料食品袋,防止干菇回潮发霉变质。

十二、分级与包装

按个体大小、外观、色泽等标准选取合格的虎奶菇装入聚乙烯塑料袋并封口,储存在洁净干爽的独立储藏室内,严格执行国家的包装标准,产品的外观及包装方式根据厂家自身需要而定。

第十三节　大球盖菇

一、历史、现状及前景

大球盖菇又名皱环球盖菇、皱球盖菇等,在植物分类学上属于担子菌门担子菌纲伞菌目球盖菇科球盖菇属。1922年,野生大球盖菇在美国首次被发现,1930年在德国、日本相继被发现。1969年,德国科学家进行人工驯化,并将其试种成功。之后多个国家也相继引种试种成功,并已成为俄罗斯、美国及西欧各国的人工栽培食用菌之一。

1980年,上海市农业科学院食用菌研究所派科研人员许秀莲等到波兰引进大球盖菇,试种成功之后很多单位和个体进行了关于大球盖菇制种技术、种植技术、加工技术等的研究和实践,如福建省三明真菌研究所开展了关于在橘园、田间栽培大球盖菇的研究,获得了良好效益。广西壮族自治区玉林市微生物研究所对大球盖菇的母种培养基进行筛选试验,得出大球盖菇菌丝在稻草玉米粉综合培养基和假单胞菌玉米粉加富培养基中生长最佳。经过国内多家单位多年来研究试验表明,采用以稻草为生料进行园林立体栽培,可获得良好的经济、社会和生态效益。近年来,大球盖菇成为国际菇类交易市场上的十大菇类之一,是联合国粮食及农业组织向发展中国家推荐栽培的食药用菌,商业价值巨大。贵州省多个县(市、区)也在进行广泛栽培,效果良好。

二、营养成分及价值

大球盖菇味美嫩脆,口感颇佳,富含有益于人体健康的蛋白质及糖类、矿物质、维生素、球盖菇多糖等营养物质,其美味集香菇、蘑菇、草菇三菇于一体,具有"素中之荤"的美誉,是一种营养丰富并具有抗肿瘤作用的优质珍稀食药用菌。

大球盖菇子实体中粗蛋白、粗纤维的含量比较多,分别占到总体含量的 25.75% 和 7.99%,氨基酸总量为 16.72%,人体必需氨基酸占氨基酸总量的比值在 40% 以上。同时,干品中磷、钾、铁、硒等微量元素的含量比较高,对维护人体正常代谢、骨骼健康、提高免疫力和预防癌变等方面都有益。

三、生物学特性

1. 孢　子

孢子光滑,棕褐色,椭圆形,有麻点,顶端有明显的芽孔,厚壁,褶缘囊状体棍棒状,顶端有一个小凸起。

2. 菌　丝

菌丝白色,气生菌丝少,双核菌丝多,有明显的锁状联合。

3. 子实体

子实体单生、丛生或群生,中等或较大。菌盖近半球形,后扁平,直径 5～45 cm。菌盖肉质,湿润时表面稍有黏性。幼嫩子实体初为白色,常有乳头状突起,随着子实体逐渐长大,菌盖渐变成红褐色至葡萄酒红褐色或暗褐色,老熟后褪为褐色至灰褐色。菌柄近圆柱形,靠近基部稍膨大,柄长 5～20 cm,柄粗 0.5～4.0 cm,早期中实有髓,成熟后逐渐中空。菌环以上污白色,近光滑,菌环以下带黄色细条纹。

大球盖菇

菌环膜质,较厚或双层,位于柄的中上部,白色或近白色,上面有粗糙条纹,深裂成若干片段,裂片边缘略向上卷,易脱落,在老熟的子实体上常消失。

四、生长发育条件

1.营　养

大球盖菇为典型的草腐菌,可以利用作物秸秆(如水稻、小麦、玉米秸秆等)、玉米芯、水稻壳等栽培,原料来源丰富。

2.温　度

大球盖菇是一种广温性食用菌,适宜种植区域较为广泛。其菌丝能在 4 ~ 36 ℃的温度下正常生长,最适生长温度为 24 ~ 28 ℃,温度过低会致菌丝生长缓慢。子实体原基分化温度范围为 4 ~ 30 ℃,最适温度为 10 ~ 16 ℃,温度升高,子实体的生长速度增快,朵形较小,易开伞;温度较低,子实体发育缓慢,朵形较大,柄粗壮,不易开伞。

3.湿　度

大球盖菇菌丝能在65% ~ 80%的土壤湿度生长,最适生长湿度为 70% ~ 75%。水分过高会致菌丝生长不良、发菌不好、产量不高。

4.空　气

菌丝生长阶段对氧气量要求不严,二氧化碳浓度在2%时也能正常生长。子实体发育阶段需要充足的氧气,若经常通风透气,子实体会生长得更好。

5.光　照

菌丝生长阶段不需要光照,可在完全黑暗条件下正常生长,子实体发育阶段要求散射光,因此,栽培场地宜选在半阴半阳的环境。

6.pH

大球盖菇生长环境为弱酸性环境,其菌丝生长适宜 pH 为 5.5 ~ 6.5。

五、场地选择

(1)宜选择近水源,排水方便的地方。因为栽培中使用的大量稻草需要浸湿,整个管理过程中需要喷水保湿。场地在多雨的时候不可积水,以保证大球盖菇的正常生长。

(2)在土质肥沃,富有腐殖质而又疏松的土壤菌床上种植,有利于早出菇和提高产量。

(3)宜选择避风、向阳,而又有部分遮阴的场所。大球盖菇喜生在半遮阴的环境,切忌选择低洼和过于阴湿的场地。

六、时间安排

种植季节应根据栽培地区的气候条件、大球盖菇的生活习性灵活确定。在中欧各国,大球盖菇是从5月中旬至6月中旬开始栽培。在我国华北地区,如果用塑料大棚保护,除短暂的严冬和酷暑外,几乎常年可安排生产。如果在常年结果的柑橘、板栗等园林里进行立体套种,为了使大球盖菇和树木形成一个组合得当、结构合理、经济效益显著的较佳立体栽培模式,还必须考虑不同品种果实的采收期。较温暖的地区可利用冬闲田,采用保护棚的措施栽培。播种期宜安排在11月中下旬至12月初,使其出菇的高峰期处于春节前后,或按市场需求调整播种期,使其出菇高峰期处于蔬菜淡季或其他蕈菌上市量少的季节。通常来说,以秋初播种温度最为适宜,菌丝生长快,出菇早,产量高,出菇顶峰期正处于元旦、春节前后,鲜销市场好,经济效益高。在11月上旬气温稳定在25 ℃以下时开始投料播种,这样即可在次年春季出菇。

七、设施建设

子实体生长期间需要50% ~80%的郁闭度(遮阴度),如果光照过强,会使菇体生长后期颜色发白,并对菌床菌丝有一定的杀伤力;光照过弱,通风透光差,产生原基少,产量较少。对于露天栽培场所,可以建设一些简易的塑料大棚和遮阴棚,以方便操作为原则,因地制宜建设。

八、场地处理

整畦首先在栽培场四周开好排水沟,主要是防止雨后积水。整畦的具体做法是:先把表层的壤土取一部分堆放在旁边,供以后覆土用,然后把地整成垄形,中间稍高,两侧稍低,畦高10 ~15 cm,宽90 cm,长150 cm,畦与畦之间距离40 cm。若在园林里栽培,可根据园里的地形因地制宜,直接在畦上建菇床,为不影响树木生长可不翻土,将菇床建在两棵树的中间或稍靠近畦的一侧,以便于果园管理。以冬闲田进行塑料保护棚栽培的,为创造大球盖菇的半遮光生态环境,可在顶部加上1层塑料遮光网,或者利用蔓生作物,如豌豆、秋黄瓜、丝瓜等适当遮光,也可以另加草帘等创造半遮光、保湿、保温的环境。根据气温的变化及出菇的情况进行通风管理。栽培前先清净杂草及其他植物根茎,平整土地至土层呈颗粒状。此外,对地面及周边环境杀菌灭虫1次,减少病虫危害。可选用70%克霉灵800倍液,或70%克霉灵800倍液 +50%辛硫磷乳油1000倍液喷施。

九、栽培方法

1. 原材料浸泡处理

选用新鲜、足干、金黄、无霉变、质地较坚挺的中、晚稻草(大小麦草亦可)。将选好的稻草(麦草)先在阳光下翻晒 1 ~ 2 d,以减小病虫害的发生概率,再置于清水或 3% 石灰水中浸泡 2 d 后捞出,沉积发酵并沥去多余水分,使草茎脱蜡变软,以利菌丝定殖萌发和吃料生长。具体做法:把净水引入水沟或水池中,将稻草直接放入水沟或水池中浸泡,边浸草边踩草,浸水时间一般为 2 d 左右,每天需换水 1 ~ 2 次。不同品种的稻草,浸草时间略有差别。质地较柔软的早稻草浸草时间可短些,为 36 ~ 40 h;晚稻草、单季稻草质地较坚实,浸草时间需长些,大约 48 h。除直接浸泡方法外,也可以采用淋喷的方式使稻草吸足水分。具体做法是把稻草放在地面上,每天喷水 2 ~ 3 次,连续喷水 6 ~ 10 d。如果数量大,还必须翻动数次,使稻草吸水均匀。短、散的稻草可以采用袋或筐装起来浸泡或淋喷。对于浸泡过或淋透了的稻草,自然沥水 12 ~ 24 h,让其含水量达最适范围 70% ~ 75%。可以用手抽取有代表性的稻草一小把,将其拧紧,若草中有水滴渗出,而水滴是断线的,表明含水量适度;如果水滴连续不断线,表明含水量过高,可延长沥水时间;若拧紧后尚无水滴渗出,则表明含水量偏低,必须补足水分再建堆。

2. 预发酵

预发酵的目的是防止建堆后草堆发酵、温度升高而影响菌丝的生长。具体做法是:将浸泡过或淋透的草放在较平坦的地面上,堆成宽 1.5 ~ 2.0 m、高 1.0 ~ 1.5 m、长度不限的草堆,要堆结实,隔 3 d 翻 1 次堆,再过 2 ~ 3 d 即可移入栽培场建堆播种。

3. 播 种

当预发酵料料堆温度下降到 30 ℃以下,含水量达 70% ~ 75% 时,即可铺料播种。每平方米投纯稻草、麦草(干料重)20 ~ 25 kg,堆成长×宽为 14 cm×70 cm,高 25 ~ 30 cm 的梯形小堆,铺 1 层草播 1 层菌种,共 3 层草料,播 2 层菌种,播种量为麦粒种 2 袋,草粪种 4 袋。播种方法一般采用穴播法:把菌种掰成花生米大小,穴的深度为 5 cm,采用梅花点播法,穴距 10 ~ 12 cm。最上层覆盖 1 层湿稻草,随即在料面及四周覆 1 cm 厚的腐殖质土作为水分保护层,土上覆盖草帘或旧麻袋,保温保湿,有利发菌。

稻田栽培大球盖菇

4.覆　土

正常情况下,播种后2~3 d菌丝萌发,7 d后向料内及四周舒展,菌丝银白,并有显然分枝,25 d左右菌丝即可长透料层。此时应在料面加盖3~4 cm厚的土。使用前打碎、暴晒,拌入适量石灰粉、谷壳,并用甲醛消毒杀虫。覆土后适量喷水,以湿润覆土为宜。建堆播种完毕后,在草堆面上加覆盖物,覆盖物可选用旧麻袋、无纺布、草帘、旧报纸等。草堆上的覆盖物应经常保持湿润,防止草堆干燥。旧麻袋因保湿性强,且便于操作,效果最好,一般用单层即可。大面积栽培用草帘覆盖也行,草帘既不宜太稀疏,也不宜太厚,以喷水于草帘上时多余的水不会渗入料内为度。若用无纺布、旧报纸,因其质量轻,易被风掀起,可用小石块压边。

十、栽培管理

1.发菌期的管理

料堆温度控制在22~28 ℃,超过30 ℃时可将草堆上半部打开或打洞通气降温;堆温偏低时,应加厚覆盖物或覆膜增温保温。培养料含水量维持在70%~75%,空气相对湿度85%~90%。20 d内通常不向菌床草料直接喷水,平时只需维持料堆覆盖物湿润即可。20 d后可依据气象情况适量喷水,维持空气相对湿度在85%以上即可。保证料垄中心透氧、散热,应用木棍从料垄2个侧面扎2排直径3 cm的孔洞,孔洞呈"品"字形,间隔15~20 cm,最后在料垄上盖1层新鲜干爽的稻秆,以见不到覆土为度。此外,还要注意防止阳光直射向料内传导热量。

2.出菇期管理

当土层外表涌现白色菌蕾时,每天早、晚应向畦床喷雾化水。因大球盖菇菇体较大,需水量较多,在出菇期间水分管理就显得特别重要。原则是轻喷勤喷,菇多多喷、菇少少喷,晴天多喷、阴雨天少喷或不喷。每天通风换气 1 ~ 2 次,每次 30 min 左右。

不同温度、湿度对出菇产量有一定的影响,因此,出菇期主要是通过喷水来严格掌握温度、湿度,以更好地促进幼菇生长。幼菇出现时,应少喷勤喷,当幼菇长大时,菇大菇多时多喷,阴雨天可少喷或不喷,晴天风大时多喷,保持培养料含水量在 70% ~ 75%,空气相对湿度在 85% ~ 95%。大球盖菇出菇最适宜温度为 10 ~ 25 ℃,超过 25 ℃ 或低于 4 ℃ 时不能出菇,温度过低或过高菇体生长均不正常。

出菇期

十一、采收加工

不同成熟期大球盖菇口感差异很大,尚未开伞的菇体食味较佳。因此,应在子实体内幕菌膜未破裂前及时采收,过晚采收易失去商品价值。采摘时切忌松动边缘幼菇,采收后菌床上留下的基部洞穴要用土填满。采收一批菇后,对料堆喷 1 次水,覆膜养菌,10 d 左右又可采收 2 ~ 3 批菇。

采收的鲜菇去除根基部残留的泥土和培养料及菌束后,分装在包装容器内鲜品销售,还可以制成盐渍品或自然晒干、烘干制成干品进行销售,对于有条件的企业还可以进行深加工,如即食食品。

大球盖菇加工

十二、分级与包装

对采摘下来的子实体进行简单分级,子实体内幕菌膜未破裂前及时采收的产品作为好的商品进行鲜销、加工,过晚采收的大球盖菇子实体作为次品进行烘干、腌制,以及精深加工。

产品包装设备必须清洁干燥,无毒,无异味,无杂物。装满袋子后封口,放进无受潮、离层现象的纸箱,填好标签,储存在洁净干爽的独立储藏室内。

第十四节　草　菇

一、历史、现状及前景

草菇,又名兰花菇、小包脚菇,隶属担子菌亚门伞菌纲伞菌目光柄菇科小包脚菇属,是一种高温、速生、草腐性的热带亚热带菌类。草菇栽培始于我国,据张树庭教授考证,在 1932 年前后由华侨传入东南亚,成为亚热带地区的主要食用菌,近年来欧美、非洲等地也对草菇栽培产生了兴趣。目前,在世界人工栽培菇类中,草菇的重要性仅次于双孢蘑菇和香菇,位居第三。因其常生长在高温潮湿的稻草中而得名"草菇"。

草　菇

据清代《舟车闻见录》记载,广东韶关南华寺僧人用稻草培育草菇,以提高僧人的蛋白质摄入,同治年间这种栽培方法流传到民间,便有人用稻草或茅草在田间培育。20 世纪 60 年代,张树庭和邓叔群领导中国科学院中南真菌研究室对草菇进行了一系列研究,选育出数种优良品种。20 世纪 80 年代又改良了栽培技术,产量不断提高,同期,贵州省也在低海拔高温度地区开展了草菇人工种植试验研究。20 世纪 90 年代中期,因废棉渣原料供应紧张,价格上涨,菇农利用中药渣栽培草菇,大大降低了栽培成本,现在中药渣已成为重要的草菇栽培原料。

目前,在世界食用菌栽培业中,中国及东南亚、东北亚和欧洲等已实现了人工栽培。草菇是少数能在夏季高温环境下栽培的食用菌,栽培原料来源广泛,在塑料大棚内、室内室外、屋前屋后均可栽培,且生产周期短,从种到收仅需 15～30 d。广东省室内废棉渣床栽草菇,播种后通常 8～9 d 开始有菇采收,13 d 左右即完成 1 个栽培周期(只收 1 潮菇)。草菇栽培具有栽培原料广、周期短、价值高、劳动强度小、复种指数高、市场容量大、经济效益较高等优势。

草菇是我国食用菌出口传统产品,是亚热带和热带地区最具有发展前途的食用菌,我国曾发行了草菇邮票,可见其价值的重要。据统计,2015 年草菇年产量约 34 万 t,其中干制加工的干草菇不足 20 t,其余大多用于制罐。此外,栽培后菇渣可用作有机肥,具有可观的生态效益。

草菇邮票

二、营养成分及价值

鲜草菇肉质细嫩、风味独特,具有较高的营养价值,其中蛋白质含量 2.66%、脂肪 2.24%、还原糖 1.66%、转化糖 0.95%、粗纤维 2.11%、灰分 0.91%、其他矿物质 24.42%、维生素 C 203.27 mg,还有维生素 B_2 和磷、钙、铁、钾等人体健康所需元素,以及人体必需的 8 种氨基酸。同时草菇还有一定的药用价值,能消食去热,提高免疫力,所含的无氮浸出物能抑制癌细胞生长,不饱和脂肪酸能降血,是高血压和糖尿病患者的保健食品。

三、生物学特性

1. 孢 子

椭圆形或卵形,光滑,带粉红色,(7～9 μm)×(5～6 μm),最外层为外壁,内层为周壁,与担子梗相连处为孢脐,是担孢子萌芽时吸收水分的孔点。初期颜色为透明淡黄色,最后为红褐色。一个直径 5～11 cm 的菌伞可散落 5 亿个以上的孢子。

2. 菌 丝

菌丝透明有光泽,长宽为(5.0～6.5 μm)×(3.2～4.0 μm),被隔膜分隔的菌丝多核,其直径平均为 1.5～2.5 μm,菌丝稀疏,似蚕丝,具有丝状分枝,经分枝蔓延互相交织形成疏松网状菌丝体。草菇菌丝体最大的特点是菌种不能低温保藏,必须在常温下保存,目前保存效果最佳的方法是用玉米芯原种方式缺氧保存。

3. 子实体

主要由菌盖、菌褶、菌柄、菌托等构成。菌盖直径 5～19 cm,伸展后中央稍凸起,幼嫩时灰黑色至鼠灰色,伸展后渐变灰褐色,中央色深,边缘色渐浅,有褐色纤毛形成辐射条纹状。菌褶离生,密,中部宽,初白色后变粉红色。菌柄长5~18 cm,粗0.5~2.0 cm,近圆柱形,向上渐细,白色或带黄色,内实,易与菌盖分离。菌托杯状,粗厚,白色至灰黑色。菌肉白色,松软,中部较厚。

　　同属小包脚菇属的冬小包脚菇,是由贵州科学院何绍昌、张林、连宾等人于1987年首次发现并命名的新种,自然状态下仅生长在贵州省龙里县、遵义市等少数地区。在每年12月前后,即当小麦、油菜、蚕豆等作物高度达到15 cm左右时,其多被发现于谷桩旁,俗称"谷桩菌",为低温型菌类,填补了现有小包脚菇属低温型的空白。贵州科学院对冬小包脚菇进行化学成分分析,发现冬小包脚菇含19种氨基酸,尤其含有人体不能合成的全部8种必需氨基酸,且钙、镁、铁、锌、钾、铜等对人体十分重要的无机元素含量高于其他种类的食用真菌。自冬小包脚菇被发现以来,贵州省生物研究所就对其进行了多年的持续研究、驯化及人工栽培试验,目前已成功实现人工栽培。其栽培方法与草菇类似,仅温度差异较大,冬小包脚菇的菌丝生长温度最好为20 ℃左右,其子实体的形成与发育温度以4~6 ℃为宜。

草　菇

四、生长发育条件

1. 营　养

　　其营养源以碳水化合物与低分子含氮化合物为基础,包括葡萄糖、蔗糖、麦芽糖、淀粉、半纤维素和低分子氨基酸等,麸皮、花生麸等含有的蛋白质要通过菌丝分泌的蛋白质分解为氨基酸后才能被利用。另还需要一定的钾、镁、钙、铁、磷等微量元素去促进细胞核的形成和酶的活性,因此,要在培养料中添加适量的磷酸二氢钾、过磷酸钙、石灰和硫酸镁等。

2. 温　度

　　草菇属高温恒温结实型真菌,尽管其菌丝在15~42 ℃范围内均可生长,但在生产上,菌丝生长时的温度最好为30~36 ℃,其子实体的形成与发育温度以28~35 ℃为宜,培养料温度低于 25 ℃或高于 42 ℃时会严重影响菌丝生长和子实体产量。当培养料温度在 8 h 内降低超过 5 ℃,会引起幼菇萎缩。

3. 湿　度

培养料的空气相对湿度因原料和气候条件不同有一定差异。用稻草、麦秆、中药渣、棉籽壳等作为培养料时,空气相对湿度以 70% ~75% 为宜;当气温高,空气相对湿度低时,以 75% 为宜;当气温低,空气相对湿度高时,以 70% 为宜。以棉籽壳为原料时,湿度以 65% ~70% 为宜。空气相对湿度亦因不同阶段要求不同,在菌丝生长阶段以 75% 为宜,菌床不盖薄膜时以 80% ~85% 为宜;在子实体发育阶段,以 90% ~95% 为宜。若湿度过大,且持续时间过长,菌丝徒长,杂菌、害虫危害会加重。

4. 空　气

作为好氧性真菌,草菇栽培需要消耗大量的氧气。在子实体的分化阶段,空气中二氧化碳浓度为 0.034% ~0.100%,可促进子实体的形成,二氧化碳浓度增加至 0.5% 以上,子实体发育会受抑制,增加到 1% 时,草菇停止生长。

5. 光　照

草菇菌丝和子实体生长需要一定的散射光。光照度为 50 ~200 lx,光照时间为每天 8 ~9 h。无散射光时子实体发育慢,产量低,质地疏松,品质差。

6. pH

草菇喜碱性环境,制备其母种培养基时,可调 pH 为 7.2 ~7.5,实际生产中常将培养料的 pH 调到 9 ~10。这是因为草菇菌丝具有高呼吸作用,产生更多的酸性物质,适当调高 pH 还可以提高抗杂菌的能力。子实体发育阶段 pH 一般在 7 以上。

五、场地选择

草菇的栽培场地要选择在交通方便、水电便捷、环境干燥、通风透光、地势较高且平坦,远离污染性的化工厂、垃圾场、饲料厂、畜禽圈舍等地,且处于当地上风处的地方,例如两面采光的室内,或密闭度较大的树林间,或用遮光率 70% 的遮光网搭建的遮阴棚。

六、时间安排

草菇属高温型真菌,在自然环境中日均温度在 23 ℃以上才能栽培,各地根据当地气候条件确定具体栽培日期。在广东省,没有加温保温条件下,栽培时间一般在 4 月下旬至 10 月中旬;若采用菇房加温设备则可全年生产,目前广东栽培草菇有九成是周年栽培。在贵州省低海拔地区,每年 5 月底至 9 月初可栽培 3 ~4 批。

七、设施建设

草菇专用菇房有2种：一是以杉木方、杉木片、竹、薄膜、保温泡沫板为材料搭建的，二是以砖瓦为材料搭建的。也可利用闲置的农舍、猪舍等房屋改建，在房内搭建培养床架栽培或在地面直接栽培。同时，要求房内有散射光，能保温保湿、通风换气。

八、场地处理

按照不同栽培方式的要求，对栽培场所进行相应的设置。草菇栽培场地可分为泡沫板菇房、砖瓦菇房、原有房屋改造、室外栽培等几种。菇房内部要求清洁卫生、用前消毒。

1.泡沫板菇房

先将菇房场地平整，在地上设地炉加温，上覆3 cm左右厚的水泥，然后用杉木搭床架，床架层间距45 cm左右，底层离地35 cm左右，顶层离屋顶边缘50 cm左右，距屋顶最高处100～150 cm，床架间过道65 cm左右，床架搭好后盖0.06 cm的薄膜，封泡沫板。实践证明，泡沫板菇房长度最好不超过550 cm，菇房顶部除薄膜和泡沫外，加盖石棉瓦、野草或黑纱网。

2.砖瓦菇房

砖瓦菇房与泡沫房相比，室内环境更稳定，但造价是泡沫房的2倍。用砖砌成长6 m，宽4.8 m，边高2.8 m，顶高3.5 m，上盖石棉瓦的菇房，在墙上开1个门，门两侧离地面80 cm且正对靠墙过道位置处各开1个45 cm×70 cm的窗，在两窗上方50 cm处再开2个规格相同的窗户，在菇房另一边再开6个规格相同的窗户，位置与上面的门窗对应。砖房砌好后在屋顶封3 cm厚的泡沫板，再封1层薄膜。床架材料和搭建方法参看泡沫房床架情况。

3.原有房屋改造

原有房屋改造的方法因栽培方式不同而不同。采用地面畦栽时，增设通风口，在房顶和四周封薄膜以便保温保湿。采用床栽时，若想全年栽培，菇房要贴泡沫板、封薄膜、搭床架；若只在夏季、秋季栽培，菇房内封薄膜、搭床架即可。

4.室外栽培

室外栽培主要选在大棚内、果树林下、房前屋后和稻田等靠近干净水源或水井，土质为砂质土壤的地点。气温低时应选择避风向阳的地方，气温高时应选择阴凉通风的遮阴棚、瓜棚等地。

九、栽培方法

草菇的栽培技术较多数食用菌相对简单，但若想让草菇高产稳产，还需要一套科学合理的栽培方法。目前栽培方法有床栽法、袋栽法、地面做畦法、堆草法,最常用的栽培方法是床栽法。

1.废棉渣或棉籽壳床栽法

废棉渣和棉籽壳的栽培方法相同,下面以废棉渣栽培为例进行描述。将 50 kg 废棉渣浸入添加了 2500 g 石灰的水中,浸透后捞起做堆,覆薄膜发酵 2 d,将经过堆制的废棉渣拌松、拌匀,搬进菇房进行二次发酵,铺在培养架上,料厚 5 ~ 7 cm,铺好后向菇房内通入蒸汽或放煤炉在菇房,使培养料温度达到 65 ℃,维持 4 ~ 6 h,然后自然降温,降至 45 ℃左右时打开门窗,待料温降至 36 ℃左右时播种。冬季反季节栽培时料温在 38 ~ 42 ℃播种较好。

2.稻草床栽法

将稻草切成 16 ~ 20 cm 置于石灰水中浸泡,每 50 kg 稻草加 2500 g 石灰,浸泡 6 h 后捞起建堆,堆中要适当穿通气孔,堆制 5 d,期间翻堆 1 次,用薄膜覆盖保湿。床栽法最好经二次发酵,用肥土加 1% 石灰和 1% 茶饼粉,拌匀后加水调至含水量 60% 左右,再用塑料薄膜覆盖发酵 3 ~ 5 d。土壤铺好后再铺上 16 cm 左右厚的培养料,然后加温到 60 ℃维持 12 h,当室温至 35 ℃左右时,将培养料压实,均匀播撒菌种,每 50 kg 稻草用 3 ~ 5 瓶(750 mL 装)栽培种。播后再覆盖 1.5 ~ 3.0 cm 厚的培养料,并压实。每 50 kg 稻草可以收鲜草菇 7.5 ~ 10.0 kg,高的可收 15 kg。

稻草床栽法

十、栽培管理

(1)用废棉渣或棉籽壳床栽法,待播种后,适当通风且维持料温 36 ℃左右,保持 4 d 左右揭膜,夏季 2 d 即可揭膜。播种后 5 d 左右喷出菇水 1 次,喷水后通风换气。冬季利用地温栽培时,通常选择在中午或午后喷水。料温保持 33 ℃左右 2 d,适当增加光照,可见大量草菇子实体原基形成。幼菇形成后,维持料温 33 ~ 35 ℃,相对湿度 90% 左右,以及保证一定的散射光。当湿度不够时,用30 ℃左右的水喷雾,忌吹北风。通常播种后 10 d 左右有菇采收。

(2)稻草床栽管理与上述方法相似,以稻草为原料时培养料较厚,喷出菇水要比废棉渣或棉籽壳栽培晚 1 ~ 2 d。此外,稻草保水性差,要注意菇房内的相对空气湿度。稻草栽培周期比废棉渣或棉籽壳培养长 3 ~ 5 d。

出菇期

十一、采收加工

第一潮菇只采收 4 d 左右,通常每天采 2 ~ 3 次,除集中采摘外,还必须不断巡查菇房,发现可采收的及时采摘。采收后在当地销售的,可在草菇菇体由硬变软、包膜未破蛋形期向伸长期过渡时采收;若需较长运输,则在蛋形期质地较硬,菇体呈圆锥形时采摘。采摘时,一手按住草菇着生基部,另一手将草菇拧转摘下,不可用力向上拔;若遇丛生菇,最好用小刀将可收菇切下。加工方法主要有干制、盐渍和罐藏 3 种。

十二、分级与包装

因草菇后熟特性显著,采下后仍继续发育,温度高时极易开伞,而温度低于 10 ℃时易自溶、变质。因此,草菇必须在 1 d 之内送到客户处,或者将采摘的草菇及时分级晾在筛网上,置于温度 15 ~ 20 ℃的空调房内,用恒温 15 ~ 20 ℃的冷藏车运至目的地。途中塑料框必须压实,使菇体不能在框内滚动以减小损失。

第十五节　白　参

一、历史、现状及前景

　　白参,学名普通裂褶菌,又名白蕈、树花、鸡冠菌、白参菇,属担子菌亚门层菌纲伞菌目裂褶菌科裂褶菌属,为中高温型木腐菌。目前本属共发现了3个种,本种最为常见,故被命名为"普通裂褶菌",分布在我国各个省(区、市),生于栎、杨、柳、桦等阔叶树和马尾松等针叶树的枯干、倒木、伐桩与活立木或禾本科植物秆上,是段木栽培香菇、木耳等木腐菌的常见"杂菌"。因此,在室外种植白参时,与香菇、木耳等栽培场所间要有一个隔离带。

　　欧美地区和日本早在20世纪就对白参及其药理活性、抗癌活性、遗传学等方面展开了研究。1986年,我国的陈国良首次报道了白参的人工栽培方法。1990年,曾素芳在液体培养基上获得子实体,同年罗星野等人指出人工培养的白参子实体优于野生白参。1996年,云南省也开始对云南野生白参进行菌种筛选和规模栽培试验,目前已将白参作为旅游商品"名贵山珍"销售,还出口至我国港澳地区及东南亚各国。

　　白参质地柔软细嫩,富有特殊香味,药效独特,针对小儿盗汗、妇科疾病、神经衰弱、头晕耳鸣等有显著疗效。日本自20世纪80年代开始,就提取裂褶菌多糖试用于胃癌、胰腺癌、直肠癌等的临床治疗。同时,白参在日化、生化、造纸工艺和环保等方面都有广泛的用途和潜在价值。

二、营养成分及价值

　　据邓百万等人对白参菌丝体中粗蛋白的分析测定,菌丝体含17种氨基酸,其中人体必需氨基酸占氨基酸总量的30%～40%,即白参作为蛋白源时其蛋白质含量和质量俱佳。干白参中含灰分7.14%,31种无机元素,其中13种人体必需微量元素含量是香菇、金针菇的数倍,尤其所含硒元素能防治克山病、大骨节病及降低心血管病和癌症的发病率。其裂褶菌多糖对巨噬细胞、自然杀伤细胞等有激活作用,对结核菌的抑菌持久效能高于其他抗结核菌药物;其裂褶菌还原糖制成药品肌内注射可治宫颈癌,并能提高免疫力。白参除营养、药用外,其体内所含的疏水蛋白在保鲜、洗洁、治理石油泄漏污染和作为纳米材料及基因工程等方面,都具有非常突出的作用和价值。

三、生物学特性

1. 孢 子

圆柱形,无色透明,双核,孢子壁平滑,(5.0 ~ 5.5 μm)×(2.5 ~ 3.0 μm)。担孢子圆柱形至腊肠形,无色,光滑,(4 ~ 6 μm)×(1.5 ~ 2.5 μm)。孢子印白色或淡肉色。

2. 菌 丝

白色、疏松、茸毛状,气生菌丝较旺。菌丝有隔,粗细不均,有分枝,直径 1.25 ~ 7.50 μm。生殖菌丝有锁状联合,无色,交织排列,直径为 5 ~ 8 μm。

白 参

3. 子实体

主要由菌盖、菌褶等构成。菌盖直径 0.6 ~ 5.0 cm,厚 0.1 ~ 0.3 cm,扇形、肾形或掌状,无柄,盖面白色、灰白色或黄棕色,密生茸毛。盖缘内卷,有条纹,多瓣裂。菌褶狭窄,不等长,沿中部纵裂成深沟纹,褶缘向外反卷如"人"字形,白色、灰白色,后期淡肉色带粉紫色。子实体无柄或短柄。菌肉薄,白色或带褐色,革质,质地韧。

四、生长发育条件

1. 营 养

在营养生长阶段,最佳碳源是果胶和可溶性淀粉,最佳氮源是碱性氨基酸,如精氨酸、天冬氨酸等,碳源∶氮源≤40∶1,另添加 0.05% 的硫酸镁和磷酸钾及生长因子,如硫酸铜、叶酸等。在生殖生长阶段,最适碳源为果胶和蔗糖,最适氮源为谷氨酸等酸性氨基酸,碳源∶氮源 > 40∶1,同时添加缬氨酸、异亮氨酸等中性氨基酸和精氨酸等碱性氨基酸,0.015% 的硫酸镁和磷酸钾,以及适量硫胺素。因白参分解能力强,在其实际生产中所需的各物质均可通过添加杂木屑、棉籽壳、稻草、甘蔗渣、麦麸等得到满足。

2. 温 度

白参属中高温型菇类,菌丝生长温度为 7 ~ 30 ℃,最佳温度范围为 22 ~ 27 ℃,子实体分化和生长温度为 18 ~ 20 ℃,孢子萌发最适温度为 21 ~ 26 ℃。

3. 湿 度

白参菌丝培养基最适含水量为 60% ~ 70%,菌丝生长阶段最适空气相对湿度为 70% ~

80%,子实体形成阶段的空气相对湿度为80%~90%。

4.空 气

菌丝体发育阶段需要大量的新鲜空气,培养室在保持空气湿度的同时,要经常通风换气,保持对流。协调好通气和湿度的矛盾是白参人工栽培的关键。

5.光 照

菌丝体生长阶段对光照的需求不严格,有50 lx以上的散射光对原基的形成更有利,强光会抑制其生长,无光照情况下则不能形成原基。在子实体发育形成阶段,需要300~500 lx。虽然白参具有强向光性,但光照过强会使子实体品质变差。

6.pH

菌丝生长适宜pH为5~6,pH低于3.5或高于8时菌丝停止生长,其最适pH为4~5。

五、场地选择

白参栽培场地要选在环境清洁,地势平坦或缓坡,交通方便,靠近水源,用电便宜的地方。为防止积水,地势宜高,排水方便,且要坐北朝南,以利于保温。为避免制种时产生杂菌污染,生产场所应当远离制种场所,并处于制种场所的南面。栽培场地选定后,去除土中石块和杂物,平整土地。同时,为减少病虫害的发生,四周应撒上生石灰消毒。

六、时间安排

白参生长适宜温度范围较宽,7~30 ℃均可,其最佳栽培季节为春季的3—5月和秋季的9—10月。利用当地选出的优良品种,在适宜环境下从接种到采菌仅需16~20 d,每年可生产4~6次。以贵州省为例(除东部、东北部、南部边缘地区及红花岗区、赤水市),于4月上中旬接种,6月上中旬进行出菇管理,6月下旬开始形成子实体,此时的自然气温为17~24 ℃,是白参子实体生长的佳期。东部、东北部、南部边缘地区及红花岗区、赤水市因气温较贵州省其他地区偏高3~7 ℃,视具体情况可将栽培时间相对提前10~20 d。

七、设施建设

目前,白参人工栽培最常用的方法为层架式塑料袋栽法。在通风、采光条件好的地方,搭建菇房或改建闲置房屋,在使用前进行清洗和消毒。

八、场地处理

菇房长×宽×高为 30 m×8 m×3 m,占地 240 m²。用钢筋或竹木作为骨架,房顶覆黑白色薄膜,房内搭床架或钢架,架宽 90～100 cm,分设 5 层床架,层距 50 cm。在平整地面上铺细沙。每个床架分别用薄膜覆盖保湿。

九、栽培方法

白参的人工栽培可利用杂木屑、棉籽壳及各种农作物秸秆等,其中以阔叶树木屑作培养基的效果较好。制作培养基的常用具体配方如下。

配方一:杂木屑 88%、麦麸 10%、石膏 1%、石灰 1%。

配方二:玉米秆粉 50%、玉米芯或甘蔗渣 28%、麦麸 18%、玉米粉 2%、石膏 1%、钙镁磷肥 1%。

配方三:棉籽壳 50%、杂木屑 28%、麦麸 18%、玉米粉 2%、石膏粉 1%、碳酸钙 1%。

原料要提前 1 d 预湿拌匀、装袋。为提高生物转化率,一般都采用(17～18 cm)×(22～26 cm)×(5～6 cm)的聚乙烯或聚丙烯塑料袋作为容器,每袋装干料 200～300 g,袋口用直径 6～8 cm 塑料套环。装袋完毕后,用高温灭菌,待冷却后正常接种。接种后的栽培袋集中摆放在菇房大棚内发菌。

十、栽培管理

棚内温度一般为 20～25 ℃,空气相对湿度为 65%～70%,室内保持弱光,经 10 d 左右,培养袋菌丝已在料面布满并深入到颈肩以下,此时除去塑料套环,改用消毒后的书、报纸封口,4～10 d 后菌丝长满菌袋。其间,室温不得低于 18 ℃,也不得高于 33 ℃,否则菌丝生长缓慢或停止生长。将长满菌丝的菌袋口上的报纸揭开,挖除接种块,上架排好,其上覆薄膜,做成有利于原基分化的小环境。覆盖的薄膜需多次抖动,排出二氧化碳,促进原基形成,期间每天喷水 2～3 次,空气相对湿度保持在 80% 以上,经 4～6 d 形成原基。菌蕾形成后揭去薄膜,室温控制在 18～25 ℃,光照度为 300～500 lx。因子实体生长需要大量的氧气,每天要通风 1～2 次。

十一、采收加工

在适宜环境中,从接种到采收一般要 16～25 d,当子实体叶片平展并开始散放孢子时,及时采收。采收前 1 d 停止喷水,以防子实体脆断损坏朵形,若推迟采收,子实体重量不会增加,但会影响下一潮原基的形成,从而降低产量。采摘时,用刀从基部切下,清理杂质。第一潮菇结束后,停止喷水2 d,再进行喷水催蕾,经7 d左右第二潮原基形成。若管理得当,一般可收三潮菇。

十二、分级与包装

鲜品用泡沫盒和保鲜膜包装送进超市,于温度4～5 ℃下保存12～14 d。干制加工时,用机械脱水烘干,鲜干品比例为4∶1,干品用双层塑料袋密封包装,装入纸箱,贴好标签即可,标签应注明重量、时间、管理员,以便销售。

第十六节　蛹虫草

一、历史、现状及前景

蛹虫草又名北冬虫草、北虫草、武士虫草、虫草花、蛹草等,属麦角菌目麦角菌科虫草属,是一种主要寄生于鳞翅目昆虫的丝状真菌,也可以理解为一种以昆虫为食的"蘑菇"。早在20世纪50年代,在吉林省就有采集蛹虫草的报道。蛹虫草在国内分布的地区包括云贵、东北、华中和台湾等地。在显微镜下观察蛹虫草的分离株,会看到分生孢子存在头状的轮枝孢型和链状拟青霉型2种状态,基于其野生型分生孢子主要以拟青霉为主的事实,蛹虫草的分离株为蛹草拟青霉。

自然界的大型真菌按照食性可划分为两类:一类是靠植物为生,即人们通常所说的蘑菇;另一类以动物为食,即大家并不太熟悉的虫草。蛹虫草是虫草属的代表种,其化学组成和地球上所有生物一样,会具有一些相似性,由于其生境寄主的不同也会有各自的独特组分,例如蛹虫草中含有虫草菌素,而在冬虫夏草中就没有合成虫草菌素的基因。

蛹虫草

二、营养成分及价值

蛹虫草人工培养的子实体内含有多种氨基酸、肽类、多糖、微量元素和腺苷等生物活性物质,具有如下生理、药理功能:①抗白血病。蛹虫草人工培养子座的热水浸出物对人早幼粒急性白血病细胞 HL-60 的增生有明显的细胞毒作用,可引起癌细胞收缩、核崩溃、DNA(脱氧核糖核酸)裂解破碎和染色质凝结。②提高中枢神经系统作用。蛹虫草菌株提取物中分离的吡啶酮生物碱具有亲神经特性,可诱导 PC-12 细胞轴突的旺盛生长。③抑制人体肠道有害菌。肠道中的梭状芽孢杆菌是引发人类多种疾病的罪魁祸首,如突然死亡、中毒、致癌,或在胃肠道里经生物转化形成各种有害化合物而导致的衰老等。有报道称虫草菌素对类腐败梭菌和产气荚膜梭菌有显著的生长抑制作用;而对对人类有益的双歧杆菌、嗜酸乳杆菌等有益菌则没有抑制作用。④降血糖。蛹虫草多糖有很好的降血糖活性,其强度比冬虫夏草高约 10 倍。研究发现,降血糖的功能性组分主要为子实体浸出物的低分子量多糖,其活性高于菌丝浸出物,蛹虫草子实体多糖可作为降血糖药物。⑤蛹虫草菌丝提取物能通过激活芳香烃受体,专一性地抑制前脂肪细胞分化,显著降低脂肪积累和成熟脂肪细胞的肥大。⑥通过在饲料中添加蛹虫草,发现随着食用时间延长,试验大鼠精子的数量和质量都明显改善。因此,蛹虫草新型药物的开发具有巨大的潜在价值。

三、生物学特性

1. 孢　子

孢子为分生单孢,多数近球形或拟卵形,$(1\sim2\ \mu m)\times(1.5\sim3.0\ \mu m)$,在孢子链顶部的分生孢子呈柱状,$[(0.8\sim)1.0\sim1.5\ \mu m]\times[(3\sim)4\sim5(\sim8)\ \mu m]$,分生孢子常连成叠瓦状链,或为疏散的孢子头。

2. 菌　丝

在察氏琼脂上,保持温度为 25 ℃,培养 14 d,菌丝生长、发展形成菌落,直径达 50 mm,白色,边缘近鸭梨黄色,背面近枇杷黄色。

3. 子实体

子实体单生或数生,可从寄主昆虫幼虫和蛹的各处长出,苍黄色、橙黄色至橙红色,通常不分枝,长 2~7 cm;可孕部柱状至棒状,长 1.0~3.5 cm,粗 3~10 mm。子囊壳之间充满菌丝,致密表生,近圆锥形,$(450\sim650\ \mu m)\times(250\sim360\ \mu m)$。子囊$(200\sim600\ \mu m)\times(4.0\sim5.5\ \mu m)$。子囊孢子断裂,形成$(2\sim3\ \mu m)\times1\ \mu m$ 的次生子囊孢子。

四、生长发育条件

1. 营　养

蛹虫草既能寄生于鳞翅目昆虫幼体,又能在人工培养基上生长。主要的营养源为碳水化合物、氮元素、无机盐和维生素等物质,在自然界主要通过分解昆虫获得;人工培养时可用大米、小麦等农产品作为原料补充磷酸二氢钾、硫酸镁、维生素 B_1 及少量蛋清或豆浆,即可满足营养需求。

2. 温　度

菌丝体在 $5 \sim 30$ ℃均可生长,低温时生长缓慢,但菌丝体健壮,最适宜生长温度为 $20 \sim 25$ ℃。子实体最适宜生长温度为 $15 \sim 25$ ℃,以 $20 \sim 22$ ℃生长最好。子囊孢子成熟的温度以 25 ℃左右最好。

3. 湿　度

室内培养蛹虫草,空气相对湿度控制在 $50\% \sim 80\%$,培养基质的含水量以 $60\% \sim 65\%$ 为宜,高含水量影响培养基质透气性,同时也易引起细菌的污染。培养前期空气相对湿度需要高一些,培养中期空气相对湿度要求低一些,以利于菌丝蔓延。子实体发育阶段仍需要较高的湿度。

4. 空　气

蛹虫草子实体发育阶段需要空气新鲜、氧气充足。培养环境的二氧化碳浓度过高($>10\%$)则会发生中毒,导致子实体不形成或产生畸形虫草。

5. 光　照

菌丝营养生长阶段应避光培养,营养生长后需散射光刺激进行转色,由白色变成橘黄色。转色结束后,菌丝即由营养生长向生殖生长转换,此时需要散射光诱发子实体形成,其中蓝色光对蛹虫草子实体形成有重要作用。白天光照度保持在 $1500 \sim 1700$ lx,晚上可用 40 W 的日光灯补充照明。另需注意蛹虫草子实体生长有趋光性,注意调整光源或培养装置的位置,使子实体的生长形态符合商业需要。

6. pH

菌丝体对 pH 要求并不高,但子座形成 pH 在 $5 \sim 7$ 之间较为合适。

五、场地选择

蛹虫草人工代料生产的培养地需要干净整洁,通风、透光良好的场地。生产基地需水电配套,周围无养殖场和人群密集活动场所,无水塘、垃圾场等。

六、时间安排

依照贵州省的气象条件,利用自然温度可安排 2 个生产周期:第一周期为 2—7 月,第二周期为 9—12 月。若有人工控温条件可周年生产。

七、设施建设

1. 床架设施
可采用多种方式建设床架,根据当地资源情况可采用木制、竹制或金属制,床架宽80 cm,层间距 60 cm,最底层距地面高度大于 30 cm。

2. 培养装置
可采用塑料盒或玻璃瓶。需要灭菌和独立的接种室,根据生产规模和生产方式确定房间的大小。培养室地面和墙壁须做防水处理,如框架太高可用塑料增设低层顶棚。通风口处理均用无纺布过滤除尘和防止杂菌,并定期更换和清洗通风口的无纺布。

八、场地处理

场地消毒处理方法同常规食用菌场地消毒。培养室地面和墙壁每次培养前都需要做到如下步骤:打扫、冲洗、熏蒸、散气、消毒。清扫除杂,清除蛛网、虫尸、粉尘等杂物,用石灰水上清液冲洗地面、墙壁、屋顶或不易触碰到的角落,用甲醛和高锰酸钾(2∶1)反应热熏蒸出甲酸和甲醛气体,对空间进行消毒杀菌。整个过程要注意空间密闭和禁止人畜进出,一般为48 h。打开门窗通风放气,散尽气味,干燥地面后即可使用。

九、栽培方法

采用菌丝悬液注射法。在自然界蛹虫草的子囊孢子、分生孢子或菌丝体要侵染昆虫,需经过感染体吸附、孢子萌发、穿透体壁、菌丝在血腔中增殖、内菌核形成和子座形成几个阶段。酵母状细胞是蛹虫草在寄主体内增殖的重要方式。蛹虫草不仅在血腔中,而且在液体培养基中,均能以菌丝的方式生长。国外研究者用微体积、高剂量的菌丝悬液注射昆虫的幼虫和蛹,均可让蛹和虫感染死亡而最终产生出成熟的子座。

1. 菌种制备
于三角瓶中加入萨氏培养液(10 g 蛋白胨、20 g 蔗糖、10 g 酵母浸膏、1000 mL 蒸馏水),

灭菌接种,25 ℃,振荡培养 3～7 d。

2.接种体制备及注射方法

培养好的菌液用灭菌餐巾纸或纱布过滤以除去菌丝体,用灭菌生理盐水稀释到每毫升 10^7 个菌丝段的浓度,注射剂量为 5 μL/头虫。从试虫的第二和第三背甲间注入血淋巴中。注射后的蚕蛹放置于有保湿滤纸的塑料盒内,20 ℃ 培养,直至变硬死亡,然后见光培养诱导子实体形成。用死虫蛹接种蛹虫草进行培养,不能形成具有子囊壳的子实体。

我国是世界上第一个用昆虫蛹人工大批量培养蛹虫草子实体的国家。吉林省蚕业科学研究所的谷恒生、苑贵华和吴国山都曾用 1 个高产菌株人工接种家蚕和柞蚕的活蛹,成功地培养出了上百千克的蛹虫草子实体。

3.加富米饭栽培方法

米饭培养基配方:大米 100 g、蛋白胨 2.5 g、甘油 1.0 g、酵母浸膏 1 g、20% 马铃薯液 160 mL,实际生产中可等比例放大。首先制备 20% 马铃薯汁液(马铃薯：水 = 20：80;煮沸 30 min)。每 300 mL 三角瓶中装入大米 25 g,按大米：马铃薯营养液 = 1：1.6 的比例加入营养液,0.8 kg/cm^2,灭菌 30 min,冷却后接种,26 ℃ 培养 12 d,整个培养基长满淡黄色菌丝,移于室温(20 ℃ 左右)下继续培养,沿瓶壁可见橙色的幼嫩子实体原基,随后子实体变为金黄色,60 d 左右子实体开始逐渐成熟,即可采收。

十、栽培管理

米饭冷却接种后,于 20～22 ℃ 黑暗条件下培养,7 d 左右培养基内充满白色菌丝体。置于室内见光培养,10～12 h 菌丝变淡黄色至橙黄色,即转色完成,随后即产生大量分生孢子。若再继续培养,如温差刺激,即可形成子实体原基。在低光照下,子实体开始分化,分枝多,子实体较大。在较高强度光照下,子囊壳才成熟并发射子囊孢子。

十一、采收加工

目前蛹虫草产品有鲜销和干销 2 种类型:鲜销是用锋利的刀具将蛹虫草齐根切断,称重并放在快餐盒中,用保鲜膜封好后进入市场;干销则采用烘房烘干后装袋销售。

十二、分级与包装

目前蛹虫草还未有国家采摘标准和行业采收标准。

第十七节　桑　黄

一、历史、现状及前景

　　桑黄又名胡孙眼、桑臣等,属担子菌亚门层菌纲多孔菌目多孔菌科木层孔菌属,是一种野生名贵药用真菌,富含多种营养成分、微量元素和生物活性物质,如桑黄多糖、三萜酸、芳香酸等。桑黄有"森林黄金"的美称,是一种滋补强体、扶正固本的名贵药用菌,民间把它作为一种治疗肝病、癌症的良药。桑黄所含多糖体能激活人体的免疫系统,抑制癌细胞生长,增强抗癌活性,因此,市场前景非常乐观。

桑　黄

　　桑黄最先记载于《药性论》,称为"桑臣",我国桑黄主要分布在东北地区及贵州省、云南省等,但产量较低,非常珍贵。桑黄常见商品名为桑树桑黄、杨树桑黄、松树桑黄、桦树桑黄等,这些桑黄的产地、产量、价格差别很大,其中,桑树桑黄最佳。《中国真菌志》记载,桑黄主要为火木层孔菌和鲍姆木层孔菌,下面主要介绍火木层孔菌。

二、营养成分及价值

　　桑黄,味甘,性辛、平,无毒。日本将桑黄作为利尿剂使用,认为桑黄可治疗中风、淋病等。相关资料报道,火木层孔菌营养成分丰富,主要含有苯二甲酸、三萜酸、芳香酸、蘑菇酸及多种酶类物质。1968年,日本国立癌症中心的池川哲郎博士发现,桑黄子实体中的多糖成分对小鼠S180恶性肿瘤细胞有抑制作用,而对正常细胞无毒,表明其所含多糖成分具有抗癌作用;而萜烯类、皂苷类等成分,能改善中枢神经系统的兴奋过程,增强抗疲劳能力,降低心肌耗氧量,提高耐缺氧能力,促进肾上腺素分泌,延长抗疲劳时间。桑黄还有另一重要应用,用于治疗脂肪肝及病毒性肝炎引起的肝硬化。其含有的丰富的天然氨基酸、维生素与矿物质等成分,能促进肝脏新陈代谢和肝细胞的再生,日本和韩国已将桑黄微粉胶囊用于临床治疗脂肪肝或肝纤维化等肝病,疗效显著。

三、生物学特性

1.孢　子

孢子形状为卵形至球形,光滑,无色,$(5 \sim 6 \ \mu m) \times (3 \sim 4 \ \mu m)$。

2.菌　丝

菌丝生长较慢,初始阶段菌丝壁薄,透明,顶端钝圆,有主干,呈树枝状,分隔不明显,直径 $3 \sim 6 \ \mu m$。老熟菌丝隔膜处隆起,呈骨棒状,偶有分枝。

3.子实体

子实体多年生,中等至较大,木质,无柄,侧生,长 $5 \sim 20 \ cm$,厚 $1 \sim 10 \ cm$,浅褐色、深灰色、黄色,初期表面有细茸毛,后期光滑,老熟后出现龟裂。菌肉呈咖啡色或锈褐色,木质坚硬。

四、生长发育条件

1.营　养

以碳水化合物与含氮化合物为基础,人工栽培可利用葡萄糖、蔗糖、麦芽糖、淀粉、木质素作为碳源,以麦麸、豆饼、油枯、玉米粉等作为氮源。另外,需要一定的钾、镁、钙、铁、磷等微量元素。

2.温　度

火木层孔菌属于中高温型真菌,生长发育温度为 $24 \sim 30 \ ℃$,菌丝体最适生长温度为 $24 \sim 30 \ ℃$,子实体最适生长温度为 $28 \ ℃$。

3.湿　度

菌丝生长培养基质的含水量保持在 60% 最好,培养室的空气相对湿度最好控制在 $60\% \sim 70\%$ 之间,子实体发育阶段空气相对湿度要提高到 90% 左右。

4.空　气

火木层孔菌为好氧性真菌,菌丝生长阶段对空气要求不太严格,出菌阶段要保持棚内空气流通。

5.光　照

菌丝生长阶段不需要光照,子实体生长阶段需要适量的散色光。若长期不见光,难以形成子实体;若光线充足,子实体颜色较深。

6. pH

火木层孔菌为偏酸性真菌,菌丝可在 pH 为 4~9 的范围生长,最适 pH 为 6。

五、场地选择

场地选择靠近水源,排水性好,土壤透气性好,周边无大型养殖场的地方。

六、时间安排

4—5 月种植最佳。

七、设施建设

建遮阴大棚及其配套的浇灌设施主要是为了遮光通风和调节湿度。栽培用棚可采用房屋、标准菇棚、简易棚等,创造条件满足桑黄生长发育的环境。标准菇棚的规格根据栽培人员的实际情况而定,一般菇棚面积以 180 m^2 为佳。建成四面可以通风换气的大棚,大棚外覆膜即可。菇棚不易过大或过小,过小有效利用率低,过大不利于通风供氧。

八、场地处理

栽培前,要提前将土地翻晒、消毒灭菌,除去杂草和较大土块,平整,铺上厚的塑料薄膜,搭建菇架。在大棚的四周和挖好的排水沟中撒石灰和喷药预防虫害。贵州省几乎多为山地菇场,可在大棚外四周角落挖坑掩埋动物尸体、皮毛、糖,发现蚁虫后用开水烫死,达到环保灭虫的目的。

九、栽培方法

(一) 袋栽栽培

1. 栽培配方

配方一:桑木屑 74%、麸皮 10%、玉米粉 10%、油枯 5%、石膏 1%。

配方二:桑木屑 60%、麸皮 24%、玉米芯 10%、豆饼 5%、石膏 1%。

2. 栽培袋制作

先将原料预湿至含水量为 70% 左右,原料不可堆放,摊开避免发酸,第二天按照配方,把预湿的原料混合搅拌均匀,把含水量调至68%。制袋时采用 17 cm × 33 cm 聚乙烯塑料袋,袋高 15 cm,干重为 0.40 ~ 0.45 kg。料中间打 1 个洞,菌种接入洞中,以利于加快菌丝吃料,达到缩短培养期和减少污染的目的。此方法可直接用床架栽培,架与架之间留有人行通道。

3. 栽 培

接种后将栽培袋排放在菇架上,摆放密度根据气温而定,栽培袋之间的空隙有利于散热;在菌丝长满料面之前,注意控制室温,尽可能减少杂菌污染,要注意保持低光光照环境,强光会降低菌丝生长速度。菌丝长满后,可将棚内温度适当提高,加速菌丝生长。棚内空气相对湿度应保持在60%左右,若湿度过低,可在地面洒水,最好喷雾化水。另外,还要注意通风时间及次数。当菌丝生理成熟后,把菌袋袋口拆开,挖出老菌种块,将菌袋边缘拆成比料面高 3 ~ 4 cm 的形状。

(二)段木栽培

鉴于桑黄为珍贵的药用菌,且具有很好的观赏性,因而目前多采用桑树进行桑黄的人工栽培,药用价值巨大,整体可以煎熬服用。桑树段木材料根据不同大小和形状可制成心状、猴头形、房屋形等工艺品状,满足不同消费者需求。桑黄的人工栽培主要经过选木—截断—打眼—灭菌—冷却—接种—培养出菌几个步骤。

1. 段木选择

杨树、桦树、桑树等阔叶树均适用于栽培桑黄,其中以桑树栽培的桑黄入药品质最佳。树木采伐时间安排在冬季休眠期(11 月至次年 1 月),此时树木的营养最为丰富,采伐后要及时打眼灭菌。

2. 截 断

选择直径 15 cm 左右的树木,截成 25 ~ 30 cm 的段木,并将段木表面去除毛刺,避免扎破聚乙烯菌袋。

3. 打 眼

用电钻等按照"品"字形打眼,依据段木直径灵活决定打眼深度。直径 15 cm 的段木,打眼在 4 cm 左右;直径 10 cm 以下的段木,打眼在 3 cm 左右。也可采用段木两端接种的方法。

4. 灭 菌

将打好眼后的段木及未打眼的段木放入聚乙烯袋中,灭菌后,出锅冷却至室温,搬进接种室准备接种。

5. 接 种

充分冷却的段木和菌袋,在接种室内进行无菌操作接种,将菌种接入打好的眼洞中,或接种于段木两端,接种后封好菌袋,搬进培养室培养。

6.段木栽培管理

段木栽培管理方法同袋栽。

十、袋栽栽培管理

桑黄生长周期较长,管理工作尤为重要。桑黄生长发育的过程中,对环境温度要求较高,菌丝生长温度在 24 ~ 30 ℃最佳,子实体在 28 ℃生长最好。

1.发菌阶段管理

发菌期间,培养室内温度保持在 24 ~ 30 ℃之间,空气相对湿度要求在 60%左右,每天通风 1 h,每个星期菌袋上下翻动 1 次,当菌丝发满 2/3 时,移入大棚,揭开袋口,保持较小空隙。棚内切忌强光直射,以散光为宜。大概 1 个月菌袋便可发满菌丝。

2.出菌阶段管理

当菌丝长满之后,在菌袋两端打孔,孔大小为 1 ~ 2 cm,便于出菌。出菌时,棚内温度控制在 20 ~ 28 ℃最佳,空气相对湿度保持在 90%以上,并提供散射光和注意通风。棚内要保持潮湿,可在地面洒水或者采用喷水装置喷水。通风时间最好选择在早晨和傍晚。原基长到一定程度后,会逐渐形成菌盖,在此期间要增加喷水次数,提高湿度,若出现高温天气,可采用喷水降温。桑黄生长发育阶段,发现畸形、坏死、感染等菌袋,要及时处理。当菌盖颜色由白色变为浅黄色,再逐步变成黄褐色,菌盖边缘白色消失且变黄色,菌盖背面弹射出黄褐色孢子时,表明桑黄子实体已经成熟,注意及时采收。

十一、采收加工

桑黄采收 1 周前停止喷水,关闭通风口,通道地面铺上塑料薄膜,收集弹射出来的孢子粉。采收桑黄时,从柄基部用剪刀取下,及时烘干或晒干至含水量 12%左右。采收后,除去料带口部的老化硬块,将培养袋重新摆放于棚内。1 周后,提高空气相对湿度到 90%左右,按照上述管理,进行第二潮和第三潮出菌管理。

十二、分级与包装

干燥后的桑黄采用双层袋包装,塑料袋应无污染、清洁、干燥、无破损,最好真空密封,再用硬纸箱进行外包装,长途运输或长久储存还应在袋内置有干燥剂或其他防潮剂。同时做好包装记录,其内容应包括品名、规格、产地、批号、重量、包装工号、包装日期等。

第十八节 天 麻

一、历史、现状及前景

天麻 Gastrodia elata Bl.，又名赤箭、独摇芝、神草、鬼督邮、明天麻、定风草等，是兰科天麻属多年生草本植物，常见以天麻干燥块茎流通于市场。广泛分布于贵州、云南、陕西、湖北、安徽、甘肃、吉林、辽宁等省，以贵州省西部和云南省东北部乌蒙地区所产的为著名地道药材，质量尤佳。天麻应用历史悠久，在国内外久负盛名，《神农本草经》始载"乌天麻"，列为上品，名为"赤箭"。天麻是我国常用且较名贵的中药，也是贵州省著名地道药材和土特产品，历版《中国药典》均予收载。以前都是靠采集的野生天麻作为主要供应源，在 20 世纪 70 年代，通过大量的研究，发现了天麻与萌发菌、蜜环菌的伴生关系，破解了天麻生长规律化的关键因素，形成了规模化的人工种植。目前，全国天麻分布主要以贵州省西北部、云南省东北部、湖北省宜昌市、安徽省大别山、甘肃省及东北长白山等地为主，全国各个地区均有少量分布，全国累计种植 60 万亩（约 4 万 hm^2）。随着人们养生意识的不断提高，天麻作为养生食材的市场流通量在不断增大，天麻的需求量也有所增加。

以贵州省大方县和德江县为代表的贵州天麻种植面积在不断扩大，扩张到遵义市及雷山县等地。贵州省各天麻主产区的技术和管理水平正在不断提高，形成了以政府为引导，龙头企业和天麻种植专业合作社为主体，科研院所为技术支撑，广大农民积极参与的"政、产、学、研、用"相结合的天麻种植业。据《贵州省中药材产业发展报告（2013 年）》统计，至 2013 年止，贵州全省天麻种植面积达 12.22 万亩（约 0.81 万 hm^2）[其中，保护、抚育面积分别为 3.94 万亩（约 0.26

天 麻

万 hm^2）、8.28 万亩（约 0.55 万 hm^2）]，总产量 16 298.16 t，总产值 148 847.28 万元，已取得显著社会效益与经济效益。

贵州省大方天麻和德江天麻获批为"国家地理标志保护产品"，"中国天麻之乡"的美誉又给贵州天麻加上一道光环，贵州天麻的市场优势显而易见。当前天麻市场上绝大多数是红天麻，乌天麻相对于其他天麻品种来说，外形好，品质优异，折率高，只分布于高海拔区域，可见在贵州省高海拔地区发展乌天麻具有独特的竞争优势和广阔的市场前景。

二、营养成分及价值

天麻富含天麻素及对羟基苯甲醇、天麻多糖、氨基酸、维生素 A、苷类、生物碱、琥珀酸、β-谷甾醇等,其中天麻素及对羟基苯甲醇和天麻多糖是主要成分,《中国药典》(2015 年版)以天麻素及对羟基苯甲醇含量高低来衡量天麻品质的高低,其内阐述道:天麻味甘,性平。功能与主治为息风止痉,平抑肝阳,祛风通络。用于小儿惊风,癫痫抽搐,破伤风,头晕目眩,手足不遂,肢体麻木,风湿痹痛。临床应用证明,天麻对血管性神经性头痛、脑震荡后遗症等有显著疗效。在民间,历来作为养生食材食用。

天　麻

三、生物学特性

1. 有性繁殖种子萌发形成原球茎

天麻种子细小,无胚乳,成熟的胚只有数十个细胞,胚细胞含有的多糖和脂肪等营养物质不足以提供种子萌发的营养,吸水膨胀萌动的种子被萌发菌侵染,通过消化萌发菌获得营养,种胚逐渐长大,突破种皮而萌发,并进一步生长发育成原球茎。播种时间在 6—7 月,形成原球茎时间为 7—8 月,种子萌发至形成原球茎需要 40 d 左右。

2. 原球茎生长发育形成营养繁殖茎

种胚突破种皮生长发育成原球茎,8—9 月进行第一次无性繁殖,分化生长出具有节的营养繁殖茎。如果有蜜环菌及时侵染,营养繁殖茎就很短;如果没有蜜环菌侵染,营养繁殖茎进一步伸长呈细长的豆芽状,顶端形成小米麻,节处可以发出侧芽,萌发菌已远不能满足天麻无性繁殖对营养的需要,入冬前营养茎变成深褐色,逐渐死亡。

3.营养繁殖茎生长发育形成白麻、米麻和箭麻

蜜环菌以菌索或菌丝形态大多数侵入营养繁殖茎,少数侵入原球茎。被蜜环菌侵染的营养繁殖茎粗短,一般长为 0.5~1.0 cm。营养繁殖茎消化蜜环菌获得营养,顶端分化出白麻,侧芽可分化生长出白麻和米麻;11 月,白麻长可达 6~7 cm,直径可达1.5~2.0 cm,重 7~8 g。播种当年,以白麻和米麻越冬。

早春 2—3 月土壤温度升高到 6~8 ℃,蜜环菌开始生长,与白麻接触,萌生出分枝侵入白麻。4—5月,当气温升高至 12~15 ℃时,白麻顶生长锥开始

白 麻

萌动生芽,如果被蜜环菌侵染建立营养关系,则可分化生长出 1.0~1.5 cm 长的短粗的营养繁殖茎;营养繁殖茎顶端分化出具有顶芽的箭麻,并可发出数个到几十个侧芽。如果接不上蜜环菌,营养繁殖茎长如豆芽状,新生麻比原母麻还小,逐渐消亡。11 月后,原白麻逐渐衰老,为蜜环菌良好的培养基,体内充满蜜环菌菌索,白麻逐渐中空腐烂,称为"母麻"。播种第二年,以箭麻、白麻或米麻越冬。

米 麻

4.箭麻抽茎、开花与结实

越冬的白麻、米麻继续进行无性繁殖。箭麻经过 0~5 ℃、40~60 d 的越冬后,于第三年气温达到 15~20 ℃时开花。抽茎、开花、结实,整个过程历时 2 个月左右,寒冷的山区开花

周期一般延长半个月左右,每朵花花期 7～8 d。野生环境下,低海拔区域一般 4—5 月抽茎,5—6 月开花授粉,6—7 月种子成熟;高海拔区域一般 5—6 月抽茎,6—7 月开花授粉,7—8 月种子成熟。生产中,由于人工控制,低海拔区域一般 3—4 月抽茎,4—5 月开花授粉,5—6 月种子成熟;高海拔区域一般 4—5 月抽茎,5—6 月开花授粉,6—7 月种子成熟。生产中,天麻抽茎、开花、结实一般比野生环境下早 1 个月。

天麻开花

　　同一海拔,阴暗处的天麻比向阳处的天麻抽茎、开花、结实一般晚 10～20 d,乌天麻和绿天麻一般比红天麻抽茎、开花、结实晚。天麻的花序为总状花序,长 10～30 cm,一般形成 40～60 朵花,花的多少与天麻的大小有关,大天麻花茎高在 2 m 以上,花多达 80～100 朵。天麻开花顺序由下向上,果实的成熟顺序一样,人工授粉的最佳时间为每天上午的 10 时前和下午 6 时以后,授粉至种子成熟一般要 20 d左右,种子开裂前 1 d(约授粉后第十九天)为种子活力最高期,蒴果开裂后种子活力大大降低。花序顶端花往往发育不正常,花和果小,种子质量差;花序中部的花芽饱满,花和果大,种子的质量好;花序下部的花芽中等大小,果中等,种子质量中等。生产中常去掉顶端和下部质量差的花,以提高中部种子的质量。

四、生长发育条件

1. 营　养

　　天麻的种子无胚,需要真菌诱导其萌发,因此天麻的生长需要与萌发菌及蜜环菌伴生,萌发菌诱导种子萌发,后续依靠蜜环菌分解木材上的营养为其提供养分,因此,天麻种植的主要营养源来自于蜜环菌。蜜环菌需要一些阔叶树为其提供营养,如毛栗、板栗、青冈等不含油脂、芳香味的树木。

2. 温　度

　　天麻与蜜环菌的生长在 21～25 ℃条件下最佳,天麻在 10～15 ℃开始萌芽,蜜环菌在 2～5 ℃条件下仍能生长,但是温度超过 30 ℃蜜环菌停止生长,会导致天麻营养吸收不良而同样停止生长。

3. 湿　度

　　天麻及蜜环菌生长在较为潮湿的地方,蜜环菌最佳的土壤湿度为 80%～85%,因此在种植时,土壤湿度最好能够保持在60%以上,以保障蜜环菌的湿度需求。

4.空 气

蜜环菌及天麻均为好氧性生物。

5.光 照

天麻属于阴生植物,生长过程中不需要进行光合作用,蜜环菌同样也是喜阴性真菌,不需要太强的光照,在栽培时最好选择有树林遮阴的林下。

6.pH

天麻常见于剩余腐殖质较厚的林中,蜜环菌最佳生长的pH为6,因此,pH为5.5～6.5的微酸环境最佳。

五、场地选择

选择地块要求以荒山林地或退耕3～4年以上地块为宜,林下阴湿,土壤土层深厚,疏松透气,排水良好的砂壤土或腐殖质较厚的土壤,有灌溉水源最佳,以阳山或半阳山坡地块为宜。贵州省宜选夏季,气温较凉爽,最高气温一般不超过30 ℃,冬季至少保证有2～3个月平均气温5 ℃以下的低温期,以保证天麻顺利经过冬季低温处理。海拔1000～1400 m宜生产种麻,海拔1400～2000 m宜生产商品麻;红天麻宜选择海拔1000～1500 m的区域;乌天麻宜选择海拔1500～2000 m的区域。

六、时间安排

天麻的繁殖方法有两种,即有性繁殖和无性繁殖。有性繁殖种子播种需要与萌发菌和蜜环菌两种菌共生获取营养;无性繁殖用初生茎做种,只需与蜜环菌共生而获得营养。从商品麻中筛选出形态完整、个头较大、无伤残、无病害的天麻进行出苗开花,并经过人工授粉而生长发育得到天麻蒴果的过程叫作"假植箭麻"。将天麻蒴果内的花粉与萌发菌进行搅拌,最后与蜜环菌和木材一起下地栽培,经过8个月或16个月的时间,生长发育形成种麻的过程叫作有性繁殖;将有性繁殖得到的白麻和米麻种麻、蜜环菌、木材下地栽培,形成商品麻的过程就是无性繁殖。因此,天麻各个栽培环节的时间安排为:假植箭麻阶段为当年12月至次年6—7月;有性繁殖育种阶段为假植箭麻结束至次年3月;无性栽培时间段为有性繁殖结束至次年2月。

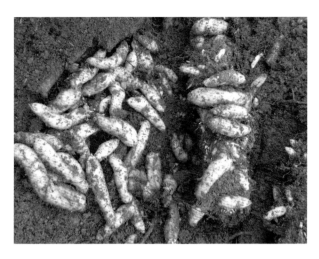

白　麻

七、场地处理

天麻栽培不以"亩"为单位,而以"窝"或"穴""窖"为单位;其栽培场地可据实际布置选"窝",栽培地不一定连接成片,并可根据小地形进行栽培整地。整地时,应砍掉地面上过密的杂树、竹林、杂草,挖掉大块石头,把土表渣滓清除干净,直接挖穴栽种;陡坡的地方可稍整理成小梯田或鱼鳞坑,开穴栽培,穴底稍加挖平,也应有一定的斜度,便于排水;雨水多的地方,栽培场地不宜过平,应保持一定的坡度,以利于排水。挖坑深 15～20 cm,坑宽 50 cm,长1 m,长度也可以根据地形来确定。

八、栽培方法

(一)伴生菌蜜环菌制种技术

1.母种制种技术

(1)所需设备材料。设备:超净工作台,手提式高压灭菌锅,电子秤,解剖刀,电磁炉等,试管(18 mm×180 mm)。试剂:磷酸二氢钾,硫酸镁,马铃薯,葡萄糖,琼脂条,蛋白胨。材料:蜜环菌子实体。

(2)培养基配制。母种培养基:马铃薯 200 g、葡萄糖 10 g、蔗糖 10 g、蛋白胨 2 g、磷酸二氢钾 1 g、硫酸镁 0.5 g、琼脂粉 20 g、蒸馏水 1000 mL(pH 为 6)。使用以上材料按照马铃薯培养基加富培养基的配方配制,然后置于灭菌锅中,在 0.15 Pa 的条件下灭菌 30 min,摆放成斜面,制成试管斜面培养基。待冷却凝固后移入超净工作台备用。

(3)材料灭菌操作。在超净工作台上将清洗干净的蜜环菌子实体用75%酒精擦拭,然后使用无菌水清洗3~4遍,将接种所需的工具一起放入,打开紫外灯灭菌30 min。

(4)接种操作方法。操作前在超净工作台里使用酒精对手与所需工具进行消毒,点燃酒精灯,使用解剖刀将蜜环菌子实体从中部剖开,用解剖刀切取菌柄顶端与菌盖连接部位0.3 cm的组织块,在酒精灯火焰口拔掉试管棉塞,将组织块放置在斜面培养基的中部,在火焰口塞紧试管棉塞即可,要求整个接种过程在无菌条件下进行。

(5)培养方法。将试管放置于25 ℃的环境条件下培养,15~20 d即可长满整支试管。

2. 原种与栽培种制种技术

(1)所需材料。设备:接种箱,常压灭菌锅炉,拌料机,装袋机,台秤等。

材料:木屑,麦麸,白糖,石膏。原种培养基配方:木屑67%、玉米芯20%、麦麸10%、石膏1%、硫酸镁1%、白糖1%。

在搅拌机中加入预湿1 d的木屑作为主料,再加入麦麸、玉米、白糖、石膏与硫酸镁,含水量80%,混合搅拌均匀后装瓶或装袋,用食用菌带棉套环封口即可。

(2)灭菌操作。将袋装培养料置于常压灭菌锅中灭菌16~18 h。灭菌时间结束后,将培养料移入冷却室进行冷却。当培养料温降至室温时,即可进行接种。

(3)接种操作。将接种箱打扫干净,将培养料、母种试管、接种工具等放入接种箱,使用3 g熏净药物对接种箱进行灭菌处理30 min。灭菌时间结束后,进行接种工作,接种前需对工具、手套等进行消毒。1支母种试管一般转接5瓶原种。使用接种钩将母种试管上的天麻菌丝移入培养袋中,盖好原盖,要求所有操作在无菌条件下进行。

(4)培养方法。将接种完成的培养料置于20~25 ℃的培养室中进行培养,45~60 d即可长满整袋。

(5)栽培种的制种技术。栽培种即是原种的再扩大繁殖,一瓶原种可接40~50袋栽培种,培养料配方、操作技术与原种的相同。

(二)假植箭麻栽培技术

(1)栽培材料。采收的个头较大、饱满、质量好、无残损伤的箭麻。

(2)时间及育种场地的选择。当年12月至次年3月。场地选择在室内或室外大棚。

(3)厢房制作。根据地势大小,制作成宽60 cm、高10~20 cm,长度根据实际情况而定的厢房。厢房之间保持50 cm宽的人工授粉通道。

(4)用塑料薄膜在厢房内铺上1层,然后在塑料薄膜上均匀撒上3~5 cm厚的处理好的泥土。

箭 麻

（5）把挑选好的做种箭麻顶芽朝上平放于细泥土上，箭麻之间保持1～2 cm宽的距离。

（6）摆好箭麻后覆盖3～5 cm厚疏松土壤。

（7）保持土壤湿润，待箭麻抽薹开花，注意控制室内的温度与湿度。开花后必须进行人工授粉，箭麻茎秆较高时必须利用竹竿等支撑物捆绑起来，避免茎秆折断。

（8）人工辅助授粉。授粉时间：3—5月箭麻已经开花，箭麻花粉已发育成熟，可进行授粉。箭麻的开花期即是箭麻授粉期。每天授粉时间为上午9—12时和下午4—6时。一株箭麻花薹平均每天开花3～5朵，遇到突然升温到25 ℃左右，可持续5～7 d，最多1 d可开放10朵左右，反之，突然降温，开花朵数随之减少。但不论何时开花，都应及时授粉。当土壤干旱时应在地面和厢面洒水，注意勿将水洒在花上。

箭麻开花

授粉操作技术：授粉时用牙签轻轻挑起雄性花药（花粉团），去掉花粉团上覆盖的花帽，将花粉团准确地放在雌蕊柱头区上，用牙签稍压，使花粉团散开，扩大授粉面，对形成大果有很好的作用。

（9）果实成熟与采收。一般授粉18～20 d，用手摸果实由硬变软，颜色由深乌色变浅，果缝泛白色，打开果实后箭麻种子可自然散开，颜色呈灰浅褐色，整个果实处于即将裂口而尚未裂口，应及时采收。如采摘裂口种子，种子易飞散，且播后的发芽率相对降低。采收后将果实带回，放纸盒内（留通气空隙），置室内干燥阴凉地方暂放，即可下种。

（10）果实储存。箭麻果实因授粉先后不同分批成熟，需分批采收，最好随采随播。如果遇雨天不能及时播种，可先将箭麻种子抖出与共生萌发菌拌匀，装在塑料袋内暂存1～2 d（放阴凉通风处，防止烧袋而生长杂菌）。外调果子应在冷藏箱内保存运输。不能及时播种的果子可放阴凉通风处,温度控制在 8 ~ 18 ℃ 条件下暂存。

(三)天麻有性繁殖育种技术

1. 栽培材料

木材:所用木材主要为青冈树、毛栗树、楠木树、野樱桃树等杂木,一般不用含油性成分的木材。栽培所需木材规格:大木材即底材,直径 6 ~ 10 cm,长度 40 ~ 45 cm;小木材直径 3 ~ 5 cm,用作有性繁殖的锯成 35 ~ 40 cm 长的小段,并在相隔 5 cm 的地方砍成鱼鳞口。木材用量为 25 ~ 30 kg/m²。

蜜环菌:蜜环菌种,切成直径约为 4 cm 大小的块状备用,用量为 2 袋/m²。

萌发菌:萌发菌种用手掰成直径 1 ~ 2 cm 大小的小块,用量为 1 袋/m²(600 g/m²)。

细木叶:用粉碎机把木叶粉碎成细片,用量 0.25 kg/m²(要求新鲜枯叶,无腐烂、霉变)。

粗木叶:未经粉碎的青冈树或毛栗树等不含油脂的叶子,用量 0.25 kg/m²(要求新鲜枯叶,无腐烂、霉变)。

2. 拌 种

取萌发菌与天麻蒴果,按照杂交秆天麻 9 粒/m² 和乌秆天麻 13 粒/m² 的比例将其均匀撒播在掰好的萌发菌上,搅拌均匀。

3. 挖 坑

挖坑:林下仿野生栽培的栽培模式。

挖坑要求:挖长约 60 m、宽约 50 cm、深约 15 cm 的坑。在地势条件允许的情况下可以挖长度不限、宽 50 cm、深 18 cm 的长沟厢床。

4. 播 种

在挖好的坑内摆放加工好的大木材,要求摆放时尽量保持整齐,选材尽量选择长度一致的木材,木材与木材之间相距 10 cm 左右,在大木材中间用小木材填满,在每根木材的两端及空隙处放上切好的蜜环菌,撒上 1 层细木叶,将拌好萌发菌的天麻种子铺上,覆盖 1 层薄薄的粗木叶,覆土 6 ~ 8 cm,最后再在表面覆盖 1 层草类植物保温保湿即可。

5. 田间管理、采收

(1)有性繁殖主要防涝防旱,防牲畜踩踏、虫害等,要经常查看种植基地,发现问题及时解决。

(2)有性繁殖生长时间在 10 ~ 11 个月采收的天麻称为"零代种",栽培时间在 1 年半采收的称为"一代种"。一般情况下,高海拔地区一代种的麻种质量较好。采收时选出箭麻与种麻,分开装,采收的种麻必须及时进行再栽,避免放置时间长,导致种麻霉烂,生长点受到破坏、擦伤等。

（四）天麻无性繁殖栽培技术

1. 材　料

天麻种麻650~900 g/m²。木材：青冈树、毛栗树等杂木（规格：大木材直径6~10 cm，长度40~45 cm；小木材直径3~5 cm，长度6~10 cm），木材用量为25~30 kg/m²。蜜环菌种切成直径约为4 cm大小的块状备用，用量2袋/m²。

2. 菌材培育

8—10月进行菌材培育，挖坑，林下仿野生栽培的栽培模式。挖坑要求：挖长约60 m、宽约50 cm、深约15 cm的坑。在地势条件允许的情况下可以挖长度不限、宽50 cm、深18 cm的长沟厢床。然后在底层放置大木材，木材与木材之间间隔2~3 cm，在木材两端放置切好的蜜环菌，覆土培养2~3个月即可。

3. 种麻选择及播种

（1）种麻选择标准。颜色黄白，前端1/3为白色，形体长圆略呈锥形，且有多数潜伏芽；种麻不宜太小，一般以拇指粗细、重量在30 g以上为好，将个头大小相对一致的种麻分别装起来，方便栽培时使用；种麻表面无蜜环菌缠绕侵染，无腐烂病斑和虫害咬伤，尤其要注意检查有无虫害；生长锥（白头）饱满，生长点及麻体无撞伤断损情况。凡有断裂及伤口者在栽培后首先会形成色斑，继而全部腐烂，且相互传染。凡是种麻生长点已经萌发生长者即是将形成箭麻，不能再栽。

（2）整理菌床、播种。将培养了2~3个月的菌床挖开，整理菌床，每根菌材上摆放3~4个麻种，将麻种摆放在菌材上，然后将小木材有序地摆放在底材的间隙处，覆盖10~12 cm厚的泥土，窝表面呈垄状，表面覆盖秸秆等遮阴物。

4. 田间管理

（1）防旱、防涝。根据天麻生长习性，春季天麻刚萌动生长时需水量小。6—8月是天麻生长旺盛时期，需水量大。9月下旬以后天麻生长减慢，逐步趋向定形，处于养分积累阶段，不需要大的水分，这时需要的是昼夜温差大，天麻个体可迅速膨大。阴雨连绵、低温高湿，是造成天麻腐烂多、产量低的主要原因。

（2）防冻害。当栽培层温度降到 –10 ℃以下时就会发生冻害，生长点变黑进而腐烂，而且栽培的白麻越大，冻害越严重。

（3）防治病虫害。病害：天麻病害多为不良环境和粗放管理造成的生理性病害。主要是块茎腐烂（干腐或湿腐），气味腥臭。防治方法：对生理性病害应采取综合防治措施，加强科学管理，尤其是温度、湿度及水分管理，贯彻以防为主，为天麻创造一个适宜生存的环境，减少病害的发生。虫害：主要有蚜虫、红蜘蛛、蛴螬、介壳虫、白蚁及平菇厉眼蕈蚊幼虫等。

5. 采 收

采收与加工时间为 11 月至次年 3 月。商品麻分为冬麻和春麻,采收时间分别为每年冬季 11 月和春季 3 月上中旬,冬季收获的冬麻品质好,折干率较高。采挖时不能使用机械、器械等工具,避免伤到箭麻,必须采用人工手刨采挖。采挖后将箭麻和种麻分开,首先挑选出制种所需的箭麻,然后将箭麻按大小分等级加工成干商品天麻或者直接进行鲜售,种麻随即进行扩栽,防止堆放过程中发烧、霉烂或冻坏生长点,影响栽培质量。

九、加 工

1. 筛 选

采挖的天麻运回室内进行初次筛选,挑选出伤病残天麻。

2. 清洗、二次筛选

将天麻表面的泥土清洗干净,然后进行二次挑选,选出带黑斑、病害天麻。

3. 杀青灭酶

清洗干净的天麻采用水煮或蒸制杀青灭酶处理,一般情况杀青程度以刚刚透心为准,即使用牙签插入天麻内,无白浆溢出即可;或使用强光照射天麻,天麻发亮、透心。杀青过度,烘干的天麻会变空心;杀青温度及时间不足,杀青后的天麻会变褐色或呈花瓣状。

4. 烘 烤

天麻的烘干不能一次性完成,必须经过反复的烘烤、回汗。首先在温度 65 ~ 68 ℃、湿度 45% 条件下烘烤天麻至其微皱皮,然后移出烘箱放置在室温条件下回汗,直至天麻皱皮现象消失;然后再在温度 60 ℃、湿度 40% 条件下进行第二次烘烤,待天麻皱皮,移出烘箱放置于常温条件下回汗,待皱皮现象消失;再在 55 ~ 58 ℃、湿度 38% 条件下进行第三次烘烤,烘烤程度以皱皮现象产生停止;后期在第三次烘烤的温度、湿度条件下进行烘烤,直至天麻烘至全干。全干的天麻落地有清脆的响声,且易断。务必确保烘烤的天麻最终含水量低于 15%,否则在储存过程中容易发霉变质。

十、分级包装

按照个头大小、重量对天麻进行分级,置于阴凉、通风、透气处储存,具体分级情况如下表。

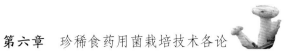

天麻分级情况

级　别	形　态	数量/(个·kg⁻¹)	单个重量/g
特　级	卵形、宽卵形、椭圆形,体厚、略扁;长 9 ~ 15 cm,宽 5 ~ 7 cm,厚 3 ~ 5 cm	≤16	≥62
一　级	卵形、宽卵形、椭圆形,体厚、略扁,稍弯曲;长 7 ~ 10 cm,宽 4 ~ 6 cm,厚 2 ~ 3 cm	≤24	≥41
二　级	卵形、宽卵形、椭圆形,体厚、略扁,稍弯曲;长 6 ~ 8 cm,宽 2 ~ 4 cm,厚 1 ~ 2 cm	≤32	≥31
三　级	卵形、宽卵形、椭圆形,体厚、略扁,稍弯曲;长 5 ~ 9 cm,宽 1 ~ 3 cm,厚 0.8 ~ 1.2 cm	≤44	≥22
四　级	凡不属于特级、一级、二级、三级的箭麻	≤100	≥10
籽　麻	无芽嘴,个体较小,呈长梭形,种麻加工而成,长 5 ~ 10 cm,宽 1 ~ 2 cm,厚 1 ~ 2 cm	不规定	不规定

第十九节　茯　苓

一、历史、现状及前景

茯苓别名松柏芋、苻胎、福苓、莜仙、更生、不死面等,分类上属担子菌亚门多孔菌目多孔菌科茯苓属。茯苓在我国分布很广,贵州省、云南省、安徽省、福建省、湖南省、湖北省等长江以南地区大都是茯苓产区。人类认识和应用茯苓已有 2000 多年历史,古人将茯苓称为"福苓""小神仙",要想得到它,必须先做善事,否则很难获得。自古以来,茯苓产品因用途广泛而供不应求,早在明朝就出口海外。随着改革开放的深入,人们生活水平日益提高,内需及出口量逐年增大,野生茯苓资源已不能满足国内、国际市场的需求,发展人工栽培茯苓势在必行。

我国人工栽培茯苓的历史悠久,距今已有 1500 多年。20 世纪 60 年代初,就有人进行规模化的人工栽培茯苓。20 世纪 90 年代初,茯苓从业者已逐步建立起集科研、栽培、加工、营销为一体的团队,每年产销干鲜茯苓数万吨,产值达 10 亿余元。

茯苓的应用空间非常广泛,可以药用、食用、保健、美容等。茯苓性平,味甘,无毒,历代医学认为其药性缓和,能补心脾,渗湿利水,安神固精,补而不竣,利而不猛,既能扶正,又可祛邪,是一种真菌良药。茯苓在食用中可做成"茯苓粥""茯苓包子""茯苓蒸鸡""茯苓海参汤",也可加工制作成多种食品,如"茯苓酥""茯苓糖""茯苓夹饼""茯苓茶""茯苓酒""茯苓口服液",人们常吃可改善睡眠、抗肿瘤、清火、减肥,有益健康。茯苓以干燥菌核入药,不同部位经加工分别成为白茯苓、赤茯苓、茯神木及茯苓皮等药材。

茯 苓

二、营养成分及价值

富含膳食纤维及微量元素,每100 g 茯苓含蛋白质1.2 g、维生素 B_2 0.12 mg、镁8 mg、脂肪0.5 g、烟酸0.4 mg、铁9.4 mg、碳水化合物1.7 g、膳食纤维80.9 g、锌0.44 mg、铜0.23 mg、胡萝卜素1.2 μg、钾58 mg、磷32 mg、维生素 A 14.5 μg、钠1 mg、硒4.55 μg。

目前作为药食同源的菌类,茯苓主要以茯苓"个""块""片"的形式销售给消费者,具有利尿、抗菌、降血糖、保护心脏及有效抑制肿瘤生长的功能。

三、生物学特性

1.孢 子
茯苓孢子灰白色,长椭圆形或近圆柱形,有一歪尖,(6.0×2.5 μm)~(11.0×3.5 μm)。

2.菌 丝
菌丝细长,稍弯曲,有分枝,无色(内层菌丝),或带棕色(外层菌丝),长短不一,直径3~8(~16) μm,横隔偶见。

3.菌 核
由大量菌丝及营养物质紧密集聚而成的休眠体。球形、椭球形、扁球形或不规则块状;新鲜时质软、易折开,干后坚硬不易破开。菌核外层皮壳状,表面粗糙,有瘤状皱缩,新鲜时淡褐色或棕褐色,干后变为黑褐色;皮内为白色及淡棕色。在显微镜下观察,菌核中白色部分的菌丝多呈藕节状或相互挤压的团块状。近皮处为较细长且排列致密的淡棕色菌丝。

4.子实体

通常产生在菌核表面,偶见于较老化的菌丝体上。蜂窝状,大小不一,无柄平卧,厚 0.3~1.0 cm。初时白色,老后木质化变为淡黄色。子实层着生在孔管内壁表面,由数量众多的担子组成。成熟的担子各产生 4 个孢子(即担孢子)。

四、生长发育条件

茯苓一般生长在气候温暖、凉爽、干燥,含砂量达 65% 左右的酸性土壤里,坡度适中,海拔 400~1500 m 之间的马尾松、赤松等松树根部。采取人工栽培的措施,根据菌丝体、菌核生长发育的适宜条件进行管理,才能提高产量和质量,获得更高的经济效益。

1.营 养

茯苓在生长过程中需要大量的养分,所以人工栽培茯苓时,应选用新鲜干燥的松树蔸、松树根、松段木、松枝作为培养料。

2.温 度

茯苓是一种高温型真菌,菌丝在 15~35 ℃ 都能生长,26~30 ℃ 最适宜。菌核在 15~35 ℃ 能形成,26~32 ℃ 生长最快。5 ℃ 以下菌丝停止生长,高于 35 ℃ 易衰老,42 ℃ 以上菌丝死亡,菌核腐烂。

3.水 分

茯苓菌丝在生长发育时,各种材料中的含水量应保持在 55%~60%,菌核生长发育时土壤中的含水量应保持在 55% 左右。菌核生长到 75% 成熟度时,土壤中的含水量降至 45%~50%,促使菌核内质板结,提高质量。

4.空 气

茯苓是一种好氧性真菌,在空气流通的情况下才能正常生长,所以栽培茯苓时,场地要选在向阳、通风通气性好、土壤疏松的地方。下种后菌丝生长时期,土不宜盖得过厚,否则会影响菌丝对新鲜空气的吸收。

5.光 照

茯苓菌丝在无光照的条件下可以正常生长,但菌核形成时,没有阳光的照射,土壤和材料中的水分加重会抑制菌丝和菌核的形成与正常生长。

6.pH

茯苓喜欢在酸性环境中生长,一般 pH 在 5.5~6.0 时茯苓能正常生长。

五、场地选择

场地选择是否适宜,关系到茯苓的成活率及质量和产量。海拔为 700~1200 m 的山地为好,向阳,含砂量约为 70%,坡度为 10°~25°,坡向为背风向阳的南向。

六、时间选择

贵州省可栽培 2 季,清明前后为春季栽培,处暑白露前后为秋季栽培。

七、设施建设

适宜松林下栽培,因而设施建设要点主要是给水排水的管道网路建设要科学合理。

八、场地处理

茯苓的栽培方法有 4 种:亮蔸栽培,段木栽培,毛树蔸栽培,代料栽培。

1. 亮蔸栽培法

(1)备料。亮蔸时间选择在当年立冬后至次年谷雨前,最迟不超过立夏,完成备料。其方法是:先将松树蔸周围 1.5 m 以内的杂草、小杂树、腐殖层清除干净,削去树蔸地面上部的粗皮,保留韧皮,再将树根四周刨开,亮出根部,根离土层 15~20 cm,根长 0.8~1.2 m 时砍断,断距 20~30 cm,留主根不砍,每个树蔸留根 4~6 根,每条根都要削皮留筋,让它暴晒干燥。

(2)下种。一般在清明前后下种为宜,最早要等平均气温达到 15 ℃以上,树桩削皮处有小裂纹出现才下种。下种时选定树蔸上方或两侧下种,在下种处开好新口子,把引木放在地底层,紧靠下种部位。选择菌种应菌丝纯白、粗壮,结构较紧,无杂菌污染,将菌种紧贴在树蔸。再把引木压紧,在下种边施放一些预防白蚁的药品,加盖塑料薄膜,盖上泥土,修整好排水沟。下种量按树蔸直径 20 cm 菌种量 0.5 kg 为宜。

2. 段木栽培法

(1)段木的选择和处理。树种以马尾松、云南松、赤松为宜,树龄以 15~20 年为好,树直径以 10~30 cm 为佳。

(2)备料时间。段木栽培茯苓一般在立冬至清明前后把树砍倒。

(3)树砍伐 15 d 后,将树枝削去,锯成 0.8~1.0 m 长,削皮留筋,按"井"字形堆放在栽培场地附近通风、向阳、干燥处,堆高 1.5 m,有利于干燥。

(4)场地的选择与整理。要选择通风、向阳、土壤疏松、海拔 500 ~ 1000 m、坡度 15° ~ 25°的场地,以坐北朝南或坐东朝西为宜。场地选定好后要清除杂草和杂树根,地要挖得深,土要整得碎,也可接合树蔸做并窖栽培。

(5)下种。在整好的场地内根据段木的粗细挖窖,一般长 1 m,宽 50 cm,顺坡开窖,将段木大小分开,呈斜卧状排放。选择坡度上方的段木处下种,下种处必须要先开新口,再将菌种紧贴新口处,盖好引木和鲜松针叶,施放预防白蚁药,加盖塑料薄膜,盖上土,修整排水沟。下种量以每 50 kg 干段木 1 kg 菌种为宜。

段木栽培

3. 毛树蔸栽培法(无需亮蔸和断根栽培)

该栽培法选择直径 20 cm 以下、向阳、土壤疏松、排水性好、新鲜、无虫蛀的松树蔸,在松树蔸上部砍面处,或在根部削开新鲜木质部,进行下种。同样施好预防白蚁药,加盖塑料薄膜,盖好土。

4. 代料栽培法

代料栽培茯苓是我国持续发展茯苓产业的有效途径,既充分利用资源,又能保护生态环境。代料栽培茯苓生长周期短,能提高资源的利用率及增值率,能提高茯苓的产量和产品质量,可以集约化生产,便于管理。

(1)选择新鲜无霉变松木屑,无腐烂的松树根、松树尾、松树枝及边角料,锯成 30 ~ 35 cm 长,削去粗皮,晒干,扎捆,每捆干料 5 kg 左右。

(2)配方。松木料 67%、松木屑 5.5%、麸皮或玉米粉 15%、蔗糖 1%、石膏粉 1%、硫酸镁 0.5%,将松木料浸泡 7 ~ 8 h,达到材料中的含水量为 60%,pH 5.5 ~ 6.5,选用 35 cm × 60 cm × 6 cm 聚乙烯或聚丙烯塑料袋,把所需配料拌匀装进袋内,压紧,扎紧袋口,进行高温灭菌。如果用高压灭菌则在 0.2 kPa 压力下保持 2 h,如果用常压灭菌则在 100 ℃下旺火保持 16 ~ 18 h,再闷 6 ~ 8 h。待温度降到 28 ℃以下在无菌室内进行接种,每 500 g 栽培种可接 6 ~ 8 袋。接种后马上放入培养室培养 25 ~ 30 d,菌丝长满全袋即可下地栽培。

（3）选场、整地。选择通风、向阳、易排水的顺东西方向开厢,厢宽 1 m,长度不限,土挖 40 cm 深,排水沟挖 60 cm 深,土要整细,清除杂物。

（4）菌袋下地接种。将菌丝长满菌袋的底部划开一个口子,为了促进结苓,选择正在生长的茯苓切一小块紧靠菌袋开口处。

九、栽培管理

茯苓下种要勤检查,勤管理。主要是检查传引发菌处、白蚁危害、杂菌污染和土壤干湿度等。下种 7 d 后开始检查,先扒开下种部位泥土,见菌丝呈白色茸毛状,菌丝上有小水珠,并向新菌材上延伸,说明菌丝接种成活,生长良好,查后立即覆土盖好。如果在检查时发现菌种没有成活,或发现菌种有杂菌污染,要及时取出污染菌种,另选一处进行补种;若发现有白蚁危害应及时治理。如果窖内水分超过 65% ,开通排水沟,5 ~ 7 d 后再检查菌丝生长情况,随着菌丝的传引速度进行培土。下种后茯苓菌丝及传引期的管理关系到茯苓生产的成败。

树蔸下种后,菌丝在正常的温度和湿度条件下,60 ~ 70 d 开始结苓,段木下种后 45 ~ 50 d 结苓,菌袋下地后 15 ~ 20 d 结苓。这时表土层有部分裂纹出现,证明已结茯苓并生长正常。此时茯苓生长很快,要及时培土,防止茯苓长出土面,表皮腐烂,影响质量和产量。生长期的管理直接关系到茯苓产量。

十、采收加工

1. 茯苓的采收

茯苓下种后在适宜的生长环境下 7 ~ 10 个月陆续成熟。木质呈棕褐色,一捏即碎,结苓处土面没有再发生龟裂,扒开土层检查菌核表皮没有新的白色裂纹,表皮呈棕褐色,苓蒂与木质已松脱,表明茯苓已生长成熟,需要及时采收。特别是树蔸栽培法,因结苓有早有迟,一定要成熟一批采收一批,在采收时要轻挖细收,不要挖伤商品苓,也不要挖伤没有成熟的茯苓,避免影响下批产量及质量。

2. 茯苓的加工

采收的茯苓应及时加工。茯苓全身都是宝,从苓皮到肉质和根都是商品,初级加工的品种很多,价格也不相同,每千克从几角到上百元,所以茯苓种植户和加工户在采收和加工茯苓时要经常了解市场行情,否则得到高产反而可能得不到高收入。加工流程是把采收回来的鲜茯苓按大小分开堆积发汗 12 ~ 16 d,其中第一次 6 ~ 7 d 翻堆 1 次,第二次 4 ~ 5 d 翻堆 1 次,翻堆时注意内外上下调换翻动,或用蒸汽封闭蒸 8 ~ 10 h。发汗、蒸煮的目的是使茯苓组织板结,干品出货率高。削粗皮和削二皮,或根据市场的需求及各个不同的品种进行加工。茯苓的初级加工干品,常用品种有干卷苓、刨片、平片、方块、方丁、神片等。茯苓加工好后,要及时晒干或烤干,干品含水量为 11% ~13%,加工成的"碎苓"可制作成"苓粉",剥下的苓皮晒干,即为"茯苓皮"药材,菌核内包进小松根的称为"茯苓神木",不切割的菌核为"茯苓个",一般加工商品的折干率为 50%,需再分级包装、销售。包装必须用密封的塑料袋为内袋,以防茯苓干品回潮霉变。

十一、分级与包装

(一)茯苓产品分级

按加工方法和部位分为个苓、白苓片(平片)、白苓块、赤苓块、茯神块、骰方、白碎苓、赤碎苓、茯神木等规格,多为统货。

1. 个 苓

个苓分级标准具体见下表。

个苓分级标准

品　名	等　级	标　准
个　苓	一　等	不规则圆球形或呈块状,表面黑褐色或棕褐色,体坚实,皮细,断面白色,大小不分,无霉变
	二　等	体轻泡,皮粗,质松,断面白色至黄棕色,间有水锈、破块、破伤
	等外品	不符合一等、二等的产品

2. 白苓片

白苓片分级标准具体见下表。

白苓片分级标准

品　名	等　级	标　准
白苓片	一　等	薄片,白色或灰白色,质细,毛边(不修边)。厚度每片 7 mm,片面宽、长不小于 3 cm,无霉变
	二　等	厚度每片 5 mm,余同一等
	等外品	不符合一等、二等的产品

3. 白苓块

白苓块分级标准具体见下表。

白苓块分级标准

品 名	标 准
白苓块	扁平方块,白色,厚4~6 mm,长、宽为4~5 cm,间有长、宽1.5 cm以上的碎块,无霉变

4. 赤苓块

赤苓块分级标准具体见下表。

赤苓块分级标准

品 名	标 准
赤苓块	赤色或浅红色,余同白苓块,统货

5. 茯神块

茯神块分级标准具体见下表。

茯神块分级标准

品 名	标 准
茯神块	扁平方块,色泽不分,每块含有松木心,厚4~6 mm,长、宽为4~5 cm,木心直径不超过1.5 cm,间有长、宽1.5 cm以上的碎块,无霉变

6. 骰 方

骰方分级标准具体见下表。

骰方分级标准

品 名	标 准
骰 方	立方形块,白色,质坚实,直径1 cm以内,均匀整齐,不规则碎块不超过10%,无粉末,无霉变

7. 白碎苓

白碎苓分级标准具体见下表。

白碎苓分级标准

品 名	标 准
白碎苓	碎块或碎屑,白色或灰白色,无粉末,无霉变

8. 赤碎苓

赤碎苓分级标准具体见下表。

赤碎苓分级标准

品　名	标　准
赤碎苓	碎块或碎屑,赤黄色,无粉末,无霉变

9.茯神木

茯神木分级标准具体见下表。

茯神木分级标准

品　名	标　准
茯神木	茯苓中间的松根,弯曲不直,似朽木状,色泽不分,质松体轻,每根周围必须带有2/3的茯苓肉,松根直径不超过2.5 cm,无霉变

(二)包　装

在严格执行国家包装标准的前提下,产品的外观及包装方式根据厂家自身需要合理定制。

第二十节　猪　苓

一、历史、现状及前景

猪苓 *Polyporus umbellatus* Fr. ,原植物为多孔菌科真菌猪苓,别名野猪苓、野猪屎、猪屎苓、猪粪菌、猪灵芝、野猪粪、猪茯苓、野猪食、猪苓菌、粉猪苓、朱苓、地乌桃等。

早在20世纪70年代,中国药材公司组织科研人员,用蜜环菌材伴栽猪苓获得成功,此种方法在全国的猪苓主要产区得到应用与推广。到20世纪80年代初,徐锦堂等在此基础上,在栽培穴中增放大量树叶,猪苓产量得到明显提高,并逐渐形成了一套猪苓半野生栽培技术。郭顺星和王学勇等又从猪苓子实体和菌核中分

猪　苓

离出猪苓纯菌种,并通过液体、固体培养获得了猪苓菌核,但因猪苓结苓率低,菌核较小,产量和品质低下,该技术还处在试验摸索阶段。20 世纪 90 年代以后,随着猪苓栽培产区的扩大,逐渐形成了适合不同地区推广的多种栽培模式。进入 21 世纪后,随着猪苓伴生菌蜜环菌的分离成功,认识到伴生菌是菌核形成的关键因子,为以猪苓纯菌种代替猪苓菌核种的栽培方式的探索提供了理论基础,也是猪苓人工栽培的发展趋势。这一时期进行了大量的猪苓纯菌种出苓的栽培实验,如段木打眼点种栽培模式、纯菌种掰块段木伴栽模式、纯菌种代用料段木伴栽模式和塑料袋熟料接种栽培模式。但纯菌种的栽培方法出苓率低,收益差,技术不成熟,不易推广。目前,各大猪苓主产区还是以菌核种栽培方式生产猪苓,采用"段木 –蜜环菌 – 猪苓菌核"的模式,而纯菌种的栽培仍然处于试验阶段。

近年来,随着对猪苓利用开发研究的进行,猪苓的需求量也在加大,野生猪苓资源满足不了市场需要。利用人工培植猪苓,提高猪苓产量和质量是解决这一问题的关键。现猪苓的仿野生菌核栽培技术得以应用与推广,其效益也有所提高。然而,菌核做种及菌材需求大、成本高,对森林资源破坏严重,猪苓的人工培植技术将朝着资源节约型、成本低、见效快等方向发展。以纯菌种代替菌核种,以代料代替菌材等是解决这一矛盾的唯一方法。

由于猪苓具有很高的药用价值,目前,市场对猪苓的需求量非常大,据《湖南农业杂志》报道,2011 年全国猪苓需求量约 2000 t,而其产量减至 1000 t。随着现代研究的深入和猪苓利用价值的不断提升与产品研发,其需求量将日益增加。猪苓是贵州省地道的菌类药材,也是传统的种植项目,大力发展猪苓人工栽培,提高栽培技术水平,扩大栽培规模,是提高林下经济与扶贫攻坚的又一难得的项目,市场前景非常广阔。

二、营养成分及价值

研究结果表明,猪苓营养菌丝中的粗蛋白含量是 32.5% ,必需氨基酸含量是 3.51% ,氨基酸总量是 10.09% ;野生菌核中的粗蛋白含量是 6.87% ,必需氨基酸含量是 1.53% ,氨基酸总量是 4.53% 。猪苓的有效成分为猪苓多糖。中医临床上常用于治疗急性肾炎、淋病、糖尿病、全身浮肿、小便不畅、尿急尿频、尿道疼痛、受暑水泻及急性肝炎、急性胃炎等。从猪苓菌核中提取的猪苓多糖能显著降低肝脏中氧化脂质的含量,可清除自由基损伤,提高细胞中超氧化物歧化酶和肝脏过氧化氢酶的活力,对于延缓组织细胞老化、保护机体、抗老防衰十分有益。

三、生物学特性

1. 菌丝体生长发育习性

猪苓子实体成熟后弹射出孢子,孢子在适宜的条件下萌发形成初生菌丝(单核菌丝),单核,无锁状联合,多细胞,有分枝,菌丝细胞壁薄,较细。当两个具有遗传差异的初生菌丝相遇后经过融合,形成次生菌丝(双核菌丝),具有锁状联合,有隔,多数次生菌丝含有2个细胞核,菌丝较初生菌丝粗,有结苓能力。次生菌丝经过进一步发育、扭结缠绕形成结构菌丝,组成菌核的原基。

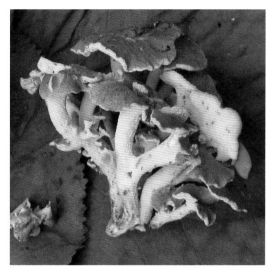

猪　苓

2. 菌核生长发育习性

在一定的条件(如低温及相应的生物因子等)下,随着培养时间延长,菌核的原基进一步形成小菌核,随着小菌核体积进一步膨大,初生菌核呈白色,然后转为灰白色,表面已有表皮的分化。当猪苓菌丝形成灰苓后,与适宜的蜜环菌接触,蜜环菌侵入猪苓菌核,猪苓菌核菌丝再侵染外围形成隔离腔。侵染初期,隔离腔壁中的薄壁细长菌丝侵入邻近的蜜环菌菌索皮层中吸收营养。侵染后期,蜜环菌不断产生新的菌索形态的分枝在菌核中扩散,其营养主要靠菌丝与蜜环菌细胞的接触吸收蜜环菌的代谢产物。

除了猪苓从孢子萌发形成菌丝再形成菌核的途径外,还可直接从原母苓或灰苓上萌发出新白苓,次年新白苓菌核外表变为灰褐色时可被蜜环菌侵染而生长发育形成黑苓。

猪苓菌核

3.子实体生长发育习性

在一定高湿的条件下,猪苓菌核上出现子实体。猪苓子实体由三系菌丝组成:生殖菌丝、骨架菌丝和联络菌丝。生殖菌丝在菌柄、菌盖和管孔间的隔膜组织中有分布,具有繁殖和分化骨架菌丝、联络菌丝的功能。骨架菌丝是一种不分枝、有 1 个狭窄细胞腔的厚壁菌丝,其主要作用是支持子实体,保持子实体的形态。联络菌丝在子实体中广泛存在,除分枝多外,内壁常内折形成不规则的形态,自身相互交错连接或插入生殖菌丝、骨架菌丝之间固定在一起。

四、生长发育条件

1. 营　养

猪苓除了生长在山坡,在室内一定条件下可人工培养。猪苓对碳源有较为宽泛的适应性,葡萄糖、蔗糖、果糖、半乳糖、麦芽糖、麦芽糖醇、低聚异麦芽糖、甘露糖、甘露醇、低聚甘露糖、木糖、木糖醇、低聚木糖、淀粉、甘油、山梨醇、乙醇等都可以作为猪苓菌丝生长的碳源。其中:麦芽糖、甘油、山梨醇、麦芽糖醇、低聚异麦芽糖作为碳源时菌丝生长速度快,气生菌丝发达,菌丝丛疏;淀粉、乙醇、半乳糖、木糖、木糖醇、低聚木糖作为碳源时菌丝生长速度虽然较慢,但气生菌丝极发达,菌丝丛厚,尤其是木糖醇和木糖为碳源时,气生菌丝最发达,菌丝丛最厚;葡萄糖、蔗糖、甘露糖、甘露醇、低聚甘露糖等作为碳源时菌丝生长速度较快,气生菌丝发达,但老化快;果糖作为碳源时菌丝生长速度较快,气生菌丝易组织化呈肉皮状。有机氮源比无机氮源更适合猪苓菌丝生长。在有机氮源中,猪苓菌丝生长速率和长势依次为:酵母浸膏 > 黄豆粉 > 玉米糠 > 蛋白胨 > 麸皮粉。在无机氮源中,猪苓菌丝生长速率和长势依次为:硝酸钠 > 硫酸铵 > 尿素。猪苓菌丝在碳氮比(10 ~ 100):1 的范围内均可生长,但适宜的碳氮比在(40 ~ 70):1 之间,最佳碳氮比为 50:1。无机盐是猪苓生命活动中不可缺少的营养物质,无机盐的使用因培养菌种类、培养基质类型及培养方式的不同,使用剂量、作用效果也会不同,需灵活掌握。如硝酸钠、柠檬酸三铵、磷酸氢二钾、硫酸镁、硫酸铵,按 0.1% 的添加量分别加入葡萄糖蛋白胨玉米浆培养基中,硝酸钠对猪苓菌丝生长有明显促进作用,磷酸氢二钾和硫酸铵、硫酸镁作用效果不明显,柠檬酸三铵和硫酸镁对猪苓菌丝生长不利。添加非生物物质和生物类培养液,如活性白土、硅藻土、高岭土、猪苓伴生菌水提取物、蜜环菌水提取物、灵芝发酵液及金针菇发酵液等均有良好的促生作用。

2. 温　度

在分离的菌体组织周围出现白色菌丝时,应及时将菌种移至斜面试管培养基上,24 ~ 26 ℃培养 7 ~ 10 d。猪苓菌丝生长的适宜温度为(24 ± 4)℃,最适温度为 25 ℃。有试验表明,每天给猪苓菌丝 2 ~ 3 h 的 4 ℃低温处理,有利于诱导其菌核的产生。一定温差(10 ℃)

的变温处理和暗培养,可诱导猪苓菌丝直接分化子实体原基。

猪苓作为一种真菌,其与蜜环菌形成的寄生与反寄生关系或称共生关系,基本上确定了它们习性相仿的特点。一般情况下,当温度达到 12 ℃以上时,二者开始萌发,在 14 ℃时猪苓即开始膨胀长大,蜜环菌才能够进入正常生长代谢阶段;随着温度的提高,如在 26 ℃以上,二者的生长均受到抑制,达到 30 ℃时,即进入高温休眠。根据上述特性,应切实加强温度管理,合理调控,比如适量浇水降温、遮阴降温等。实践表明,遮阴降温对猪苓生长有着极好的促进作用,所以,野外选择培植地点时必须要在树荫下,若是在荒山或裸地上培植,应采取搭建阴棚等方式予以遮阴。只要根据具体条件合理设计与操作,将猪苓生长的土层温度控制在 28 ℃以下,即可满足其生长需要,这是夏季管理。而冬春季节则应采取适当覆盖草苫、柴草、秸秆类,或在栽培沟上搭盖塑料膜等进行增温,各种方法均可,目的是增温、保温,只要使土层内温度保持在 12 ℃以上,猪苓即可缓慢生长。注意尽量不要使温度降至 8 ℃以下,以最大限度地延长猪苓的生长时间。

菌核在地面下 5 cm 厚的土层,当温度为 8~9 ℃时开始生长,平均地温在 12 ℃以上时,菌核迅速增长,在 22~25 ℃时生长最快,超过 28 ℃生长受抑制。土壤含水量应在 30%~50%之间,50%~60%时最适于猪苓生长,低于 30%时猪苓停止生长。秋末冬初地温低于 8 ℃时菌核进入休眠期。子实体多在每年伏天连绵阴雨后出现,从接近地表或微凸出地表的菌核顶部长出。

3. 湿　度

播种后不要即时浇水,约 1 周后方可浇透水。此后,根据土质状况及天气状况,每 7~10 d 浇 1 次水,使土壤经常保持湿润。尤在春夏之交季节,如有干热风、大旱天气等,则应增加浇水频率,每月应至少灌透水 1 次,否则将因过度干燥使蜜环菌菌索生长缓慢、活力降低或死亡。同时,地势较低的地方应注意做好排水措施。

4. 空　气

猪苓属于好氧性真菌,菌丝生长和子实体生长需要空气。

5. 光　照

在黑暗和光照条件下,猪苓菌丝均可生长,但在全黑暗下菌丝生长快、长势好;全光照或 12 h 光暗交替,菌丝生长较慢,且易出现褐变老化。

6. pH

对于栽培猪苓适宜的 pH,众说纷纭,在猪苓菌种生产工艺中尚未统一认识。戚淑威等研究发现,在 25 ℃、pH 为 7 的马铃薯培养基中猪苓生长最快。邢咏梅等用改良马铃薯培养基培养猪苓,发现初始 pH 为 8 时最适于猪苓菌丝生长。

五、场地选择与处理

选择海拔 1000～2000 m 的林地或耕地,以次生阔叶林、杂灌林、混交林,在坐南朝北的半阳坡栽培,1300 m 以上旱阳坡林间或平地耕地栽培。选择土质湿润,疏松透气,pH 为 5～7,不积水,不板结,泥沙土或腐殖质含量高的微酸性砂质土壤。林地每亩 80 窝左右,耕地每亩 100 窝左右。

六、时间安排

春季、秋季均可。春季于 4—5 月栽培,秋季于 9—10 月栽培。

七、设施建设

由于猪苓菌核生长需要较多的水分,土壤干裂、缺水会影响其生长,因此,在雨水不充足的基地要具备一定的水利设施,在后期管理时可以及时给其补充需要的水分,以防产量与质量受到影响。新鲜猪苓菌核水分含量高,且特有的芳香味较浓,若不及时运输和做好储藏工作,会腐烂和长虫,所以,便利的交通也是在猪苓基地选择时要重点考虑和解决的问题。

八、栽培方法

采用猪苓菌核进行栽培,一种方法是用蜜环菌菌种和猪苓种栽培,具体如下:根据海拔不同,以"高山浅坑,低山深坑"的原则挖不同深度的坑,坑深 10～25 cm,长 70 cm,宽 70 cm,坑底挖松填平,铺 1 层 3～5 cm 厚的湿树叶,5 根菌棒 1 窝,菌棒之间间隔 5～8 cm 的空隙,空隙处填树枝约 2 kg,在菌棒两侧放猪苓种,每窝用种 0.5 kg,将 2 瓶蜜环菌菌种均匀放入猪苓种,用腐殖土或砂土把空隙填实,厚度 1～3 cm。又用腐殖土或砂土,以"高山浅盖,低山厚盖"的原则盖 10～15 cm。用枯枝落叶或秸秆遮阴,林间不需要遮阴。

除了用猪苓菌核来栽培猪苓,还可用猪苓纯菌种生产。栽培方法和上述方法基本相同,不同之处为采用 2 层窖栽,将猪苓纯菌种接种到有孔的菌棒中培养成感染有猪苓的菌棒。用纯菌种栽培猪苓还可把蜜环菌和猪苓菌种同时间隔地接种到一根树棒上,栽培方法同上。

九、栽培管理

猪苓栽后无须除草、松土和施肥,保持其野生状态,维持土壤湿度在 40%～60%,及时浇水和遮阴,地势较低处需做好排水措施;冬季温度低则要加盖覆盖物保温,使温度维持在12～24 ℃,不要经常翻挖;防止人畜践踏。

十、采收加工

猪苓属多年生药用菌,一两年内产量不高,栽培3～4年后才进入繁殖旺盛时期。采收应在夏季至立冬前的晴天完成,将个大、色黑、坚硬的一代、二代菌核取出供商品用,色新、质嫩、灰黄色的为三代、四代菌核,可当种用,或继续留在窖内,补上新材覆土继续培养。

十一、分级与包装

出口商品要求体质轻而坚结、表面光滑、少皱纹、皮色黑、内色白、身干、无杂质、无虫蛀和霉变,通常分为三等。一等:1000 g不超过32个,大小均匀。二等:1000 g不超过80个,大小均匀。三等:1000 g不超过200个,大小均匀。

每批包装应有记录,其内容包括品名、规格、产地、生产单位、净含量、包装工号、包装日期等,并有质量合格的标志。所使用的包装物应是无污染、对环境和人安全的包装材料。

第二十一节　灰树花

一、历史、现状及前景

灰树花又名栗子蘑、栗蘑、千佛菌,《福建通志》称其为"重菇"。灰树花属层菌纲多孔菌目多孔菌科树花菌属。其子实体形似盛开的莲花,柄短呈珊瑚状分枝,扇形菌盖重叠似菊,夏季、秋季间常野生于栗树和樱树根部周围,俗称"栗蘑"。主要分布在我国贵州、河北、云南、四川、福建、吉林等省,另外在日本、新加坡及欧洲分布较广。灰树花气味清香四溢,沁人心脾,肉质脆嫩爽口,具有很好的保健作用和很高的药用价值,是一种食药兼用蕈菌,常被作为高级保健食品。

灰树花食用方法多样,可炒、烧、炖,做汤口味也颇佳,是生活中不可多得的佳肴。日本人喜欢用灰树花做火锅吃,新加坡人则喜欢做汤。灰树花因其独特的美味和保健功能,常被作为礼品赠送亲朋好友。随着对灰树花的研究开发,将会有更多的深加工产品走向人们的餐桌。中国传统医学认为灰树花性平、无毒,有补脾益气、清暑热的功效。我国20世纪80

年代初开始对灰树花进行人工驯化栽培。1992年,河北省科技人员研究成功"灰树花仿野生栽培法"。近年来,灰树花种植栽培技术日益成熟,年产5000 t以上,但仍无法满足市场需求,故其发展前景广阔。

二、营养成分及价值

灰树花具有极高的保健功能,富含铁、铜和维生素 C,能预防贫血、动脉硬化和脑血栓,具有抑制高血压的功效。其中,硒和铬含量较高,有护肝及预防肝硬化和糖尿病的作用;灰树花兼含钙和维生素 D,两者配合,能有效地防治佝偻病;所含的锌有利大脑发育,保持视觉敏锐,促进伤口愈合。

灰树花是引人注目的抗癌药源,其所含灰树花多糖的抗癌活性较强,比市面上的香菇多糖、云芝多糖等有更强的抗癌能力,同时

灰树花

它又是极好的免疫调节剂。浙江医科大学对灰树花的抗癌作用研究较深,于1992年开发了以灰树花提取物为主要成分的新药"保力生"。

三、生物学特性

1.孢　子

孢子无色,光滑,圆形至椭圆形,$(5.0 \sim 7.5 \ \mu m) \times (3.0 \sim 4.0 \ \mu m)$。

2.菌　丝

菌丝壁薄,半透明,有分枝横隔,无锁状联合。

3.菌　核

菌核直径2～15 cm,菌核的外层由菌丝密集交织形成,呈黑褐色,菌核内部由菌丝、土壤砂粒、基质组成。

4.子实体

子实体肉多,短柄,呈珊瑚状分枝,重叠成丛。菌盖灰色至浅褐色,表面有细茸毛。菌柄多分叉,侧生,偏圆柱形,肉质。

四、生长发育条件

1. 营　养

灰树花菌丝体和子实体的生长发育离不开营养物质,如碳源、氮源、无机盐和生长素等。人工栽培的培养料,碳源以壳斗科树种的木材为佳。灰树花分解能力强,在实际生产中所需的各物质可通过添加杂木屑、棉籽壳、稻草、甘蔗渣、麦麸、蛋白胨、天门冬酰胺,以及硝酸钠、硝酸、尿素等来满足。

2. 温　度

灰树花属于中温型菌类,菌丝在 5~30 ℃均能生长,最适温度为 25 ℃,原基形成温度为18~22 ℃。

3. 湿　度

培养料配方中适宜含水量为 60% 左右。菌丝生长阶段空气相对湿度以 65% 为宜,子实体生长发育阶段空气相对湿度需要达到 90%。

4. 空　气

灰树花是好氧性菌类,在生长发育过程中需要消耗大量氧气,放出二氧化碳。高浓度二氧化碳会造成子实体畸形,菌柄增长,菌盖短小,生长势衰弱,甚至腐烂。

5. 光　照

灰树花菌丝生长阶段不需要光照,在暗处或微弱光条件下生长快,过强光线则抑制菌丝生长。当菌丝长满袋时需要散射光刺激,有利于促进原基形成。

6. pH

灰树花菌丝适合在 pH 为 5.5~6.5 的培养基质上生长。

五、场地选择

栽培场地选择靠近水源,排水性好,土壤透气性好,周边无大型养殖场的地方。砂壤土最好,但含砂量不高于 40%。黏性土壤要求疏松,疏水性能好,不易板结。

六、时间安排

灰树花适宜温度范围较宽,最佳栽培季节为春季的 3—5 月和秋季的 9—10 月。以贵州省为例(除贵州东部、东北部、南部边缘地区及红花岗区、赤水市),于 4 月上中旬接种,6 月上中旬进行出菇管理,6月下旬开始形成子实体,此时的自然气温为 17～24 ℃,是灰树花子实体生长的佳期。贵州东部、东北部、南部边缘地区及红花岗区、赤水市因气温较贵州省其他地区偏高 3～7 ℃,视具体情况可将栽培时间适当调整。

灰树花

七、设施建设

1. 大棚建设

大棚宽 6～8 m、长 30 m,或根据地块长度而定,每棚面积控制在 180～240 m²,棚中柱高 3.5 m,四周围栅栏高 2 m,用钢架搭架,覆盖利得膜。利得膜依据当地光照选择合适颜色,光照强的地区可选择黑白色,光线较弱的地区选用蓝白色比较合适。棚四周要通风换气,遮阴度在 90% 左右,避免阳光照射。棚与棚之间间隔 4 m 以上,中间种植桤木林等。棚的四周挖排水沟,撒上生石灰,既防治虫害又防止洪涝。

2. 床架建设

在棚内搭架建床,菌床宽 80～100 cm,层高 45 cm,第一层距地 50 cm,共 4 层。

八、场地处理

选择好栽培场地后,首先进行土地清理工作,将田间杂草等清理干净,然后翻土晾晒。农田翻土晾晒 1～2 d 后进行深耕,耕作深度为 25～30 cm,然后将田土耙细耙平。最后,按照 0.8～1.0 m 的畦面进行开沟,沟宽 0.3～0.4 m,深 30 cm,以便排水和行人走动。

覆土材料应选用透气性和保水性好,疏松而且不粘连,富含腐殖质的稻田土、腐殖土或人工配制的复合营养土等。在使用前经过筛选,不能含有小石块,还需经过严格的消毒。处理方法:每立方米覆土用甲醛 500 mL 加 25 kg 水,用喷雾器均匀喷入土中,成堆后用塑料膜盖严,密闭 3～4 d,即可杀灭土壤中的杂菌和害虫。之后揭开塑料膜,待有毒气体挥发尽后,调节水量,使土壤含水量为 60% 左右,即以手捏可成团,覆土时可散开为宜。

九、栽培方法

1. 覆土栽培

畦长根据大棚的长度决定,一般长 28 m、宽 1 m、深 30 cm。挖好畦后,向畦内四周、畦底喷洒多菌灵、高锰酸钾。把成熟的菌袋袋口拆开,挖出老菌种块,将菌袋用小刀纵向划开,去除塑料袋,将多个菌袋紧挨着摆放,可生长出朵形较大的灰树花。把处理好的土壤调成含水量65%左右的湿土,覆盖在灰树花菌袋料面,覆土厚度2 cm左右,再喷洒0.1%多菌灵、高锰酸钾灭菌消毒。若需要朵形小的灰树花,袋与袋之间最好间隔2 cm。在催原基期,为保持覆土的湿度,应勤喷水、喷轻水,以防泥土太湿或结块。在温度适宜时,2~3 d就可现原基。在子实体生长期间,喷水以喷雾化水为主,以免泥土溅到子实体上影响商品价值。

2.床架栽培

菌袋在培养室培养,当表面出现菌丝隆起时,给予一定的光照刺激;1周左右袋内会有原基出现,此时可拔掉棉塞套环,用剪刀将多余的塑料剪掉,并用刀片将扎口两侧老化的菌块挖掉。将处理好的菌袋转移到大棚床架上,袋与袋之间留有3 cm空隙即可。床架栽培无覆土支撑,灰树花菌柄虽然较小,但基部干净,可增大菌袋培养料的量,从而促使大朵灰树花的形成。可在床架下覆土栽培灰树花,合理利用大棚空间。另外,床架栽培也可以采用覆土栽培。

十、栽培管理

灰树花属于中高温品种,温度宜控制在25 ℃左右,这是最佳出菇温度,在此期间要特别注意通风,排出二氧化碳,使子实体茁壮生长。二氧化碳浓度过高,易使灰树花子实体菌柄细长,商品价值降低。通风与保温、保湿是一对矛盾体,因此要注意通风次数与时间安排,确保温度、湿度适宜。

十一、采收加工

当观察到灰树花菌盖外沿的白边变暗,界限不明显,边缘向内卷时即可采摘。在适宜环境中,从接种到采收一般需要16~25 d。当子实体平展并开始散放孢子时,及时采收,一般成熟一朵采一朵。若推迟采收,会影响下一潮菇蕾的形成,从而降低产量。采摘时,用刀从基部切下,清理杂质。采收前1 d,停止喷水以防子实体脆断而损坏朵形。第一潮菇采收结束后,停止喷水2 d后再进行喷水催蕾,经7 d左右第二潮菇蕾形成。

第七章　食用菌中重金属、农药残留及二氧化硫的检测方法[*]

　　近年来,随着贵州省人民政府的大力推动和食用菌产业的蓬勃发展,人们对食用菌的药用价值和经济价值日益重视,同时,食用菌栽培也是广大农户脱贫致富的有效途径。食用菌富含氨基酸、多糖、蛋白质等营养成分,不仅味道鲜美,还具有提高机体免疫功能,调节人体生理机能的作用。虽然食用菌味美,但也携带潜在危害因子,如重金属、农药残留、二氧化硫等危害人体健康的成分。随着生活质量的提升,人们对食品安全问题越来越重视,食用菌安全作为食品安全的一部分,其安全检测尤为重要。作为世界上最大的食用菌生产国、出口国和消费国,我国更要重视食用菌安全问题。

第一节　食用菌中重金属污染来源及检测方法

一、食用菌中重金属的危害和来源

(一)重金属

　　重金属是指密度在 5.0 g/m^3 以上的元素,主要有铜、锌、铬、镉、镍、汞、砷、铅等。其中,铜、锌、铁等是食用菌生长所必需的元素;有些元素是食用菌生长所不需要的,如铬、镉、汞、砷等。从环境污染和对人体危害的角度讲,汞、镉、铅、铬、砷等金属或类金属对人体健康潜在威胁较大。铅、镉、汞、砷等重金属在环境中富集,会直接或间接影响食用菌的生长发育及产量和质量。

---

[*] 本章所述食用菌中重金属、农药残留及二氧化硫的检测方法,仅供参考。

（二）重金属的毒理作用

减少食用菌中重金属的来源（如食用菌培养基质、生产环境等）是控制食用菌中重金属含量的有效途径。虽然可减少食用菌中的重金属含量，但是人体通过食物摄入重金属的途径（蔬菜、水果、肉制品等）较多，积累于人体中的重金属总量不容忽视，这种健康风险应引起高度重视。常见重金属的毒理作用机制及危害具体见下表。

常见重金属的毒理作用机制及危害

元　素	毒理作用机制	急性毒性	慢性毒性
铅	铅是一种亲和性毒物，主要干扰细胞信号的传导，阻碍神经细胞的活动	表现为呕吐、肠胃不适、四肢疼痛等；高剂量铅中毒则引发抽搐、昏迷、肾功能衰竭等	主要作用于神经系统、血液和肾脏，损伤生殖系统及免疫系统，主要表现为面色苍白、四肢无力、两手握力减退等
镉	易与硫基结合使酶失活，抑制氧化磷酸化，阻碍血浆蛋白中的钙通道	引发肠胃疾病，如恶心、呕吐、腹泻、腹痛等	易致肺气肿，骨骼畸形。主要病症为肺气肿，嗅觉减退或丧失，肾小管功能障碍，蛋白尿等
铬	影响 DNA 形成	铬对皮肤有刺激、腐蚀作用，使皮肤红肿溃烂，引发抽搐及胃溃疡，损害肝肾，甚至导致死亡	损害肝肾功能，增加肺癌发病率。皮肤长期接触铬化合物可引起皮炎、湿疹、红斑、丘疹等症状
汞	易与硫基结合使酶失活，还会激发油脂的过氧化使细胞膜发生改变	常表现为发烧、恶心、肺水肿、肾炎等，严重时导致死亡。误食含汞物质会引起急性汞中毒	具有强烈的神经毒性，引发体力减退、头晕、头痛、失眠、多梦、失忆、心律失常、心肌疾病、肾功能衰竭等
砷	抑制线粒体酶活性，减弱组织呼吸作用	常表现为发烧、呼吸困难、胃肠炎、造血功能减弱、中枢神经系统麻痹等症状	引发各种血管及神经类疾病，影响胎盘发育，诱发皮肤癌、肺癌
锌	过量锌干扰铁和铜的新陈代谢，引发缺铜性贫血	引起呕吐、抽筋、腹泻等现象，还会引起肺水肿、肾炎等症状	过量锌易致铜缺乏，长期会致肝功能衰竭及死亡
铜	影响氨基酸的转运，并引发油脂的过氧化反应	易发生非特异性中毒症状，包括恶心、呕吐等	易致昏迷、高血压甚至死亡

（三）食用菌中重金属来源

食用菌对重金属元素的富集作用主要来源于土壤、空气、水、栽培基质、肥料与农药等中的重金属。食用菌本身对不同重金属元素的吸附能力不同。

1. 土　壤

土壤是人类赖以生存的主要自然资源,是生态环境的重要组成部分。工业"三废"、大气沉降、肥料、农药等污染源的剧增,使得大量重金属元素向地表环境释放,致使大多数农田土壤中重金属的含量明显增加。土壤中所含的重金属被食用菌吸收富集,进入食物链,进一步累积到人体中,影响人类健康。

2. 栽培基质

食用菌的培养料一般是由木屑、棉籽壳、秸秆,以及麸皮、玉米粉等组成,同时还需要加入石灰、石膏、过磷酸钙等添加剂。由于培养料对环境中的重金属有一定的吸附积累、转化和降解作用,最终转移到利用这些含有重金属的原料栽培的食用菌中,继而通过食物链对人体造成伤害。

3. 灌溉水

水是栽培食用菌的最主要的条件之一,食用菌的各个生长阶段都离不开水。土壤、空气中的重金属离子溶解在水中,水中的重金属也会沉降于土壤中。因此,灌溉用水的质量直接影响食用菌中重金属的含量。如果用重金属污染的水来栽培食用菌,很可能会造成食用菌重金属污染问题。

4. 肥料与农药

在食用菌栽培过程中施入的肥料和农药所含的重金属会被吸收转化进入食用菌中。

二、实验室专业化检测

(一)样品处理

食用菌中重金属分析检测时,样品需要提前处理,将重金属转化为离子态,去除干扰因素,保留完整的被测组分。

(二)食用菌样品的消解

铅、镉、铬、铜、锌、镍的消解可用混酸消解法。称取食用菌样品 0.500 0 g 于 250 mL 锥形瓶中,加入 $HNO_3 : HClO_4 = 4 : 1$ 的混酸 15.00 mL,置于电热板加热,直至食用菌消解至透明无色,继续加热赶酸至近干,取下冷却至室温,转移至 50 mL 容量瓶中定容,摇匀静置待测。相同方法做空白样品和平行样品。

汞、砷的消解可用高压密闭消解法。称取 0.200 0 g 食用菌样品于聚四氟乙烯罐中,加入 5.00 mL HNO_3,在电热板上加热消解 1 h,取下冷却,再加入 1.00 mL 30% 的 H_2O_2,将聚四氟乙烯罐放入高压密闭罐中,加盖密封放入烘箱,135 ℃ 恒温消解 3 h,取出高压密闭罐冷却,将聚四氟乙烯罐取出,赶酸,自然冷却至室温,转移至 50 mL 容量瓶定容摇匀,待测。相同方法做空白样品和平行样品。

(三)质量控制

样品同时满足空白样、二次平行样和添加土壤国家标准物质这 3 种类型进行质量控制,二次平行样的相对偏差均小于 5%,样品加标回收率保证在 96.4% ~ 115.1% 之间,标准样品测定结果要求在允许误差范围内。

(四)重金属的检测方法

常见的重金属检测方法有原子吸收分光光度法、原子荧光光谱法、电感耦合等离子体原子发射光谱法等。此外,有些重金属快速检测方法正在悄然兴起,如酶抑制法、免疫分析法、生物传感器等。以下主要介绍原子吸收分光光度法、原子荧光光谱法、电感耦合等离子体原子发射光谱法。

1. 原子吸收分光光度法

原子吸收分光光度法,是基于气态的基态原子吸收待测元素的特征辐射光,通过测量可见光范围的相应原子共振辐射线的减弱程度,从而求出样品中被测元素的含量。包括火焰原子吸收分光光度法和石墨炉原子吸收分光光度法,具有灵敏度高、谱线干扰小、分析范围广的优点,是目前重金属分析中最常用的技术。利用原子吸收分光光度法测定食用菌中铅、镉、砷、铜、镍等含量比较常用。

2. 原子荧光光谱法

原子荧光光谱法,是利用惰性气体氩气为载气,$NaBH_4$ 为还原剂,HCl 为载体,基态原子的原子蒸气在特定频率辐射能的激发下被激发至高能态产生荧光,根据发射的荧光强度与分析物的原子浓度的关系,来测定待测元素的含量。原子荧光光谱法具有灵敏度高、选择性强、校正曲线的线性范围宽、试样量少、方法简单及对多元素能同时进行测定等特点,灵敏度高于原子吸收分光光度法。

3. 电感耦合等离子体原子发射光谱法

电感耦合等离子体原子发射光谱法,是指以电感耦合等离子体为原子发射光谱的光源,利用高频感应电流产生的高温,将试样蒸汽汽化、电离,根据样品汽化被激发后发出的特征谱线的强度,来鉴别样品中是否含有某种元素及其含量。电感耦合等离子体原子发射光谱法具有线性范围较宽、灵敏度高、多元素同时测定、干扰水平低,以及对高温金属、高浓度元素分析快等特点,适合于所有用原子吸收法测定的元素。

(五)食用菌样品的测定

食用菌中重金属含量的测定,参照行业标准及相关仪器的操作说明进行。满足检测条件的企业,自行检测食用菌中重金属含量,做到真实可靠、知根知底,必要时,需将样品送往具有法律效益的第三方检测机构检测。

第二节   食用菌中农药残留含量的检测方法

常用的农药残留检测工具为 GNSPRD－8 农药残留快速测试仪,可用于食用菌中的有机磷和氨基甲酸酯类农药的快速检测。

1. 主要器具

GNSPRD－8 农药残留快速测试仪、移液枪、烧杯、玻璃棒、专用反应瓶、比色皿。

2. 试剂准备

(1)缓冲液。取 1 包磷酸缓冲剂放入盛有蒸馏水的烧杯中,搅拌使之溶解均匀,定容至 500 mL,常温保存。

(2)显色剂。在显色剂中加入 26 mL 的缓冲液,每次取 100 μL,4 ℃保存。

(3)底物。在底物中加入 10 mL 蒸馏水,每次使用取 100 μL,4 ℃保存。

(4)酶试剂。可直接使用,现用现开封,4 ℃保存。

3. 样品处理

取 2.000 g 粉碎样品放入三角瓶中,加入 10 mL 缓冲液,振荡浸提 5 min,静置待测。若颜色较深、杂质较多,会影响检测结果。

4. 仪器操作

详见说明书。

5. 农药残留快速检测方法

为满足生产需求,节约时间,可利用农药残留快速检测试剂盒、农药残留快速检测卡等手段,实现食用菌农药残留含量的粗略判断。若产品需要更精确的含量评估,建议到具有资质的第三方检测机构检测。

6. 注意事项

(1)禁止化学试剂入口,若出现意外,及时用大量清水冲洗催吐,必要时送医院处理。

(2)仪器应放在平稳的工作台上,无阳光直射和强电磁场干扰。

(3)室内空气相对湿度低于85%。

(4)仪器使用前要预热 30 min 左右。

(5)开机前应取出测量室中所有样品。

（6）测量时的延长时间，建议设置为 10 s。

第三节　二氧化硫检测

购买二氧化硫快速检测试剂盒进行检测。

1. 检测步骤

（1）用天平称取 2 g 样品于样品杯中，粉碎，加入 10 mL 蒸馏水浸泡 15 min。

（2）用移液枪提取 1 mL 样品液（用小吸管需 2 管）于样品杯中，再往杯中加 4 mL 蒸馏水。注意：根据样品密度的大小，采用灵活的提取方法。

（3）滴入 1 滴检测液 A 和 1 滴检测液 B，摇匀。

（4）5 min 后观察显色情况，与比色卡对照可较准确得出样品中的二氧化硫含量。

2. 分析判断

（1）比色皿中液体不变色或有清淡的颜色，表示样品中无二氧化硫残留。

（2）比色皿中液体显示紫色或紫红色，表示样品有二氧化硫残留，且颜色越深表示残留量越高。

（3）对于国家规定有限量标准的样品，可与比色卡对照，颜色最接近的即为相应的二氧化硫含量。

3. 注意事项

（1）称取样品的重量要尽量准确。

（2）实验用水为蒸馏水。

（3）对于超标的样品建议复检。

（4）若复检结果仍然超标，建议送第三方检测机构定量检测。

参考文献

毕志树,郑国扬,李泰辉,等,1994. 广东大型真菌志[M]. 广州:广东科学技术出版社.

边银丙,2017. 食用菌栽培学[M]. 3 版. 北京:高等教育出版社.

福建省三明真菌研究所,1983. 食用菌生产手册[M]. 福州:福建科学技术出版社.

顾建新,2015. 中国云南野生菌[M]. 昆明:云南科技出版社.

黄年来,1997. 18 种珍稀美味食用菌栽培[M].北京:中国农业出版社.

黄年来,林志彬,陈国良,等,2010. 中国食药用菌学[M]. 上海:上海科学技术文献出版社.

莱瑟斯,2008.蘑菇[M].董晓黎,译.北京:中国友谊出版公司.

李建宗,胡新文,彭寅斌,1993. 湖南大型真菌志[M]. 长沙:湖南师范大学出版社.

李玉,李泰辉,杨祝良,等,2015. 中国大型菌物资源图鉴[M]. 郑州:中原农民出版社.

李玉,刘淑艳,2015. 菌物学[M]. 北京:科学出版社.

刘波,1974. 中国药用真菌[M]. 太原:山西人民出版社.

吕作舟,2006. 食用菌栽培学[M]. 北京:高等教育出版社.

罗信昌,陈士瑜,2010. 中国菇业大典[M]. 北京:清华大学出版社.

上海农业科学院食用菌研究所,1991. 中国食用菌志[M]. 北京:中国林业出版社.

图力古尔,2012. 多彩的蘑菇世界:东北亚地区原生态蘑菇图谱[M]. 上海:上海科学普及出版社.

吴兴亮,卯晓岚,图力古尔,等,2013. 中国药用真菌[M]. 北京:科学出版社.

杨庆尧,黄学馨,1980. 蘑菇与草菇[M]. 上海:上海科学技术出版社.

杨云鹏,宋德超,1981. 中国药用真菌[M]. 哈尔滨:黑龙江科学出版社.

应建浙,卯晓岚,马启明,等,1987. 中国药用真菌图鉴[M]. 北京:科学出版社.

袁明生,孙佩琼,1995. 四川蕈菌[M]. 成都:四川科学技术出版社.

张雪岳,1991.贵州食用真菌和毒菌图志[M]. 贵阳:贵州科技出版社.

中国科学院青藏高原综合科学考察队,1983. 西藏真菌[M]. 北京:科学出版社.

中国科学院微生物研究所,1973. 常见与常用真菌[M]. 北京:科学出版社.

蕈菌拉丁文学名索引

（按外文字母排序）

鸣　谢

本书承

2017年贵州省中医院传承事业发展专项资金
贵州省材料科技大厅
贵州省食用菌工程技术研究中心
贵州省生物研究所
贵州省食药用菌行业协会
贵州高山生物科技有限公司